Charles-Louis
de Saulces de Freycinet

TRAITÉ
DE
MÉCANIQUE RATIONNELLE

COMPRENANT
LA STATIQUE COMME CAS PARTICULIER DE LA MÉCANIQUE

TOME II

Elibron Classics
www.elibron.com

Elibron Classics series.

ISBN 1-4212-0342-1 (paperback)
ISBN 1-4212-0341-3 (hardcover)

This Elibron Classics Replica Edition is an unabridged facsimile of the edition published in 1858 by Mallet-Bachelier, Paris.

TRAITÉ

DE

MÉCANIQUE RATIONNELLE

II.

IMPRIMERIE DE W. REMQUET ET Cie,
rue Garancière, 5, derrière Saint-Sulpice.

TRAITÉ

DE

MÉCANIQUE RATIONNELLE

COMPRENANT

LA STATIQUE COMME CAS PARTICULIER DE LA MÉCANIQUE

AVEC FIGURES INTERCALÉES DANS LE TEXTE

PAR

M. CHARLES DE FREYCINET

Ingénieur au Corps impérial des Mines

Rien ne nous dispense d'étudier les choses en elles-mêmes, et de nous bien rendre compte des idées qui font l'objet de nos spéculations.

(POINSOT, *Théorie nouvelle de la rotation des corps.*)

TOME SECOND

PARIS

MALLET-BACHELIER, LIBRAIRE-ÉDITEUR

Du bureau des longitudes et de l'École Polytechnique

Quai des Augustins, 55

1858

TABLE DES MATIÈRES

CONTENUES DANS LE SECOND VOLUME.

DEUXIÈME PARTIE. — MÉCANIQUE SPÉCIALE.

LIVRE V. — SOLIDES GÉOMÉTRIQUES.

APPENDICE.

SOLIDES DÉFORMABLES.

LIVRE VI. — CORPS FLUIDES.

LIVRE VII. — MOUVEMENTS SPÉCIAUX ET MACHINES THÉORIQUES.

FIN DE LA TABLE DES MATIÈRES DU SECOND VOLUME.

ERRATA DU SECOND VOLUME.

Page 71, dernière ligne, *au lieu de* $\Sigma Q q -$, *lisez* $\Sigma Q q =$.

97, ligne 6, *au lieu de* $\cos \nu = 0$, *lisez* $\cos \nu = 1$.

id. ligne 8, *au lieu de* $\Sigma Z = 0$, *lisez* $\Sigma Z = - M g$.

101, ligne 15, *au lieu de* $\Sigma (Xz - Za) - Za = 0$,
lisez $\Sigma (Xz - Zx) - Z_2 a = 0$.

219, ligne 5, *au lieu de* $\frac{k}{c}$, *lisez* $\frac{c}{k}$.

297, ligne 8, *au lieu de* $\cos \frac{pt}{h}$, *lisez* $\cos \frac{pt}{k}$.

299, ligne 4, en remontant, *rétablissez le numérateur* 1 à la seconde fraction.

305, ligne 3, en remontant, *au lieu de* $\frac{d^2 y}{dv}$, *lisez* $\frac{d^2 \gamma}{dt^2}$.

336, ligne 3, *au lieu de* $\frac{d\theta^2}{dt}$, *lisez* $\frac{d\theta^2}{dt^2}$.

361, ligne 10, *au lieu de* dr , *lisez* $-dr$.

MÉCANIQUE SPÉCIALE.

La mécanique spéciale se propose, comme nous l'avons déjà dit, d'appliquer les théories générales à un certain nombre de types abstraits auxquels peuvent être assimilés, avec une suffisante exactitude, les cas réels offerts par la nature. Quant au passage même de l'abstrait au concret, qui constitue la principale difficulté de la question, il est du ressort de cette deuxieme branche de la mécanique qu'on nomme *Mécanique appliquée.* C'est pourquoi nous n'aurons pas à nous en occuper ici, nous bornant pour le moment à étudier les types d'assimilation à un point de vue exclusivement théorique, et à indiquer, sans autres détails, les faits naturels auxquels ils correspondent.

LIVRE CINQUIÈME.

MÉCANIQUE
DES
SOLIDES GÉOMÉTRIQUES.

CHAPITRE PREMIER.

MOUVEMENT D'UN SOLIDE GÉOMÉTRIQUE LIBRE.

Étant données des forces quelconques, qui sollicitent un solide géométrique libre dans l'espace, déterminer le mouvement de ce solide ;

ou réciproquement :

Étant connu le mouvement d'un solide, trouver les forces qui pourraient le produire.

193. — Nous remarquerons tout d'abord que les solides géométriques n'étant qu'un cas particulier des systèmes généraux, où les liaisons se réduisent à des tiges rigides et invariables entre tous les points deux à deux, on peut leur

appliquer, sans étude nouvelle, les conséquences relatives aux autres systèmes, que les livres précédents ont eu pour objet de développer. Mais il est évident que, outre ces propriétés générales, les solides géométriques, à raison de leur mode particulier de liaisons, doivent jouir d'un certain nombre de propriétés spéciales qui ne sauraient être communes à tous les systèmes. Ces propriétés spéciales doivent imprimer aux équations générales du mouvement un caractère propre, en rapport avec les déductions qu'elles ont à fournir; ou plutôt la circonstance des liaisons particulières supposées, convenablement exprimée dans les relations générales, doit permettre de leur donner une forme distinctive. La présente théorie a précisément pour objet de rechercher ces transformations, et de mettre en évidence toutes les conséquences qui concernent spécialement les solides géométriques.

194. — Occupons-nous donc de trouver les équations du mouvement de pareils systèmes.

Nous savons d'une manière générale que le mouvement d'un système quelconque de n points matériels est déterminé par $3n$ équations comprenant 1° les p équations de liaisons; 2° $3n-p$ relations entre les forces extérieures et les coordonnées, dans lesquelles les forces de liaisons ne figurent pas, et qui sont, à proprement parler, les équations du mouvement. Dans le cas des solides géométriques, le nombre d'équations de liaisons est de $3n-6$. En effet, si l'on conçoit trois points matériels invariablement liés entre eux, ce qui s'exprimera au moyen de trois équations correspondant à leurs trois distances mutuelles, chacun des $n-3$ autres points du système donnera lieu à trois équations nouvelles, exprimant que sa distance à chacun des trois premiers est invariable. On aura ainsi, d'une part, trois équations pour les trois premiers points, et d'autre part, $3(n-3)$ équations pour les $n-3$ autres points, ce qui fera en tout $3n-6$ équations de liaisons. D'après cela, le nombre de relations entre les forces extérieures et les coordonnées, qui ne contiennent pas les forces de liaisons, sera nécessairement de 6. On les obtiendra en éliminant toutes les forces intérieures, qui représentent $3n-6$ inconnues distinctes, entre les $3n$ équations fondamentales de la forme (A); (*voir* le n° 129). Il est d'ailleurs évident que, de quelque manière qu'on fasse cette élimination, on devra aboutir aux mêmes 6 équations finales. De là on peut conclure immédiatement les six relations cherchées. En effet, nous avons vu dans la Mécanique générale (chap. II, livre III) que, pour un système quelconque, libre dans l'espace, il y a toujours 6 équations ne contenant pas les forces intérieures, et qui sont les suivantes :

$$(g) \qquad \Sigma \mathrm{X} = \Sigma m \frac{d^2x}{dt^2}, \qquad \Sigma \mathrm{Y} = \Sigma m \frac{d^2y}{dt^2}, \qquad \Sigma \mathrm{Z} = \Sigma m \frac{d^2z}{dt^2};$$

$$(k) \qquad \begin{cases} \Sigma(\mathrm{Y}x - \mathrm{X}y) = \Sigma m \left(\dfrac{d^2y}{dt^2}x - \dfrac{d^2x}{dt^2}y\right), \\ \Sigma(\mathrm{X}z - \mathrm{Z}x) = \Sigma m \left(\dfrac{d^2x}{dt^2}z - \dfrac{d^2z}{dt^2}x\right), \\ \Sigma(\mathrm{Z}y - \mathrm{Y}z) = \Sigma m \left(\dfrac{d^2z}{dt^2}y - \dfrac{d^2y}{dt^2}z\right). \end{cases}$$

Les sommes indiquées dans les premiers membres se rapportent à tous les points où sont directement appliquées les forces extérieures, et les sommes indiquées dans les seconds membres se rapportent à tous les points du système. Ces équations expriment, comme on sait : les trois premières, que la somme des composantes des forces extérieures, suivant chacun des trois axes, est égale à la somme des composantes des forces conservées ; et les trois dernières, que la somme des moments des projections des forces extérieures, sur chacun des trois plans coordonnés, est égale à la somme des moments des projections des forces conservées; en appelant *forces conservées* les forces qui, directement appliquées à chaque point supposé libre, lui feraient prendre le mouvement qu'il reçoit effectivement dans le système, en vertu des forces extérieures et des liaisons. Ces équations sont aussi énoncées d'une autre manière (n°s 129 et 136) : les trois premières signifient que la variation de la quantité totale de mouvement, suivant chacun des axes, est égale à l'impulsion totale des forces estimées suivant le même axe; les trois dernières, que la somme des moments des forces, projetées sur chacun des trois plans, est égale à la projection totale des aires décrites respectivement multipliées par les masses des points matériels.

195. — Les six équations précédentes peuvent être trouvées directement par une autre méthode. Nous nous servirons de l'équation des moments virtuels (n° 155), dans laquelle il faudra exprimer que les déplacements δx, δy, δz, $\delta x'$,...... ne sont pas absolument quelconques, mais assujettis à la condition de satisfaire à l'invariabilité de distance des points matériels; ce qui conduit à l'élimination d'autant de ces quantités qu'il y a de liaisons. Au lieu de faire cette élimination par le procédé général, nous exprimerons géométriquement que le système, dans son mouvement, garde sa forme invariable. Par là, le but de l'élimination sera atteint, et les mêmes six équations finales devront être obtenues.

A cet effet, concevons qu'un système de trois axes rectangulaires soit invariablement lié au solide, de telle sorte qu'il participe à tous les mouvements possibles de ce dernier.

Si l'on considère une position virtuelle du solide, elle correspondra à une position virtuelle des axes, telle que les coordonnées du solide par rapport à ces axes, dans cette situation virtuelle, soient exactement les mêmes que dans la situation primitive : c'est une conséquence nécessaire de l'invariabilité des distances mutuelles des points matériels. Ainsi l'on voit que toute position virtuelle du solide détermine une position virtuelle des axes ; et que, réciproquement, toute position virtuelle des axes détermine une position virtuelle du solide. On aura donc atteint le but de l'élimination dont nous parlions plus haut, si, dans l'équation générale des moments virtuels, on exprime que δx, δy, δz, $\delta x'$,...... n'ont que les valeurs qui seraient déterminées par une position virtuelle quelconque de trois axes rectangulaires invariablement liés au solide géométrique. En d'autres termes, il faut trouver δx, δy, δz, $\delta x'$,...... en fonction des quantités qui assignent la position virtuelle des trois axes, et substituer ces valeurs dans l'équation des moments virtuels.

Cela posé, soit OX, OY, OZ les trois axes invariablement liés au solide, et m un point matériel quelconque de ce solide. La position virtuelle O'X', O'Y', O'Z' des axes correspondra à une position virtuelle m' du point m ; et les coordonnées m'Q, QL, LO du point m', par rapport à l'ancienne position des axes, ne sont pas les mêmes que les coordonnées mP, PH, HO du point m. Les différences sont précisément les trois quantités $\delta x, \delta y, \delta z$, dont il s'agit de trouver la valeur. On aura ensuite à faire de même pour chacun des autres points matériels.

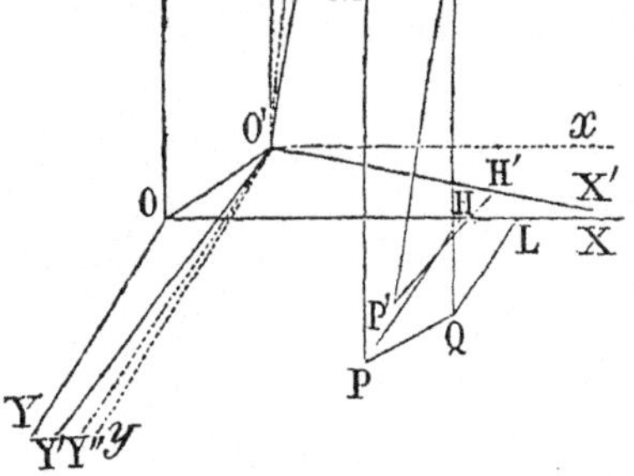

Fig. 48.

Soit m'P', P'H', H'O' les coordonnées de m' par rapport

aux axes O'X', O'Y', O'Z' : ces coordonnées sont évidemment égales à mP, PH, HO. Soit $\delta\xi$, $\delta\eta$, $\delta\zeta$ les coordonnées infiniment petites de la position virtuelle O' de l'origine. Menons par le point O' trois axes $O'x$, $O'y$, $O'z$, parallèles à OX, OY, OZ, et soit a, a', a'' les cosinus des angles formés par l'axe O'X' avec les trois axes $O'x$, $O'y$, $O'z$, ou avec les trois axes primitifs; soit de même b, b', b'' et c, c', c'' les quantités analogues pour les axes O'Y' et O'Z'.

D'après les relations connues entre deux systèmes de coordonnées rectangulaires, les lignes LO, QL, $m'Q$, qui représentent $x+\delta x$, $y+\delta y$, $z+\delta z$, auront respectivement les valeurs suivantes :

$$x+\delta x=\delta\xi+ax+by+cz,$$
$$y+\delta y=\delta\eta+a'x+b'y+c'z,$$
$$z+\delta z=\delta\zeta+a''x+b''y+c''z.$$

Examinons la première de ces trois formules :

1° On a :

$a=\cos xOX'=1-\dfrac{\varepsilon^2}{1.2}+\ldots\ldots.$ en représentant par ε l'angle infiniment petit $xO'X'$.

Donc $a=1$, en négligeant tous les infiniment petits supérieurs au premier ordre.

2° b désigne le cosinus de $xO'Y'$: mais cet angle et sa projection $xO'Y''$ sur le plan $xO'y$ sont égaux : car, si ε est l'angle infiniment petit des deux plans $xO'Y'$, $xO'Y''$, on sait que $xO'Y''=xO'Y'.\cos\varepsilon=xO'Y'.\left(1-\dfrac{\varepsilon^2}{1.2}+\ldots\right)=xO'Y'$, en négligeant de même tous les infiniment petits d'un ordre supérieur au premier. Donc

$b=\cos xO'Y'=\cos xO'Y''=\cos(90°+yO'Y'')=\sin(-yO'Y'')$ $=-$ angle $yO'Y''$, puisque l'angle $yO'Y''$ est infiniment petit. Or, cet angle est celui qui s'établirait entre l'ancien axe OY et la ligne O'Y'', ou entre cet ancien axe OY et le nouvel axe $O'Y'$, si l'on faisait tourner tout le système autour de l'axe $O'z$ d'un angle infiniment petit $yO'Y''$, que je représenterai par $\delta\gamma$: donc enfin $b = -\delta\gamma$.

3° On voit de la même manière que l'angle $xO'Z'$, dont c désigne le cosinus, est égal à sa projection $xO'Z''$ sur le plan $xO'z$. Donc

$$c = \cos xO'Z' = \cos xO'Z'' = \cos(90° - zO'Z'') = \sin zO'Z'' = \\ = \text{angle } zO'Z''.$$

Or, l'angle $zO'Z''$ est celui qui s'établirait entre l'ancien axe OZ et la ligne $O'Z''$ ou le nouvel axe $O'Z'$, si l'on faisait tourner tout le système autour de l'axe $O'y$ d'un angle infiniment petit $zO'Z''$, que je représenterai par $\delta\beta$: donc enfin $c = \delta\beta$.

En conséquence, la première formule prend la forme :

$$\delta x = \delta\xi - y\delta\gamma + z\delta\beta,$$

en remarquant que x disparaît, comme étant commun aux deux membres.

Il ne serait pas difficile de montrer que, si $\delta\alpha$ désigne l'angle qui s'établirait entre l'ancien axe des z et le nouveau, en vertu d'une rotation infiniment petite autour de l'axe des x, on aurait $a' = \delta\gamma$, $b' = 1$, $c' = -\delta\alpha$, $a'' = -\delta\beta$, $b'' = \delta\alpha$, $c'' = 1$; et que, par suite, les deux autres formules deviennent :

$$\delta y = \delta\eta + x\delta\gamma - z\delta\alpha,$$
$$\delta z = \delta\zeta - x\delta\beta + y\delta\alpha.$$

Si l'on remplace δx, δy, δz par ces valeurs dans l'équation des moments virtuels, on voit que les termes de cette équation dus au point m et à la force X, Y, Z qui le sollicite, seront :

$$X(\delta\xi - y\delta\gamma + z\delta\beta) + Y(\delta\eta + x\delta\gamma - z\delta\alpha) + \\ + Z(\delta\zeta - x\delta\beta + y\delta\alpha)$$

pour le premier membre ; et

$$m\left\{\frac{d^2x}{dt^2}(\delta\xi - y\delta\gamma + z\delta\beta) + \frac{d^2y}{dt^2}(\delta\eta + x\delta\gamma - z\delta\alpha) + \right.$$

$$\left. + \frac{d^2z}{dt^2}(\delta\zeta - x\delta\beta + y\delta\alpha)\right\}$$

pour le second.

Chacun des autres points du système donnera lieu à des termes analogues, qui ne différeront des précédents que par les valeurs de x, y, z, mais dans lesquels $\delta\xi$, $\delta\eta$, $\delta\zeta$, $\delta\alpha$, $\delta\beta$ et $\delta\beta$ seront identiquement les mêmes.

Par conséquent, l'équation des moments virtuels deviendra, en mettant hors du signe Σ tout ce qui ne varie pas en passant d'un point du système à l'autre, et réunissant tout dans un seul membre :

$$\delta\xi\left(\Sigma X - \Sigma m\frac{d^2x}{dt^2}\right) + \delta\eta\left(\Sigma Y - \Sigma m\frac{d^2y}{dt^2}\right) + \delta\zeta\left(\Sigma Z - \Sigma m\frac{d^2z}{dt^2}\right)$$

$$+ \delta\gamma\left\{\Sigma(Yx - Xy) - \Sigma m\left(\frac{d^2y}{dt^2}x - \frac{d^2x}{dt^2}y\right)\right\}$$

$$+ \delta\beta\left\{\Sigma(Xz - Zx) - \Sigma m\left(\frac{d^2x}{dt^2}z + \frac{d^2z}{dt^2}x\right)\right\}$$

$$+ \delta\alpha\left\{\Sigma(Zy = Yz) - \Sigma m\left(\frac{d^2z}{dt^2}y - \frac{d^2y}{dt^2}z\right)\right\} = 0.$$

Et dans cette équation, remarquons-le bien, on a parfaitement exprimé que les déplacements virtuels étaient compatibles avec l'invariabilité supposée du système.

Les quantités $\delta\xi$, $\delta\eta$, $\delta\zeta$, $\delta\alpha$, $\delta\beta$, $\delta\gamma$ étant entièrement indépendantes les unes des autres, leurs coefficients doivent être nuls séparément, ce qui fournit pour le mouvement du solide les six équations (g) et (k), qu'on a déjà trouvées, et qui ont été écrites au n° 194.

En combinant ces relations avec les $3n-6$ équations de

liaisons, correspondant aux n points matériels, on aura tous les éléments nécessaires pour déterminer le mouvement de chacun des points du solide.

Mais il est visible que ce procédé serait impraticable dans la plupart des cas, parce que les solides réels, auxquels les solides géométriques doivent servir de type d'assimilation, comprennent un nombre beaucoup trop grand de points matériels. On est donc conduit à donner une autre forme aux équations (g) et (k); et c'est ce dont nous nous occuperons bientôt (n°s 202 et suivants). Mais auparavant nous ferons plusieurs remarques importantes sur ce qui précède.

196. — Supposons que le système en mouvement vienne occuper effectivement la position virtuelle que nous considérions tout à l'heure, ce qui est le déplacement élémentaire le plus général que puisse prendre un solide géométrique. Il résulte de notre analyse que ce mouvement infiniment petit peut être envisagé comme dû :

1° A une translation de tout le système, en vertu de laquelle chaque point décrirait une droite égale et parallèle à l'élément rectiligne OO';

2° A trois rotations autour de trois axes rectangulaires passant par le point O' : chacune de ces rotations ayant lieu comme si l'axe correspondant était absolument fixe.

Il est aisé de voir que l'ensemble de ces trois rotations équivaut à une seule, qui s'effectuerait autour d'une certaine droite passant par le même point et immobile pendant une durée infiniment petite. En effet, le déplacement élémentaire du point m, provenant des trois rotations, a pour projections sur les trois axes les quantités ci-dessus δx, δy, δz, respectivement diminuées de $\delta \xi$, $\delta \eta$, $\delta \zeta$, qui réprésentent le déplacement de l'origine mobile O'. Pour rester fidèle à nos notations habituelles, nous remplacerons partout la caractéristique δ par la caractéristique d, maintenant qu'il s'agit d'un déplacement réel, au lieu d'un déplacement virtuel. Les projections en question auront donc pour valeurs :

$$z d\beta - y d\gamma, \quad \text{sur l'axe } OX;$$
$$x d\gamma - z d\alpha, \quad \text{sur l'axe } OY;$$
$$y d\alpha - x d\beta, \quad \text{sur l'axe } OZ.$$

Représentons, pour abréger, par dA la quantité

$$\sqrt{d\alpha^2 + d\beta^2 + d\gamma^2};$$

et menons par le point O′ une droite faisant avec les axes $O'x$, $O'y$, $O'z$, des angles dont les cosinus soient respectivement :

$$\frac{d\alpha}{dA}, \quad \frac{d\beta}{dA}, \quad \frac{d\gamma}{dA};$$

je dis que ce sera là l'axe unique de rotation. Il suffit de montrer :

1° Que le déplacement en question est dans un plan perpendiculaire à cette droite, ou que le cosinus de l'angle des deux directions est nul. C'est ce qui résulte du produit effectué :

$$d\alpha\,(z d\beta - y d\gamma) + d\beta\,(x d\gamma - z d\alpha) + d\gamma\,(y d\alpha - x d\beta),$$

lequel représente le numérateur de ce cosinus, et est identiquement égal à zéro.

2° Que ce même déplacement est aussi perpendiculaire à la droite menée du point O′ au point m. C'est ce qui résulte du produit effectué :

$$x\,(z d\beta - y d\gamma) + y\,(x d\gamma - z d\alpha) + z\,(y d\alpha - x d\beta),$$

lequel représente le numérateur du cosinus correspondant, et est pareillement nul.

On peut, du reste, vérifier *a posteriori* que l'axe de rotation, mené comme nous l'avons fait, est effectivement immobile pendant les trois rotations partielles autour de $O'x$, $O'y$, $O'z$. Car, si l'on prend sur cette droite un point quelconque, ayant pour coordonnées x_1, y_1, z_1, ces quantités seront telles que :

$$\frac{x_1}{d\alpha} = \frac{y_1}{d\beta} = \frac{z_1}{d\gamma};$$

d'où il suit :

$$z_1 d\beta - y_1 d\gamma = 0, \quad x_1 d\gamma - z_1 d\alpha = 0, \quad y_1 d\alpha - x_1 d\beta = 0.$$

Or, ce sont là précisément les valeurs des projections du déplacement de ce point, en vertu des trois rotations. Ainsi ce point demeure immobile.

Il est donc acquis que les trois rotations autour des trois axes rectangulaires équivalent à une seule autour d'un certain axe instantané. Quant à la position géométrique de ce dernier, elle est facile à déterminer, d'après les valeurs ci-dessus des cosinus de ses angles avec $O'x$, $O'y$, $O'z$. On voit que, si l'on prend sur chacun des trois axes des longueurs proportionnelles aux trois angles élémentaires décrits $d\alpha$, $d\beta$, $d\gamma$, et si l'on construit le parallélipipède de ces longueurs, la diagonale sera précisément l'axe instantané lui-même.

Il est aisé de trouver la valeur de l'angle décrit autour de cet axe, en vertu de la rotation unique. En effet, cet angle est égal au déplacement d'un point quelconque, divisé par la longueur de son rayon de rotation c'est-à-dire par la longueur de la perpendiculaire abaissée de ce point sur l'axe instantané. Or, le déplacement dû aux trois rotations partielles, qui équivalent à la rotation unique, a pour valeur :

$$\sqrt{(z d\beta - y d\gamma)^2 + (x d\gamma - z d\alpha)^2 + (y d\alpha - x d\beta)^2},$$

expression qui peut se mettre sous la forme :

$$\sqrt{(x^2 + y^2 + z^2)(d\alpha^2 + d\beta^2 + d\gamma^2) - (xd\alpha + yd\beta + zd\gamma)^2}.$$

Sans chercher la longueur du rayon susdit, remarquons que l'angle décrit est le même pour tous les points du système, et conséquemment aussi pour un point dont le plan de rotation passe par l'origine O'. Mais la quantité $xd\alpha + yd\beta + zd\gamma$, qui représente dans tous les cas le numérateur du cosinus de l'angle formé par l'axe de rotation avec la ligne menée de l'origine O' au point considéré, est évidemment nulle, puisque l'angle est alors de 90°. D'un autre côté, la longueur du rayon de rotation est en même temps égale à $\sqrt{x^2 + y^2 + z^2}$. Donc la quantité ci-dessus, divisée par le rayon, se réduit à

$$\sqrt{d\alpha^2 + d\beta^2 + d\gamma^2},$$

ou à ce que nous avions précedemment désigné par dA.

Il ressort de là une conséquence importante : c'est que la diagonale du parallélipipède construit tout à l'heure pour représenter la position de l'axe instantané, représente aussi la grandeur de l'angle élémentaire décrit autour de cet axe : car, les côtés de ce parallélipipède étant proportionnels à $d\alpha$, $d\beta$, $d\gamma$, la diagonale est proportionnelle à $\sqrt{d\alpha^2 + d\beta^2 + d\gamma^2}$ ou à dA.

On peut exprimer ce résultat d'une autre manière. Remarquons, en effet, que, si l'on désigne pas ω, φ, ψ et Ω les vitesses angulaires autour de $O'x$, $O'y$, $O'z$ et autour de l'axe instantané, à l'instant considéré, on aura par définition (n° 162) :

$$d\alpha = \omega dt, \quad d\beta = \varphi dt, \quad d\gamma = \psi dt, \quad dA = \Omega dt,$$

ce qui nous montre :

que les cosinus des angles formés par l'axe instantané, représentés précédemment par :

$$\frac{d\alpha}{dA}, \quad \frac{d\beta}{dA}, \quad \frac{d\gamma}{dA},$$

sont aussi bien représentés par :

$$\frac{\omega}{\Omega}, \quad \frac{\varphi}{\Omega}, \quad \frac{\psi}{\Omega};$$

et que, par suite, la diagonale du parallélipipède ci-dessus est aussi bien la diagonale d'un parallélipipède dont les côtés représenteraient, non plus les angles élémentaires décrits, mais les vitesses angulaires à cet instant. Enfin, la vitesse angulaire totale Ω est égale à $\sqrt{\omega^2+\varphi^2+\psi^2}$, et est par conséquent représentée en grandeur par cette même diagonale.

En résumé, nous pouvons conclure de ce paragraphe :

1° Que tout mouvement élémentaire d'un solide peut être considéré comme dû à une translation générale, égale au déplacement effectif d'un quelconque de ses points, et à une rotation autour d'un axe instantané, passant par ce même point;

2° Que trois rotations élémentaires autour de trois droites rectangulaires équivalent à une seule autour d'une quatrième droite convenablement choisie;

3° Que la diagonale du parallélipipède construit sur des longueurs proportionnelles aux angles élémentaires décrits ou aux vitesses angulaires à cet instant, représente en direction l'axe instantané et en grandeur l'angle élémentaire décrit ou la vitesse angulaire autour de cet axe unique.

La première de ces conséquences avait déjà été reconnue, par la géométrie et par le calcul, aux n°s 164 et 170. La seconde et la troisième, qui constituent ce qu'on nomme *les lois de la composition et de la décomposion des rotations*, sont susceptibles d'être démontrées directement par la géométrie, ainsi que nous le ferons voir dans le paragraphe suivant.

Théorie géométrique de la composition des rotations (1).

THÉORÈME DU PARALLÉLOGRAMME DES ROTATIONS.

197. — Lorsqu'un solide est animé de deux rotations autour de deux axes qui se coupent sous un angle quelconque, ces deux rotations équivalent à une seule ; et, si l'on prend sur les deux axes des longueurs proportionnelles aux vitesses angulaires, et qu'on construise le parallélogramme, la diagonale représentera en direction l'axe unique et en grandeur la vitesse angulaire équivalente aux deux autres.

N. B. Pour éviter toute ambiguïté sur les rotations que nous ne figurons géométriquement que par leurs axes, il est nécessaire de convenir du *sens* dans lequel ces rotations s'effectuent. Il sera entendu désormais que la rotation est toujours supposée avoir lieu de gauche à droite pour un observateur étendu le long de l'axe, sur la partie où est comptée la longueur représentative de la vitesse angulaire, et les pieds à l'origine de cette longueur. De telle sorte que, pour figurer une rotation s'effectuant de droite à gauche, il faut compter cette longueur en sens contraire. On donnera le signe + aux rotations qui auront lieu de gauche à droite, et le signe — à celles qui auront lieu de droite à gauche.

Soit actuellement un solide animé de deux mouvements de rotation autour des deux axes A B, C D, qui se coupent au point O sous une angle quelconque : soit ω et φ les deux vitesses angulaires. Portons, à partir du point O, et

(1) Les cinq propositions qui vont suivre sont empruntées à M. Poinsot (*Théorie nouvelle de la rotation des corps solides*).

dans le sens correspondant à la rotation, des longueurs OG, OK proportionnelles à ω et à φ. Je dis que la diagonale OR représentera l'axe unique en direction et la vitesse angulaire en grandeur, ainsi que le sens dans lequel elle s'exerce, c'est-à-dire que pour un observateur placé les pieds en O et la tête vers R la rotation aura lieu de gauche à droite.

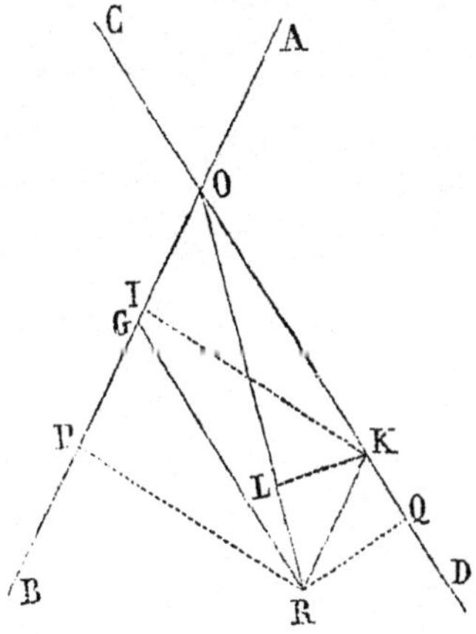

Fig. 49.

Il est d'abord manifeste qu'en vertu de la double rotation autour de AB et de CD, la ligne OR est immobile, et que, par suite, tout se réduit à une rotation autour de cet axe. En effet, le point O est immobile, comme appartenant à la fois aux deux axes AB, CD. Le point R, en vertu de la seule rotation OG, tend à s'abaisser au dessous du plan d'une quantité représentée par $RP.\omega dt$: et, en vertu de la seule rotation OK, il tend à s'élever d'une quantité représentée par $RQ.\varphi dt$. Or, ces deux quantités sont égales en valeur absolue, car les deux triangles semblables GRP, KRQ donnent :

$$RG \text{ ou } OK : RK \text{ ou } OG :: RP : RQ ;$$

d'où résulte :

$$OG \times RP = OK \times RQ, \text{ ce qui revient à } RP.\,\omega = RQ.\,\varphi.$$

Donc le point R demeure immobile pendant la double rotation.

Pour estimer la vitesse angulaire de la rotation unique autour de OR, il suffit d'estimer celle d'un point quelconque, par exemple du point K. Or, cette vitesse est égale à l'espace parcouru, divisé par $KL.dt$; mais l'espace parcouru est représenté par $KI.\omega dt$, puis la rotation OK est sans influence sur ce point qui appartient à l'axe CD. La vitesse en question que j'appellerai Ω, est donc exprimée par $\frac{KI.\omega}{KL}$. Mais les deux triangles OGR, OKR étant égaux, les produits de leur base par leur hauteur sont égaux aussi. Donc

$$OR.KL = OG.RP = OG.KI, \quad \text{d'où} \quad \frac{KI}{KL} = \frac{OR}{OG};$$

d'où enfin

$$\frac{\Omega}{\omega} = \frac{OR}{OG},$$

ce qui nous montre que OR est proportionnel à Ω, comme OG l'est à ω.

Conséquences.

Si l'on avait à combiner un nombre quelconque de rotations ω, φ, ψ,... autour d'axes passant par un même point, on verrait sans peine que la rotation unique équivalente se détermine en grandeur et en direction en construisant un polygone dont les divers côtés successifs représentent les diverses rotations ω, φ, ψ,... Le dernier côté qui ferme ce polygone représente en grandeur et en direction la rotation unique Ω.

Ce sont là des relations entièrement semblables à celles qu'on a établies pour les vitesses de translation. C'est un nouvel exemple de ce fait remarquable que toute une série d'idées applicable à certains objets peut convenir identiquement à d'autres; en sorte qu'une théorie édifiée au point de vue des vitesses de translation subsiste intégralement si ce terme de *translation*, au lieu de désigner pour l'esprit le genre de mouvement qu'on a supposé, représente ce que nous sommes convenus de nommer *rotation* : rapprochement philosophique intéressant, mis en relief par M. Poinsot dans son traité de la *Rotation des corps*.

Les dénominations de *vitesses composantes* et de *vitesse résultante* sont affectées aux vitesses de rotation comme elles le sont déjà aux vitesses de translation.

Les formules les plus usuelles sont celles qui se rapportent à la construction du parallélipipède rectangulaire. On reconnaît aisément que, si ω, φ, ψ sont les trois vitesses angulaires composantes et Ω la vitesse résultante, les angles de celle-ci avec les trois côtés sont respectivement représentés par

$$\frac{\omega}{\Omega}, \quad \frac{\varphi}{\Omega}, \quad \frac{\psi}{\Omega},$$

et que la valeur de Ω est égale à $\sqrt{\omega^2 + \varphi^2 + \psi^2}$.

Ce sont les résultats précédemment trouvés par le calcul.

Remarque. — Pour que l'axe unique garde une direction constante pendant tout le cours du mouvement, il faut : 1° que les axes composants aient des directions constantes ; 2° que les rapports de toutes les vitesses angulaires demeurent également constants, c'est-à-dire que toutes ces vitesses varient de la même manière avec le temps. Sauf ce cas spécial, l'axe unique varie de position à chaque instant, et la vitesse angulaire résultante varie aussi de grandeur. C'est pourquoi l'axe unique est nommé *axe instantané*, comme on l'avait déjà remarqué. En d'autres termes, l'axe et la vitesse résultante sont bien toujours déterminés par la même construction polygonale, mais la grandeur et la direction des côtés changent d'un instant à l'autre.

198. — **Composition des rotations autour d'axes pa-**

rallèles. — On démontre géométriquement des propositions analogues, relativement aux rotations qui s'effectuent autour d'axes parallèles.

Soit un solide animé de deux rotations simultanées autour d'axes perpendiculaires au plan de la figure, l'un projeté en O, l'autre en O'; je dis que ces deux rotations équivaudront à une seule égale à leur somme, autour d'un troisième axe parallèle aux précédents, projeté sur la ligne OO' et coupant cette ligne en deux parties inversement proportionnelles aux vitesses angulaires composantes.

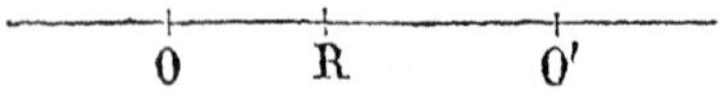

Fig. 50.

Supposons que les rotations composantes ω, φ aient lieu toutes deux de gauche à droite. Choisissons sur la ligne OO' un point R, tel que

$$RO : RO' :: \varphi : \omega.$$

Ce point R sera immobile : car, en vertu de la rotation ω autour de l'axe O, il tend à s'abaisser au-dessous de OO' d'une quantité représentée par $RO.\omega dt$; d'un autre côté, en vertu de la rotation φ autour de O', il tend à s'élever de la quantité $RO'.\varphi dt$. Mais, d'après la proportion ci-dessus, ces deux quantités sont égales en valeur absolue. Donc le point R ne bouge pas. D'ailleurs, les deux rotations partielles ayant pour effet de mouvoir tous les points du solide dans des plans parallèles à celui de la figure, il s'ensuit que la ligne perpendiculaire à cette figure, par le point R, reste exactement immobile. Quant à la vitesse autour de cet axe, elle est égale à $\omega + \varphi$. Car, si l'on considère, par exemple, le point O, il ne se ressent pas de la vitesse ω et décrit, en vertu de la rotation φ, un arc dont le rayon est égal à OO'. Or l'on peut écrire

$$RO\,(\omega + \varphi) = OO' . \varphi,$$

puisque cette équation se réduit à

$$RO \,.\, \omega = RO' \,.\, \varphi,$$

ce qui n'est autre chose que la proportion supposée dans la détermination du point R.

Si les deux rotations sont de sens contraires, on voit sans difficulté que le point M, au lieu d'être compris entre les points O et O', sera situé sur le prolongement de cette ligne, du côté de l'axe qui correspond à la plus grande vitesse angulaire, et à des distances de O et de O' inversement proportionnelles aux deux vitesses : la rotation résultante sera d'ailleurs égale à la différence des deux autres.

Conséquences.

1° Si l'on a à combiner un nombre quelconque de rotations autour d'axes parallèles, on trouvera l'axe et la rotation unique en combinant d'abord deux d'entre elles, puis leur résultante avec la troisième ; et ainsi de suite. La vitesse angulaire finale sera égale à la somme de toutes les vitesses composantes de même sens diminuée de la somme de toutes les vitesses composantes de sens contraire.

2° Quand on combine deux rotations de sens opposés, égales numériquement, on trouve, par la méthode ci-dessus, que la rotation résultante est nulle et a son axe situé à l'infini. Pour avoir l'explication de ce non-sens apparent, revenons à la figure.

Dans l'hypothèse où nous nous plaçons actuellement, il est visible qu'un point quelconque M, pris au hasard sur la droite OO' est sollicité, d'une part (par la rotation ω qui s'exerce en O), à s'abaisser d'une quantité égale à $MO.\omega dt$, et d'autre part (par la rota-

Fig. 51.

tion contraire ω qui s'exerce en O') à s'abaisser aussi d'une quantité $MO'.\omega dt$. Il s'abaisse donc en totalité de la quantité $OO'\omega dt$; ce qui nous montre que son déplacement est tout à fait indépendant de sa situation sur la droite OO'. Ainsi, tous les points de cette droite se déplacent d'une même quantité $OO'.\omega dt$, c'est-à-dire qu'ils se transportent parallèlement à eux-mêmes et perpendiculairement au plan des deux axes, avec une vitesse égale à la vitesse angulaire commune multipliée par la distance des axes. Cette conséquence s'applique évidemment au plan des axes lui-même, et par suite au solide tout entier. Ainsi, deux rotations égales et contraires ont pour effet de déterminer une translation du solide perpendiculairement au plan des deux axes parallèles.

199. — Nous allons exposer quelques autres théorèmes, qui permettent en même temps de jeter un grand jour sur la représentation géométrique du mouvement d'un solide. Car, ainsi que le remarque judicieusement l'illustre auteur auquel ces théorèmes sont empruntés, le mouvement d'un solide ne s'offre pas tout d'abord à l'esprit avec le même degré de netteté que le mouvement d'un point unique. Il est donc opportun, avant d'appliquer le calcul à la détermination analytique de ce mouvement, de chercher à s'en rendre compte et à se le figurer mentalement avec le plus de clarté possible. Sans cette investigation préalable, les formules ne représentent que de pures relations algébriques, sans aucune signification concrète.

Composition d'une translation et d'une rotation. — Supposons d'abord que l'axe de rotation soit perpendiculaire à la direction de la translation. Je dis que ces deux mouvements combinés équivaudront à une seule rotation, autour d'un axe parallèle au premier, et de même vitesse angulaire.

En effet, soit AB la direction de la translation qui a lieu de A vers B, et O la projection de l'axe, perpendiculaire au plan de la figure, autour duquel s'exerce une rotation de gauche à droite; soit v et ω la vitesse de translation et la vitesse angulaire. Menons du point O une perpendiculaire à AB, et prenons sur cette perpendiculaire un point R tel que $OR.\omega = v$. Ce point R sera évidemment immobile sous l'in-

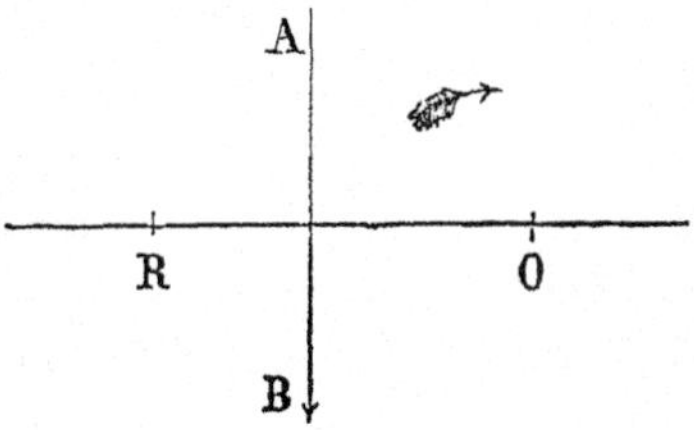

Fig. 52.

fluence du double mouvement. Car, en vertu de la rotation, il tend à s'élever au-dessus de OR d'une quantité $OR.\omega dt$, et, en vertu de la translation, il tend à s'abaisser d'une quantité vdt, qui est égale à la précédente par hypothèse. D'ailleurs, le double mouvement ayant pour effet de déplacer tous les points du solide dans des plans parallèles à celui de la figure, il en résulte qu'une ligne menée par le point R, perpendiculaire à la figure, demeurera immobile; et que conséquemment cette ligne est l'axe de la rotation unique équivalente aux deux mouvements supposés. Quant à la vitesse de cette rotation, elle est évidemment égale à ω, car le point O, qui n'est pas influencé par la rotation autour de son axe, est déplacé, par la translation suivant AB, d'une quantité égale à vdt, laquelle est égale, par hypothèse, à $RO.\omega dt$. Ce point tourne donc autour de R avec une vitesse angulaire égale à ω. On voit en outre que cette rotation est de même sens que celle qui s'exerçait autour du point O.

Actuellement, si l'axe de la rotation composante n'est pas perpendiculaire à la direction de la translation, on peut décomposer ce dernier mouvement en deux autres translations, l'une perpendiculaire à la direction de l'axe, et l'autre parallèle. La translation perpendiculaire et la rotation se combineront, d'après ce qui vient d'être dit, en une rotation unique dont l'axe sera parallèle à l'axe primitif, et par suite aussi à la direction de la seconde translation composante.

Tout se trouve donc ramené à une rotation et à une translation parallèle à son axe.

Conséquences.

1° Nous avions déjà vu (nos 164 et 196) que le mouvement élémentaire le plus général d'un solide se décomposait en une rotation et en une translation. Il résulte de ce qui précède que ces deux mouvements peuvent toujours être ramenés à une rotation autour d'un axe instantané passant par un point convenablement choisi dans le solide, et à une translation le long de cet axe. Il y a donc, dans tout mouvement d'un solide, un point pour lequel l'axe instantané est, selon la dénomination expressive de M. Poinsot, *un axe spontané glissant*.

Remarquons que ce mouvement, rapporté à l'axe spontané glissant, est admirablement figuré à nos yeux par le jeu d'une vis qui entre dans son écrou. Nous pouvons donc nous rendre compte, à un instant quelconque, du mouvement le plus général possible d'un solide, en nous disant qu'il n'est autre que le mouvement hélicoïdal d'une vis pénétrant dans son écrou. Seulement, comme tous les éléments changent perpétuellement, c'est à chaque instant *une vis d'un autre axe et d'un autre pas*, placée à un autre point, qui représente le mouvement du solide. Tel est le plus haut degré de clarté auquel on puisse amener l'image du mouvement d'un solide entièrement libre dans l'espace.

2° Il est visible que, si l'on connaissait, à un moment quelconque, les vitesses de rotation et de glissement du solide, on en conclurait la vitesse absolue de chaque point situé à une distance déterminée de l'axe spontané glissant. Car, ω et v étant ces vitesses et r cette distance, la vitesse absolue serait la résultante de ωr et de v; et, comme ces deux vitesses composantes sont à angle droit, on aurait pour la vitesse cherchée $\sqrt{v^2+\omega^2r^2}$, ce qui montre que la vitesse absolue est d'autant plus grande que le point considéré est plus loin de l'axe spontané, et qu'elle est minimum pour tous les points de l'axe spontané : résultats évidents d'ailleurs *a priori*.

3° Si un point du solide est fixe, il n'y a plus d'axe spontané glissant : il n'y a que des axes instantanés de rotation autour de ce point. La succession de tous les mouvements élémentaires autour de ces différents axes peut être figurée avec simplicité, comme on va le reconnaître.

200. — **Image de la rotation autour d'un point fixe.** — Soit O le point fixe autour duquel pirouette le solide. A un moment donné, le solide tourne autour d'une certaine ligne qui lui est invariablement liée, qui passe par le point fixe, et qui est immobile pendant une durée infiniment petite. L'instant d'après, c'est une autre ligne, appartenant au solide, qui sert d'axe instantané, et qui occupe une autre position dans l'espace. Soit Oa, Ob, Oc,... toutes les droites appartenant au solide, qui sont destinées à lui servir successivement d'axe instantané, et qui dessinent dans ce solide un certain cône $Oabc$.... Concevons tracées à l'avance dans l'espace toutes les directions Oa', Ob', Oc',.... avec lesquelles les lignes précédentes viendront coïncider, chacune à chacune, pendant le mouvement du solide. Ces directions dessineront dans l'espace un second cône $Oa'b'c'$..... de même sommet que le premier. Cela posé, imaginons que les deux cônes soient coupés par une même sphère, d'un rayon quelconque, ayant

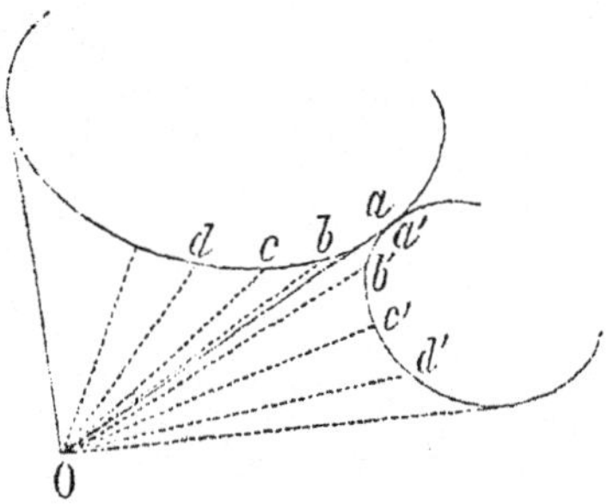

Fig. 53.

son centre en O; et soit *abc*..., *a'b'c'*... les deux courbes d'intersection. A un certain moment, la ligne O*a*, qui doit servir d'axe instantané, coïncidera avec la ligne O*a'* : l'instant d'après, la ligne O*b* coïncidera avec O*b'*, puis O*c* avec O*c'*; et ainsi de suite. Mais, pendant la rotation instantanée autour de O*a'*, le triangle infiniment petit O*ab* tourne autour de son côté O*a* devenu O*a'*; et, puisque O*b* vient au contact de O*b'*, il en résulte que *ab* est égal à *a'b'*, ou que l'élément conique O*ab* est égal à l'élément conique O*a'b'*; et de même pour les éléments suivants. D'où il ressort que le mouvement du solide peut être figuré en imaginant qu'un certain cône qui lui est invariablement lié et qui l'emporte avec soi *roule sans glisser* sur un autre cône, de même sommet, immobile dans l'espace.

Si l'on connaissait à tout instant les vitesses angulaires du solide autour de trois axes rectangulaires, on connaîtrait à tout instant aussi, d'après ce qui a été démontré précédemment, la position de l'axe instantané dans l'espace et la grandeur de la vitesse angulaire autour de cet axe. On aurait donc la position géométrique de toutes les droites O*a'*, O*b'*, O*c'*,.., c'est-à-dire le cône fixe lui-même. On pourrait aussi tracer le cône mobile dans le solide : car l'angle élémentaire *bab'* est égal à Ωdt, Ω étant la vitesse connue autour de O*a'*, donc *ab* est déterminé en direction : il l'est aussi en grandeur, puisque *ab* est égal à *a'b'* qui est connu. Tous les éléments successifs *bc*... seraient déterminés de la même manière. Voilà comment on vérifie, d'une façon pour ainsi dire concrète, que la connaissance de trois vitesses angulaires autour de trois axes détermine graphiquement, dans sa plénitude, la rotation d'un solide quelconque.

201. — **Composition des rotations autour d'axes quelconques.** — Cette composition est une conséquence directe des propositions précédentes. Si, par exemple, on a deux axes, non concourants ni parallèles, menons par un

point quelconque de l'un d'eux une droite parallèle à l'autre. On pourra remplacer la rotation autour de ce dernier par une rotation autour de la droite parallèle et par une translation perpendiculaire à leur plan (n° 199). Les deux nouveaux axes étant concourants, les rotations correspondantes se composeront en une seule, et l'on retombera ainsi sur le cas d'une rotation unique à combiner avec une translation.

Remarque. — La vitesse de la translation est égale à la vitesse angulaire de la rotation qu'on a tout d'abord remplacée, multipliée par la distance du point choisi à son axe. Cette vitesse est donc égale à celle du déplacement effectif de ce point, puisque la rotation autour de l'axe sur lequel on l'a choisi n'influence pas son mouvement.

De même, la vitesse angulaire de la nouvelle rotation est égale à celle de la rotation remplacée.

Ainsi on peut dire que, pour composer les deux rotations données, il suffit de composer leurs vitesses angulaires autour d'un point arbitrairement choisi sur l'un des axes, et d'y ajouter une translation égale à la vitesse angulaire autour de l'autre axe, multipliée par la distance du point à cet axe, ou, ce qui revient au même, une translation égale au déplacement effectif du point considéré.

De là on passe à la composition d'autant de rotations que l'on voudra, et l'on retombe toujours sur une rotation unique et une translation égale au déplacement effectif du point par lequel passe l'axe de cette rotation unique.

Si l'on y ajoute des translations en nombre quelconque, on ne change rien au résultat : en sorte que, finalement, tous les mouvements possibles se réduisent à une translation égale au déplacement d'un point quelconque et une rotation autour d'un axe instantané passant par ce point. On retrouve ainsi le premier théorème général sur le mouvement des solides, démontré à la fois dans le présent livre et dans l'étude du mouvement relatif.

Forme nouvelle donnée aux six équations du mouvement d'un solide libre.

202. — Maintenant que nous avons acquis une idée suffisamment nette du mouvement d'un solide, nous allons nous occuper, selon ce qui a été annoncé à la fin du n° 195, de donner aux six équations générales une forme plus en harmonie avec les besoins de la solution.

En ce qui concerne les trois premières, la transformation est facile ; on la connaît déjà : c'est celle qui consiste à introduire les coordonnées du centre de gravité. On sait qu'en appelant x_1, y_1, z_1, les trois coordonnées de ce centre, par rapport à des axes fixes, les trois équations (g) peuvent être remplacées par celles-ci, où M désigne la masse totale du solide (n° 133) :

$$(1) \quad \Sigma X = M \frac{d^2x_1}{dt^2}, \quad \Sigma Y = M \frac{d^2y_1}{dt^2}, \quad \Sigma Z = M \frac{d^2z_1}{dt^2}.$$

Pour transformer les trois dernières équations, nous rappellerons que, d'après ce qui a été vu dans la théorie du mouvement relatif (n° 172), les équations des moments ont la même forme, par rapport à des axes fixes ou par rapport à des axes mobiles parallèles aux précédents et passant par le centre de gravité. De sorte que, si nous appelons x_r, y_r, z_r, les coordonnées relatives d'un point quelconque du solide, par rapport à des axes mobiles, définis comme il vient d'être dit, les trois équations (k) seront remplacées par les suivantes, qui n'en différeront que par les valeurs absolues des coordonnées, lesquelles sont égales aux anciennes diminuées de x_1, y_1, z_1 :

$$
(2)\quad \begin{cases}
\Sigma\,(\mathrm{Y}x_r - \mathrm{X}y_r) = \Sigma m\left(\dfrac{d^2y_r}{dt^2}\,x_r - \dfrac{d^2z_r}{dt^2}\,y_r\right), \\[2ex]
\Sigma\,(\mathrm{X}z_r - \mathrm{Z}x_r) = \Sigma m\left(\dfrac{d^2x_r}{dt^2}\,z_r - \dfrac{d^2z_r}{dt^2}\,x_r\right), \\[2ex]
\Sigma\,(\mathrm{Z}y_r - \mathrm{Y}z_r) = \Sigma m\left(\dfrac{d^2z_r}{dt^2}\,y_r - \dfrac{d^2y_r}{dt^2}\,z_r\right).
\end{cases}
$$

203. — Avant de poursuivre l'objet de notre recherche, nous ferons quelques remarques importantes.

Nous voyons d'abord que les deux systèmes d'équations (1) et (2), qui sont présentement substitués aux groupes (g) et (k), sont complétement indépendants l'un de l'autre, ce qui permet, le cas échéant, de déterminer l'un des deux mouvements qu'ils représentent, sans connaître l'autre mouvement. Ainsi la translation du centre de gravité n'est pas influencée par la rotation autour de ce centre, et *vice versa*. On voit même que le centre de gravité pourrait être fixé tout à coup sans que la rotation en fût altérée. Car, pour fixer ce centre, il suffirait de lui appliquer une force convenable, laquelle, passant ainsi par l'origine des coordonnées relatives, donnerait des moments nuls, et par suite n'interviendrait pas dans les équations (2). Ce point est le seul qui jouisse d'une semblable propriété dans le solide. Car, si nous considérons tout autre point, dont les coordonnées soient ξ, η, ζ, et qu'on y place l'origine des axes mobiles, les équations du mouvement relatif ou de la rotation autour de ce point contiendront des termes dus à la force fictive égale et contraire à la force d'entraînement. La première des trois équations, par exemple, sera, d'après ce qu'on a vu au n° 172 :

$$
\Sigma\,(\mathrm{Y}x_r - \mathrm{X}y_r) - \left(\frac{d^2\eta}{dt^2}\,\Sigma m x_r - \frac{d^2\xi}{dt^2}\,\Sigma m y_r\right) =
$$

$$
= \Sigma m\left(\frac{d^2y_r}{dt^2}\,x_r - \frac{d^2x_r}{dt^2}\,y_r\right);
$$

et le terme dû à la force fictive n'est pas nul, parce que $\Sigma m y_r$ et $\Sigma m x_r$ ne sont pas égaux à zéro : tandis que, lorsque les axes mobiles sont placés au centre de gravité, ces sommes disparaissent nécessairement. Il ressort de là que, si l'on vient à fixer tout à coup le point quelconque pris pour origine des axes relatifs, ce qui aura pour effet de supprimer le terme en question, la rotation autour de ce point ainsi fixé sera représentée par une équation qui ne sera plus la même qu'avant la fixation. Le centre de gravité est donc le seul point du solide qui puisse être fixé sans altérer la rotation. Réciproquement, si ce centre était primitivement fixé, on pourrait le rendre soudainement libre sans que la rotation, qui s'effectuait autour de lui, en fût modifiée. En un mot, la rotation d'un solide autour de son centre de gravité est la même, quel que soit l'état de ce centre. On peut le qualifier justement de *centre spontané de rotation*. C'est cette propriété concrète qui rend raison du choix qu'on en fait pour lui rapporter le mouvement de rotation du solide libre. Ce n'est pas parce que les formules analytiques sont simplifiées qu'on choisit ce centre, mais c'est parce qu'il est réellement et naturellement le centre de la rotation, que les formules, qui doivent nécessairement exprimer cette propriété, en reçoivent une grande simplification.

Cette seconde propriété complète celle que nous lui connaissions déjà, et qui consiste à avoir exactement la même translation que si toutes les forces lui étaient directement appliquées, au lieu d'être distribuées sur des points quelconques du solide. On voit ainsi que le centre de gravité mesure à la fois la translation du solide, et sert de centre à sa rotation naturelle.

Quand il s'agit simplement de se rendre compte du mouvement général d'un solide, il est tout à fait indifférent de le rapporter à l'un quelconque de ses points pour le décomposer en une translation et une rotation. Mais on peut dire qu'alors la translation du point ne représente plus celle du solide, et la rotation autour de ce point ne représente pas davantage la rotation naturelle. En les combinant, on reproduit bien le mouvement effectif, mais cette décomposition est artificielle, tandis que, pour le centre de gravité, elle est conforme à l'essence même des choses. Aussi, lorsqu'on en vient à exprimer ces décompositions au moyen de formules, on est averti, par la complication qu'elles présentent quel que soit le point choisi, hormis le centre de gravité, que c'est bien là le pivot naturel de la décomposition. Ce serait rétrécir singulièrement les aperçus, et méconnaître toute la partie concrète du phénomène, que de voir seulement dans le centre de gravité un point de plus grande simplicité analytique. Ce serait prendre l'effet pour la cause.

204. — Cela posé, reprenons notre transformation un instant interrompue.

Chacune des équations (2) est susceptible d'être mise sous la forme suivante, que nous donnerons, par exemple, à la première :

$$\Sigma (\mathrm{Y}x_r - \mathrm{X}y_r)\, dt = d\Sigma m \left(\frac{dy_r}{dt} x_r - \frac{dx_r}{dt} y_r\right).$$

Elle exprime alors que l'impulsion élémentaire du moment total des forces projetées sur l'un des plans coordonnés est égale à la variation élémentaire du moment de la quantité totale de mouvement. Ce sont là des conséquences démontrées pour tous les systèmes matériels.

Or, supposons qu'à un instant donné les axes mobiles, de direction constante, auxquels on rapporte la rotation du solide autour de son centre de gravité, coïncident avec les axes principaux du solide relatifs à ce centre. Soit d'ailleurs ω, φ, ψ les vitesses angulaires du solide par rapport à ses trois axes principaux. A l'instant considéré, ce seront aussi les vitesses angulaires respectives autour des axes des x, des y et des z mobiles, puisqu'on suppose que les uns et les autres se confondent. Pour transformer convenablement le terme $\Sigma m\left(\frac{dy_r}{dt}x_r - \frac{dx_r}{dt}y_r\right)$, qui représente le moment de la quantité totale de mouvement en projection sur le plan des $x_r y_r$, il suffit de remplacer $\frac{dx_r}{dt}$, $\frac{dy_r}{dt}$ par leurs valeurs en fonction des vitesses angulaires ω, φ, ψ. Or, ces valeurs sont connues. En effet, nous avons vu au n° 196 que, si dx, dy, dz sont les projections du déplacement infiniment petit que subit un point, en vertu de trois rotations élémentaires autour de trois axes dont les vitesses sont ω, φ, ψ, nous avons vu, dis-je, que

$$dx = (z\varphi - y\psi)\,dt, \quad dy = (x\psi - z\omega)\,dt, \quad dz = (y\omega - x\varphi)\,dt;$$

par suite, dans le cas présent, on a :

$$\frac{dx_r}{dt} = z_r\varphi - y_r\psi, \quad \frac{dy_r}{dt} = x_r\psi - z_r\omega, \quad \frac{dz_r}{dt} = y_r\omega - x_r\varphi.$$

Si nous faisons la substitution, nous obtenons :

$$\Sigma m\left(\frac{dy_r}{dt}x_r - \frac{dx_r}{dt}y_r\right) = \psi\Sigma m\,(x_r^2 + y_r^2) - \varphi\Sigma my_r z_r - \\ - \omega\Sigma mx_r z_r.$$

Or, la quantité $\Sigma m(x_r^2 + y_r^2)$ n'est autre chose que le moment d'inertie par rapport à l'axe principal qui coïncide avec l'axe des z_r : c'est la quantité connue que nous avons coutume de désigner par C (n° 177). Quant aux sommes $\Sigma my_r z_r$, $\Sigma mx_r z_r$, elles sont nulles, puisque les axes de coordonnées coïncident avec les axes principaux. Le moment de la quantité totale de mouvement, en projection sur le plan des $x_r y_r$, à l'instant considéré, se réduit donc à $C\psi$. Pour avoir la variation élémentaire de cette même projection, remarquons que, tandis que les trois vitesses angulaires subissent des variations $d\omega$, $d\varphi$, $d\psi$, le solide tout entier, avec les trois axes principaux, tourne infiniment peu, et ces trois axes ne se confondent plus avec les axes de coordonnées. Le moment de la quantité totale de mouvement, en projection sur un plan perpendiculaire à la *nouvelle position* de l'axe principal qui coïncidait primitivement avec l'axe des z_r, prend une nouvelle valeur égale à $C(\psi + d\psi)$, puisque C lui-même est constant. On verrait de même que les moments de la quantité totale de mouvement, en projection sur les plans perpendiculaires à chacun des deux autres axes principaux dans leur nouvelle position, sont représentés par $B(\varphi + d\varphi)$ et $A(\omega + d\omega)$. Pour avoir la projection du moment de la quantité totale de mouvement sur le plan coordonné des $x_r y_r$, il faut multiplier chacune de ces trois quantités, $A(\omega + d\omega)$, $B(\varphi + d\varphi)$, $C(\psi + d\psi)$, par le cosinus de l'angle que forme son plan avec celui des $x_r y_r$, ou, ce qui revient au même, par le cosinus de l'angle que forment deux droites perpendiculaires aux deux plans. Ces angles sont :

pour $A(\omega + d\omega)$, l'angle de l'axe des z_r avec la nouvelle position de l'axe principal qui coïncidait d'abord avec l'axe des x_r ;

pour $B(\varphi + d\varphi)$, l'angle de l'axe des z_r avec la nouvelle position de l'axe principal qui coïncidait d'abord avec l'axe des y_r ;

pour $C(\psi + d\psi)$, l'angle de l'axe des z_r avec la nouvelle position de l'axe principal qui coïncidait d'abord avec lui.

Or, si l'on se reporte à la figure du n° 195, on reconnaîtra sans peine que les cosinus de ces angles sont respectivement ceux que nous avions nommés a'', b'', c''; il faut donc, d'après les valeurs trouvées pour ces cosinus dans ledit numéro, multiplier respectivement $A(\omega + d\omega)$, $B(\varphi + d\varphi)$, $C(\psi + d\psi)$

par $-\varphi dt$, ωdt et 1; ce qui donne, en négligent les infiniment petits du second ordre,

$$C(\psi + d\psi) + (B - A)\,\omega\varphi dt\,.$$

Telle est la nouvelle projection du moment de la quantité totale de mouvement sur le plan des $x_r y_r$, après la rotation élémentaire dont il a été parlé. En retranchant de cette quantité le terme $C\psi$, qui, comme nous l'avons vu ci-dessus, représente la projection avant la rotation, la différence $Cd\psi + (B-A)\omega\varphi dt$ exprimera la variation élémentaire de ladite projection. On trouvera de même, pour les deux autres plans coordonnés, des variations représentées respectivement par $Bd\varphi + (A-C)\omega\psi dt$, et par $Ad\omega + (C-B)\varphi\psi dt$. Puisque chacune de ces trois variations est égale à l'impulsion élémentaire du moment des forces sur le même plan, on en conclut les trois équations :

$$\Sigma\,(Yx_r - Xy_r) = C\frac{d\psi}{dt} + (B - A)\,\omega\varphi,$$

$$\Sigma\,(Xz_r - Zx_r) = B\frac{d\varphi}{dt} + (A - C)\,\omega\,\psi,$$

$$\Sigma\,(Zy_r - Yz_r) = A\frac{d\omega}{dt} + (C - B)\,\varphi\psi\,.$$

Ces relations conviennent à toute la durée du mouvement, bien qu'elles semblent avoir été établies spécialement pour son origine. Car, à un moment quelconque, on peut toujours prendre un système d'axes rectangulaires de direction constante, coïncidant avec les axes principaux du solide au commencement de l'instant considéré, et former les équations ci-dessus pour le système d'axes ainsi choisis.

Les relations que nous venons de trouver subsistent donc pour toute la suite du mouvement. Les quantités ω, φ, ψ y représentent les vitesses angulaires, à chaque instant, autour des axes principaux mobiles; X, Y, Z sont les composantes des forces, et x_r, y_r, z_r les coordonnées de leurs points d'application, par rapport à des droites coïncidant à tout moment avec les axes principaux, c'est-à-dire par rapport aux axes principaux eux-mêmes pris comme axes mobiles de coordonnées pendant le mouvement du solide.

Afin de ne pas compliquer l'écriture, on supprime ordinairement l'indice r des trois équations ci-dessus; les trois vitesses angulaires sont désignées par p, q, r, afin de réserver les notations ω, φ, ψ à des vitesses autour de droites quelconques : en sorte que les équations de la rotation prennent définitivement la forme suivante :

$$(1)\qquad \begin{cases} \Sigma\,(\mathrm{Y}x - \mathrm{X}y) = \mathrm{C}\,\dfrac{dr}{dt} + (\mathrm{B}-\mathrm{A})\,pq, \\[2ex] \Sigma\,(\mathrm{X}z - \mathrm{Z}x) = \mathrm{B}\,\dfrac{dq}{dt} + (\mathrm{A}-\mathrm{C})\,pr, \\[2ex] \Sigma\,(\mathrm{Z}y - \mathrm{Y}z) = \mathrm{A}\,\dfrac{dp}{dt} + (\mathrm{C}-\mathrm{B})\,qr. \end{cases}$$

Nous remarquerons que ces relations renferment, outre les inconnues p, q, r, les composantes des forces et les coordonnées de leurs points d'application par rapport aux axes principaux. Pour que ce ne soient pas là de nouvelles inconnues, il faut qu'on puisse déterminer à tout instant la position des axes principaux par rapport à des axes de coordonnées fixes. Or, c'est ce qui se fera en remarquant que la position de ces axes dépend elle-même des valeurs p, q, r, de sorte qu'il n'en résulte aucune inconnue distincte nouvelle. En effet, reportons-nous au n° 170 de la mécanique générale et particulièrement à la remarque qui le termine : la vitesse angulaire qui provient de la rotation d'axes mobiles autour d'un point qui leur est invariablement lié, est telle que, si on la multiplie par les cosinus des angles formés par l'axe instantané avec les trois axes mobiles, on obtient des quantités désignées dans ce même numéro 170 par les notations p, q, r, lesquelles sont, d'après les relations (3) du n° 168 (*bis*), fonction des cosinus a, a', a'', b, b'... des angles que font les axes mobiles avec des axes fixes. Mais les produits de la vitesse angulaire par les cosinus des angles de l'axe instantané avec les axes mobiles sont égaux, d'après les lois de la composition des vitesses, aux vitesses angulaires autour de ces mêmes axes mobiles. Donc les quantités p, q, r du n° 170 représentent précisément les mêmes choses que dans la théorie actuelle. Or, les valeurs p, q, r entraînent celles des neuf cosinus a, a', a'', b,.., puisque ces neuf cosinus sont déjà liés entre eux par les six relations (1) qu'on a vues au n° 168 : on en avait du reste fait déjà la remarque, aussitôt après avoir posé les équations (3) du n° 168 (*bis*). Donc la position des axes principaux par rapport à des axes fixes ne correspond à aucune inconnue nouvelle, ainsi que nous l'avons annoncé en commençant. Par suite, les trois équations auxquelles nous sommes parvenus plus haut suffisent théoriquement pour résoudre le problème. En les combinant convenablement avec les relations des numéros précités, on exprime les composantes des forces et les coordonnées des points du système, rapportées aux axes mobiles, en fonction des directions de ces mêmes axes mobiles relativement aux axes fixes; ou, finalement, on exprime tout en fonction des données de la question et des trois inconnues p, q, r elles-mêmes.

D'après la forme des équations qu'on aura à manier, on ne saura pas généralement effectuer les calculs. Mais il n'en est pas moins très-intéressant d'avoir pu ramener le problème à ne plus dépendre que de trois inconnues distinctes p, q, r, au lieu du nombre indéfini de celles qui correspondent aux divers points matériels du système.

205. — Lorsque le solide n'est sollicité par aucune force, les équations précédentes se simplifient et deviennent :

$$(1)\quad \begin{cases} C\dfrac{dr}{dt} + (B - A)\,pq = 0\,. \\ B\dfrac{dq}{dt} + (A - C)\,pr = 0\,, \\ A\dfrac{dp}{dt} + (C - B)\,qr = 0\,. \end{cases}$$

Dans ce cas, M. Poisson a démontré qu'on pouvait en effectuer l'intégration et obtenir les valeurs p, q, r en fonction de séries elliptiques. Il a ramené la question à l'intégration d'une équation ne renfermant plus qu'une seule inconnue, fonction du temps. Cette équation a la forme suivante :

$$dt = \frac{\pm\sqrt{A\,.\,B\,.}\;C\,dr}{\left\{K^2 - Bh + (B - C)\,Cr^2\right\}^{\frac{1}{2}}\left\{Ah - K^2 + (C - A)\,Cr^2\right\}^{\frac{1}{2}}},$$

h et K étant deux constantes, introduites par de précédentes intégrations simples. Nous ne suivrons pas ce géomètre dans l'analyse délicate à laquelle il s'est livré et qui n'offre qu'un intérêt purement théorique. Il est préférable de chercher, avec M. Poinsot, à se rendre compte géométriquement du mouvement que poursuit le solide.

Il suffit pour cela de faire intervenir le théorème de la conservation des aires, démontré pour tous les systèmes possibles, et par suite pour le système particulier qui nous occupe.

On sait que le plan dn maximum des aires est invariable de position dans toute la suite du mouvement (139), et que, si A, A′, A″ désignent à une certaine époque les projections sur les plans coordonnés des moments de la quantité totale de mouvement, les angles du plan invariable avec les plans coordonnés ont respectivement pour cosinus

$$\frac{A}{\sqrt{A^2+A'^2+A''^2}}, \quad \frac{A'}{\sqrt{A^2+A'^2+A''^2}}, \quad \frac{A''}{\sqrt{A^2+A'^2+A''^2}}.$$

Or, si nous prenons pour axes coordonnés les axes principaux relatifs au centre de gravité du solide, dans la position où ils se trouvent à l'instant considéré, les projections susdites A, A′, A″ sont alors représentées respectivement par Cr, Bq, Ap, ainsi que nous l'avons vu au numéro précédent; A, B, C, représentant les moments d'inertie principaux, et p, q, r les vitesses angulaires, à cet instant, autour des axes principaux, ou, ce qui est la même chose, autour des axes de coordonnées que nous venons de choisir. Conséquemment le plan invariable forme avec les plans coordonnés des angles dont les cosinus sont égaux à

$$\frac{Cr}{H}, \quad \frac{Bq}{H}, \quad \frac{Ap}{H};$$

en désignant pour abréger par H la quantité

$$\sqrt{A^2p^2+B^2q^2+C^2r^2}.$$

D'un autre côté, on sait que l'ellipsoïde central (n° 177), rapporté à ses axes principaux comme axes de coordonnées, c'est-à-dire rapporté au système d'axes rectangulaires que nous avons choisi, a pour équation :

$$(e) \qquad A\xi^2 + B\eta^2 + C\zeta^2 = 1,$$

où ξ, η, ζ sont les coordonnées d'un point quelconque de l'ellipsoïde par rapport aux axes susdits.

Cela posé, soit ξ', η', ζ' le point de cet ellipsoïde qui se trouve situé sur l'axe instantané de rotation. Si l'on mène par ce point un plan tangent à l'ellipsoïde, ce plan aura pour équation :

$$(1) \qquad A\xi'.x_1 + B\eta'.y_1 + C\zeta'.z_1 = 1,$$

en désignant par x_1, y_1, z_1, ses coordonnées courantes.

Le plan invariable a lui-même pour équation

$$(2) \qquad Ap.x + Bq.y + Cr.z = 0 ,$$

en désignant par x, y, z ses coordonnées.

Je prétends que ces deux plans sont parallèles. En effet, si l'on représente par a la longueur du rayon vecteur mené du centre de l'ellipsoïde au point de tangence, on aura les trois relations

$$(3) \qquad \frac{\xi'}{a} = \frac{p}{\theta}, \qquad \frac{\eta'}{a} = \frac{q}{\theta}, \qquad \frac{\zeta'}{a} = \frac{r}{\theta},$$

θ étant la vitesse angulaire autour de l'axe instantané. De là on déduit :

$$\xi' = \frac{a}{\theta} p , \qquad \eta' = \frac{a}{\theta} q , \qquad \zeta' = \frac{a}{\theta} r .$$

Si l'on substitue dans l'équation du plan tangent, on reconnaît qu'elle peut se mettre sous la forme :

$$Ap.x_1 + Bq.y_1 + Cr.z_1 = \frac{\theta}{a};$$

et, en la comparant à celle du plan invariable, on voit que les coefficients des coordonnées sont identiques, ce qui démontre le parallélisme annoncé. Il résulte aussi de là que le plan du maximum des aires est le plan diamétral conjugué du rayon vecteur qui sert d'axe instantané : puisque le plan tangent, qui lui est parallèle, est conjugué du rayon vecteur mené au point de contact.

Le plan tangent à l'ellipsoïde, mené au point où il est rencontré par l'axe instantané, conserve donc une direction invariable pendant tout le cours du mouvement. D'un autre côté, il est facile de voir que ce plan reste toujours à la même distance du centre de gravité. En effet, si l'on abaisse une perpendiculaire du centre sur ce plan, on sait, d'après la géométrie, que sa longueur est égale à la quantité du second membre de l'équation du plan, divisée par la racine de la somme des carrés des coefficients, c'est-à-dire que, si on la représente par σ, on a :

$$\sigma = \frac{1}{\sqrt{A^2\xi'^2 + B^2\eta'^2 + C^2\zeta'^2}};$$

Or, la quantité que nous avons précédemment désignée par H, et qui représente la projection du moment de la quantité totale de mouvement sur le plan invariable, est constante :

donc $$\sqrt{A^2p^2 + B^2q^2 + C^2r^2} = \text{const.}$$

mais, puisque le point ξ', η', ζ' est sur l'axe instantané, on peut, d'après les relations (3) ci-dessus, remplacer dans cette dernière expression p, q, r par leurs valeurs en fonction de ξ', η', ζ'; et il vient :

$$\frac{\theta}{a}\sqrt{A^2\xi'^2 + B^2\eta'^2 + C\zeta'^2} = \text{const.}$$

Mais le radical n'est autre chose que $\frac{1}{\sigma}$; donc

$$(4) \qquad \frac{\theta}{a\sigma} = \text{const.}$$

Pour que σ lui-même soit constant il faut que $\frac{\theta}{a}$ le soit de son côté. Or, d'après le théorème général des forces vives, le solide, qui n'est sollicité par aucune force et qui constitue un système géométrique, doit garder une somme de forces vives constante. Si nous l'estimons au moyen de la vitesse angulaire θ autour de l'axe instantané, chaque point m, à une distance ρ de l'axe, a une vitesse $\theta\rho$ et une force vive $\frac{1}{2}m\theta^2\rho^2$: le terme $\frac{1}{2}\theta^2\Sigma m\rho^2$ qui représente la force vive totale, au moment considéré, doit donc demeurer constant.

Mais le moment d'inertie $\Sigma m\rho^2$, pris par rapport à l'axe instantané de rotation, est tel, d'après la définition même de l'ellipsoïde central (n° 177), que la longueur a du rayon vecteur est égale à l'unité divisée par la racine carrée dudit moment. Donc ce moment équivaut à $\frac{1}{a^2}$, et, par suite, la force vive totale peut être représentée par

$$\frac{1}{2}\frac{\vartheta^2}{a^2}.$$

Mais, puisque cette force vive totale ne varie pas, ainsi que nous l'avons dit plus haut, il en résulte que $\frac{\vartheta^2}{a^2}$ ou $\frac{\vartheta}{a}$ ne varie pas non plus. En sorte que :

$$(5) \qquad \frac{\vartheta}{a} = \text{const}.$$

D'après cela, la susdite perpendiculaire σ, abaissée du centre de gravité sur le plan tangent, ne varie pas de longueur. Ainsi le plan tangent, qui demeure en outre parallèle au plan invariable, reste forcément immobile pendant tout le mouvement du solide.

Quant à l'ellipsoïde central lui-même, il est au contraire entraîné dans le mouvement du solide, puisque les déductions précédentes impliquent que son équation est constamment celle que nous avons écrite (e); ce qui n'a lieu qu'autant que ledit ellipsoïde est toujours rapporté aux axes principaux du solide, comme axes de coordonnées, et par conséquent emporté avec ces axes dans le mouvement du solide. Mais nous venons de voir qu'en cet état de choses le plan tangent mené au point où l'axe instantané perce la surface de l'ellipsoïde demeure absolument immobile. Nous en pouvons donc conclure que le solide, dans son mouvement, emporte l'ellipsoïde et le fait constamment appuyer par un de ses points sur le plan fixe, lequel, d'après ce qui vient d'être dit, a pu être déterminé une fois pour toutes. Il est d'ailleurs évident que l'ellipsoïde ne peut *glisser* sur le plan : car, le rayon vecteur mené au point de contact étant un axe instantané, il s'ensuivrait que l'axe instantané se déplacerait dans l'espace sans se déplacer dans l'intérieur du corps solide, ce qui est absurde (nos 163 et 200). Donc le mouvement de l'ellipsoïde consiste à *rouler* sur le plan fixe. Réciproquement, le mouvement du solide peut être conçu comme déterminé par le *roulement*, sur un certain plan fixe, de son ellipsoïde central supposé invariablement lié avec lui. Le rayon vecteur du point de contact sert à chaque moment d'axe instantané, et la vitesse angulaire autour de cet axe est, d'après la formule (5), toujours proportionnelle à la longueur du rayon vecteur.

Si les forces, au lieu d'être nulles, donnaient seulement des sommes de moment nulles par rapport aux plans de coordonnées menés par l'origine, il est visible que tous les résultats ci-dessus subsisteraient encore intégralement, puisqu'ils ne dépendent que des sommes des moments et nullement des valeurs individuelles des forces.

Cette lumineuse théorie de l'image sensible de la rotation des solides autour de leur centre de gravité est due à M. Poinsot. Il nous semble impossible de pousser à un plus haut point de perfection cette partie délicate de la mécanique rationnelle.

Les résultats que nous venons d'exposer nous montrent la profonde différence qui existe entre l'état d'un point matériel unique et celui d'un corps solide, quand l'un et l'autre ne sont plus sollicités par aucune espèce de forces. Dans le premier, le mouvement se continue en ligne droite et d'une manière uniforme : dans le second, cela n'a lieu que pour le mouvement du centre de gravité. Mais, tandis que *le mouvement d'ensemble* est conforme à celui qu'on observerait sur un point isolé, il se produit en même temps une multitude de mouvements particuliers consistant en ce que, à chaque moment, toutes les molécules du solide tournent autour d'un axe instantané passant par le centre de gravité, ou, si l'on aime mieux, en ce que le solide entier fait rouler son ellipsoïde central sur un plan fixe.

Équations du mouvement dans le cas de forces instantanées.

206. — Supposons actuellement que le solide soit mis en mouvement par des forces instantanées ou des percussions, comme cela aurait lieu si on le frappait, par exemple, *de coups de marteau*. Il s'agit de trouver les équations qui feront connaître la position et la vitesse du solide à chaque instant.

Nous aurons deux périodes à distinguer : l'une, qui est la durée très-limitée de la percussion même ; l'autre, qui lui succède, et qui continue ensuite indéfiniment.

Dans la première partie du phénomène, l'état de repos ou de mouvement du solide change brusquement. Chacun de ses points acquiert dans un intervalle de temps extrêmement court une vitesse finie, en vertu de laquelle il poursuit un mouvement différent de celui qui aurait eu lieu sans les percussions. Mais, aussitôt que la percussion est terminée, c'est-à-dire dans la seconde partie du phénomène, nous nous retrouvons dans le cas des numéros précédents : celui d'un solide doué d'un mouvement initial et soumis à des forces ordinaires ou abandonné à lui-même : question qui ne présente aucune particularité nouvelle. Il s'agit donc uniquement de trouver l'état du solide aussitôt après les percussions : genre de recherches dont les systèmes généraux ont été l'objet au n° 150.

Soit donc X, Y, Z les trois composantes d'une force de percussion appliquée au solide, et x, y, z les coordonnées du point d'application. Conservons de même toutes les autres notations précédentes, telles que x_1, y_1, z_1 pour les coordonnées du centre de gravité, A, B, C pour les moments d'inertie principaux, p, q, r pour les vitesses angulaires autour des axes principaux, etc.

Nous continuerons à déterminer, d'un côté, la translation du centre de gravité, et, de l'autre côté, la rotation autour de ce centre.

Les trois équations du centre de gravité sont

$$\Sigma X = M \frac{d^2x_1}{dt^2}, \qquad \Sigma Y = M \frac{d^2y_1}{dt^2}, \qquad \Sigma Z = M \frac{d^2z_1}{dt^2}.$$

Intégrons par rapport à t, pour la durée extrêmement petite τ de la percussion. Les premiers membres représenteront les quantités de mouvement par lesquelles les percussions sont assignées : soit Φ cette quantité pour une des percussions, et α, β, γ les angles connus de sa direction avec les axes. Les seconds membres expriment la vitesse gagnée par le centre de gravité suivant chacun des trois axes : nous la représenterons par v_1, u_1, w_1; on aura donc :

$$(1) \quad \Sigma \Phi \cos \alpha = M v_1, \quad \Sigma \Phi \cos \beta = M u_1, \quad \Sigma \Phi \cos \gamma = M w_1,$$

relations qui déterminent la grandeur et la direction de la vitesse qu'acquerra le centre de gravité, et, par suite, le mouvement qu'il devra prendre. Si, par exemple, le solide est abandonné à lui-même après les percussions, le centre se mouvra uniformément et en ligne droite avec la vitesse v_1, u_1, w_1. On voit, à cette occasion, que la vitesse sera identiquement la même, quels que soient les points du solide où les percussions auront été directement appliquées. Ce résultat était prévu, puisqu'on sait qu'il en est ainsi, d'une manière générale, pour toutes les forces s'exerçant sur un système quelconque (n° 133).

Passons maintenant au mouvement de rotation autour du centre. A cet effet, reprenons les équations (1) du n° 204, et appliquons-les au cas actuel.

Les axes principaux du solide conservant sensiblement la même position pendant la durée extrêmement courte des percussions, on n'a pas à se préoccuper du dernier terme des seconds membres qui est introduit précisément par la considération de la mobilité de ces axes pendant le cours du mouvement. Il suffit donc, pour avoir la valeur des vitesses angulaires déterminées par les percussions, d'intégrer par rapport au temps, pendant la durée τ des percussions, les équations suivantes :

$$\Sigma\,(\mathrm{Y}x - \mathrm{X}y) = \mathrm{C}\,\frac{dr}{dt},$$

$$\Sigma\,(\mathrm{X}z - \mathrm{Z}x) = \mathrm{B}\,\frac{dq}{dt},$$

$$\Sigma\,(\mathrm{Z}y - \mathrm{Y}z) = \mathrm{A}\,\frac{dp}{dt}\,;$$

dans lesquelles X, Y, Z désignent, selon l'hypoihèse, les composantes d'une force de percussion quelconque. L'intégrale définie, pour le temps τ, des premiers membres représentera, comme nous l'avons expliqué plus haut, les moments des *quantités de mouvement* par lesquelles les percussions sont assignées ; et les trois relations ci-dessus, en appelant p, q, r les vitesses angulaires produites par les percussions, deviendront :

$$(2)\qquad \begin{cases} \Sigma\,\Phi\,(x\cos\beta - y\cos\alpha) = \mathrm{C}r\,, \\ \Sigma\,\Phi\,(z\cos\alpha - x\cos\gamma) = \mathrm{B}q\,, \\ \Sigma\,\Phi\,(y\cos\gamma - z\cos\beta) = \mathrm{A}p\,. \end{cases}$$

Les quantités entre parenthèses représentent les longueurs des perpendiculaires abaissées de l'origine sur les projections des forces de percussion dans chacun des plans coordonnés, et, par suite, les premiers membres représentent les sommes des moments des quantités de mouvement qui assignent les percussions en projection sur chaque plan. Les valeurs de p, q, r se trouvent ainsi déterminées.

Si toutes les percussions sont dirigées vers le centre de gravité, ou si les sommes de leurs moments sont nulles par rapport à ce centre, les premiers membres des équations sont nuls aussi, et, conséquemment, les valeurs de p, q, r se réduisent à zéro. Ainsi, dans ce cas, le solide ne tourne pas autour de son centre de gravité : il reçoit seulement une translation égale au déplacement de ce centre, tel qu'il est exprimé par les équations (1) ci-dessus.

Si les directions des percussions étaient parallèles à l'un des plans coordonnés, à celui des xy par exemple, les moments de leurs projections sur les plans des xz et des yz seraient nuls, et, par suite, p et q seraient égaux à zéro. La quantité entre parenthèses du premier membre de la première des équations (2) serait égale à σ, en désignant ainsi la plus courte distance entre l'axe des z et une percussion. La valeur de r prendrait alors la forme

$$r = \frac{\Sigma \Phi \sigma}{C}.$$

Ce résultat nous montre que lorsque les percussions sont parallèles au plan de deux des axes principaux du centre de gravité, le mobile reçoit une rotation autour du troisième axe seulement, et cette rotation est mesurée par le rapport du moment des percussions au moment d'inertie relatif à cet axe.

Quant à la suite du mouvement qui succède aux percussions, il est déterminé, je le répète, par les 3 équations (1) du n° 205.

207.—Les mouvements dus à des percussions ou qui, ayant commencé sous l'influence de causes quelconques, se continuent ensuite d'eux-mêmes sans l'intervention de forces ultérieures, se présentent très fréquemment dans la nature. Notre globe terrestre, par exemple, tourne sur lui-même en vertu d'une cause inconnue qui, aujourd'hui, n'agit plus sur lui. Les observations les plus exactes ont montré, en effet, que la rotation de la terre se poursuit indéfiniment d'une manière conforme aux formules (1) du n° 205, ce qui établit péremptoirement que les sommes des moments des forces qui agissent sur elle sont nulles, circonstance qui peut tenir soit à ce que ces forces sont nulles elles-mêmes, soit à ce qu'elles sont parallèles et proportionnelles aux masses des diverses particules, auquel cas les sommes de leurs moments sont nulles par rapport à des plans coordonnés menés au centre de gravité. C'est cette dernière hypothèse qui convient, puisque le centre de gravité de la terre n'a pas un mouvement nul ou uniforme, mais obéit aux formules (1) du n° 202. Ainsi, la cause première de la rotation terrestre a maintenant disparu.

Tous les corps qui sont lancés autour de nous, par exemple, les boulets qui s'échappent des canons, les pierres des frondes, etc., ne sont plus soumis pendant leur mouvement (abstraction faite de la résistance de l'air) qu'à la seule force de la pesanteur. Or, celle-ci est telle que la somme des moments des poids de toutes les particules, par rapport à un plan quelconque passant par le centre de gravité, est invariablement nulle. Le mouvement de ces projectiles a donc toujours lieu en conformité des formules précitées.

A ces divers cas et à bien d'autres encore on peut sans aucune difficulté appliquer toutes les déductions, analytiques ou géométriques, que nous avons présentées, notamment dans le n° 205.

208. — Il paraît inutile de reproduire ici les diverses con-

séquences que fournissent, pour les systèmes quelconques, les équations générales du mouvement. Ainsi que nous l'avons dit au commencement de ce chapitre, elles sont immédiatement applicables aux solides comme à tous les autres systèmes géométriques qu'il plairait de considérer. La seule observation spéciale qui mérite d'être mentionnée est relative à l'expression du travail et de la force vive.

Nouvelle forme donnée au travail et à la force vive dans les solides géométriques.

Continuons, comme précédemment, à mener par le centre de gravité du solide trois axes rectangulaires mobiles, constamment parallèles aux axes de coordonnées fixes, et entraînés dans le mouvement de ce centre. Si l'on désigne par x, y, z les coordonnées d'un point quelconque, par rapport aux axes fixes, par x_r, y_r, z_r ses coordonnées relatives, et par x_1, y_1, z_1 les coordonnées du centre de gravité, on aura :

$$x = x_1 + x_r, \qquad y = y_1 + y_r, \qquad z = z_1 + z_r;$$

d'où

$$\frac{dx}{dt} = \frac{dx_1}{dt} + \frac{dx_r}{dt}, \qquad \frac{dy}{dt} = \frac{dy_1}{dt} + \frac{dy_r}{dt}, \qquad \frac{dz}{dt} = \frac{dz_1}{dt} + \frac{dz_r}{dt};$$

et, par suite, la force vive du point considéré sera égale à sa demi-masse multipliée par la somme des carrés des seconds membres, c'est-à-dire multipliée par

$$\left(\frac{dx_1}{dt}\right)^2 + \left(\frac{dy_1}{dt}\right)^2 + \left(\frac{dz_1}{dt}\right)^2 + \left(\frac{dx_r}{dt}\right)^2 + \left(\frac{dy_r}{dt}\right)^2 + \left(\frac{dz_r}{dt}\right)^2 +$$

$$+ 2\left\{\frac{dx_1}{dt}\cdot\frac{dx_r}{dt} + \frac{dy_1}{dt}\cdot\frac{dy_r}{dt} + \frac{dz_1}{dt}\cdot\frac{dz_r}{dt}\right\}.$$

Si l'on ajoute les quantités analogues, relatives aux divers points, on aura la force vive totale du solide. Les trois premiers termes seront égaux à la demi-masse totale multipliée par le carré de la vitesse du centre de gravité. Les trois termes suivants représenteront la force vive dans le mouvement relatif ou dans la rotation autour du centre de gravité. Les autres termes seront nuls : en effet, si l'on prend celui-ci, $\Sigma m \frac{dx_1}{dt} \cdot \frac{dx}{dt}$, on pourra mettre $\frac{dx_1}{dt}$ hors du signe Σ, ce qui donnera $\frac{dx_1}{dt} \Sigma m \frac{dx}{dt}$, quantité évidemment nulle d'après les propriétés connues du centre de gravité. Si donc on désigne par V_1 la vitesse de ce centre, par Ω la vitesse angulaire du point m autour de l'axe instantané, et par r sa distance à cet axe, de sorte que Ωr sera la vitesse relative du point m, l'expression de la force vive totale du solide pourra se mettre sous la forme :

$$(1) \qquad \Sigma \tfrac{1}{2} m V^2 = \tfrac{1}{2} M V_1^2 + \tfrac{1}{2} \Omega^2 \Sigma m r^2 .$$

Cette force vive totale est ainsi décomposée en deux autres : l'une qui est celle dont serait animé le solide s'il était condensé à son centre de gravité, l'autre qui provient de sa rotation autour de ce centre.

D'un autre côté, le travail élémentaire absolu d'une force est égal à $P ds \cos(P, ds)$, ds représentant le déplacement absolu : mais, si ds_1 désigne un déplacement égal à la translation du centre de gravité, et ds_r le déplacement relatif dû à la rotation, on a

$$ds \cos(P, ds) = ds_1 \cos(P, ds_1) + ds_r \cos(P, ds_r) ;$$

et par suite :

$$(2) \quad \Sigma P\, ds \cos(P, ds) = \Sigma P\, ds_1 \cos(P, ds_1) + \Sigma P\, ds_r \cos(P, ds_r);$$

ce qui montre que le travail est décomposé en deux autres :

l'un qui est celui qu'effectuerait la force si elle était appliquée directement au centre de gravité; l'autre qu'elle effectuerait au point où elle est réellement appliquée, si le centre de gravité était fixe. Les intégrales de ces deux travaux élémentaires sont d'ailleurs égales, chacune à chacune, aux deux forces vives partielles distinguées plus haut, c'est-à-dire qu'on a séparément :

$$(3) \quad \begin{cases} \Sigma \int \mathrm{P}\, ds_1 \cos(\mathrm{P}, ds_1) = \frac{1}{2}\, \mathrm{M}\mathrm{V}_1^2\,; \\ \Sigma \int \mathrm{P}\, ds_r \cos(\mathrm{P}, ds_r) = \frac{1}{2}\, \Omega^2\, \Sigma m r^2\,. \end{cases}$$

Ces relations, évidentes du reste à la première inspection, auraient pu se déduire du théorème général des forces vives dans le mouvement relatif, du n° 171. On sait, en effet, que cette force vive, c'est-à-dire $\frac{1}{2}\Omega^2 \Sigma m r^2$ est égale au travail des forces réelles et fictives estimé dans le mouvement relatif. Le travail des forces fictives est représenté par $-\Sigma \mathrm{P}_e \mathrm{V}_r dt \cos(\mathrm{P}_e, \mathrm{V}_r)$, P_e étant la force d'entraînement en chaque point. Or, décomposons la force P_e en deux, l'une parallèle à l'axe instantané, l'autre dans le plan de la rotation. Toutes les premières composantes, étant perpendiculaires aux lignes décrites dans la rotation ou aux déplacements relatifs, donnent des travaux élémentaires nuls. Quant aux secondes, situées dans le plan de la rotation, elles sont parallèles entre elles, puisque toutes les forces d'entraînement sont elles-mêmes parallèles. Si donc, par l'axe instantané, on mène un plan parallèle à leur direction commune, il est visible, en vertu de la rotation, que tous les points situés d'un côté du plan donneront des travaux positifs, et tous les points situés de l'autre côté, des travaux négatifs. Mais, ce plan passant par le centre de gravité et par suite étant un plan moyen, on reconnaît aisément que la première somme est égale à la seconde. La deuxième des relations (3) se trouve ainsi démontrée : la première en découle alors naturellement.

209. — Les relations qui précèdent répondent à un apparent paradoxe qui se présente quelquefois à l'esprit des personnes peu familiarisées avec la mécanique. On s'étonne qu'une force agissant sur un corps pendant un temps déterminé communique des forces vives différentes selon qu'elle est appliquée sur un point ou sur un autre. Si elle agit au centre de gravité, par exemple, elle communique la force vive $\frac{1}{2}MV_1^2$, et si elle agit en tout autre point, elle communique un supplément de force vive représentée par $\frac{1}{2}\Omega^2\Sigma mr^2$. Pour la quantité de mouvement, la même difficulté n'existe pas, parce qu'on voit très-bien que les vitesses supplémentaires des divers points étant, les unes positives, les autres négatives, il y a destruction dans la somme, de sorte que la quantité totale de mouvement du corps ne change pas avec la position du point d'application. Dans les forces vives, au contraire, tous les termes s'ajoutent comme essentiellement positifs. Il semble donc qu'il y aurait avantage, au point de vue de la force vive à obtenir, et par suite aussi au point de vue du travail à régénérer, à faire agir la force sur un point aussi éloigné que possible du centre de gravité. Mais ce n'est là qu'une illusion de l'esprit. Il est bien vrai que, dans ce cas, la force vive incorporée augmente, mais ce n'est qu'au prix du travail dépensé lui-même. Car nous voyons qu'alors le point d'application de la force effectue un plus grand parcours, égal à celui qu'elle aurait eu au centre de gravité, combiné avec celui de la rotation. Le travail employé augmente ainsi en proportion de la force vive obtenue, et, par suite, en proportion du travail ultérieur que cette force vive serait capable de régénérer. Ce qui serait donc un *bénéfice* dans le résultat se résoud en *dépense* égale dans le moyen.

Cas particulier de l'équilibre.

210. — D'après la définition de l'équilibre, les forces appliquées au solide doivent être telles que l'état de repos ou de mouvement ne soit pas changé si l'on vient à les supprimer. Toutes les coordonnées des points devant garder les mêmes valeurs, avec ou sans la présence des forces, on aura, pour exprimer les conditions d'équilibre, les six relations suivantes, obtenues en égalant à zéro les premiers membres des six équations du mouvement :

$$(1) \qquad \Sigma X = 0, \qquad \Sigma Y = 0, \qquad \Sigma Z = 0;$$

$$(2) \quad \Sigma(Yx - Xy) = 0, \quad \Sigma(Xz - Zx) = 0, \quad \Sigma(Zy - Yz) = 0.$$

Elles expriment que, pour que des forces appliquées à un solide se fassent équilibre, il faut :

1° Que les sommes algébriques de leurs composantes suivant trois axes soient nulles;

2° Que les sommes algébriques des moments de leurs projections sur trois plans soient pareillement nulles.

Les trois axes choisis pour la décomposition peuvent d'ailleurs être placés en un lieu quelconque; car rien n'a été jamais spécifié sur l'origine des coordonnées, dont le choix est demeuré entièrement arbitraire. Si l'origine des axes est supposée placée au centre de gravité, les six conditions précédentes prennent une signification très-nette : les trois premières indiquent que les forces sont sans influence sur la translation du centre de gravité, et les trois dernières qu'elles n'influent pas davantage sur la rotation autour de ce centre. On sait, en effet, que la translation ne dépend que de la valeur des composantes des forces, et la rotation que de leurs moments. Si l'origine est placée en tout autre point du solide l'ensemble des six équations précédentes exprime bien encore que la translation du point choisi et la rotation autour de ce centre ne sont pas influencées par les forces, mais ce ne sont plus les trois premières seules qui expriment ce qui concerne la translation, et les trois autres ce qui concerne la rotation. Car on sait que pour tout point, hormis le centre de gravité, les équations du mouvement d'entraînement et du mouvement relatif dépendent les unes des autres.

Lorsque les forces sont en équilibre, le solide n'est pas nécessairement en repos, mais il peut, au contraire, avoir un mouvement très-varié, qui s'effectue en conformité de la théorie exposée au n° 205. Mais s'il est en repos avant l'introduction du groupe de forces en équilibre, il demeurera encore en repos après.

Les conditions d'équilibre des percussions ou des forces instantanées sont évidemment les mêmes, car il faut toujours égaler à zéro les premiers membres de leurs six équations du mouvement; ce qui revient à exprimer que, pour que des percussions se fassent équilibre sur un solide, il faut :

1° Que les sommes algébriques des composantes, suivant trois axes, des quantités de mouvement qui les représentent, soient nulles;

2° Que les sommes algébriques des moments des projections de ces mêmes quantités de mouvement soient pareillement nulles.

211. — Les conditions *d'équivalence* de deux groupes quelconques de forces appliquées à un solide se déduisent aisément de ce qui précède. Il suffit, en effet, d'exprimer, en vertu de la proposition du n° 122, que les forces de l'un des groupes, combinées avec celles de l'autre prises en sens contraire, doivent être en équilibre.

Si donc nous désignons par X, Y, Z, x, y, z les forces et les coordonnées relatives à l'un des groupes, et par X_1, Y_1, Z_1,

x_1, y_1, z_1 celles qui se rapportent à l'autre groupe, les six équations d'équivalence seront les suivantes :

$$(1)\quad \Sigma X - \Sigma X_1 = 0, \quad \Sigma Y - \Sigma Y_1 = 0, \quad \Sigma Z - \Sigma Z_1 = 0;$$

$$(2)\quad \left\{ \begin{array}{l} \Sigma(Yx - Xy) - \Sigma(Y_1 x_1 - X_1 y_1) = 0, \\ \Sigma(Xz - Zx) - \Sigma(X_1 z_1 - Z_1 x_1) = 0, \\ \Sigma(Zy - Yz) - \Sigma(Z_1 y_1 - Y_1 z_1) = 0. \end{array} \right.$$

Ces équations nous permettent de déduire une conséquence importante. On se rappelle qu'il a été démontré (n° 137) que le groupe de forces instantanées capable de réduire au repos un système matériel quelconque, que ne sollicite plus aucune force extérieure, donne lieu à des sommes de moments constantes dans chaque plan coordonné. Comme les sommes des composantes suivant les axes sont également constantes, il en résulte que, si l'on considère un système solide, le groupe de forces en question, à une époque quelconque du mouvement, est équivalent au groupe d'une toute autre époque, puisque les six équations d'équivalence se trouvent satisfaites. Ainsi, le même groupe est capable, à tout moment, de ramener le système solide au repos, quelles que soient les positions et les vitesses des divers points à l'instant considéré. De là on peut généraliser et dire que si un système quelconque en mouvement, sur lequel ne s'exerce aucune force extérieure, vient tout à coup à être solidifié, ce système pourra toujours être ramené au repos par le même groupe de forces instantanées.

Cette remarque s'applique évidemment au système du monde lui-même : car le groupe de forces auquel correspond sa quantité actuelle de mouvement ne varie jamais.

212. — La question la plus intéressante qui se présente en matière d'équivalence est de chercher le groupe équivalent le plus simple possible, et spécialement d'examiner si

une force unique pourrait, dans tous les cas, remplacer un groupe donné.

Lorsqu'il s'agit de forces appliquées à un point unique, on sait que leur réduction à une seule est toujours possible, et que c'est cette résultante qu'on a généralement en vue quand on se propose de trouver les forces capables d'un mouvement déterminé. On sait aussi que, quel que soit le système et le mouvement considérés, la recherche des forces comporte nécessairement une infinité de solutions, et que, dans de semblables questions, c'est, à moins de stipulation contraire, le groupe le plus simple qu'il faut trouver. Il est donc conforme à l'esprit général du problème mécanique de déterminer, en ce qui concerne les solides, le moindre nombre possible de forces susceptibles de remplacer un groupe quelconque.

1° Une seule force est-elle équivalente à un groupe quelconque, ou, en d'autres termes, y a-t-il toujours une résultante unique?

A priori, il est évident que non.

En effet, pour qu'une seule force pût remplacer toutes les autres, il faudrait que les six équations d'équivalence ci-dessus pussent être satisfaites par des valeurs convenables de la force unique, ce qui exigerait qu'on disposât de six éléments distincts. Or, dans les solides géométriques, l'introduction d'une force ne correspond qu'à cinq quantités arbitraires, savoir : les intensités de ses trois composantes, et *deux* des coordonnées de son point d'application. Je dis *deux* coordonnées seulement et non pas trois, parce que, sur un solide, une force peut être appliquée en un point quelconque de sa direction, en sorte que l'une des trois coordonnées doit rester arbitraire, et qu'on n'a pas le droit de disposer de sa valeur pour les besoins de la solution. Cette circonstance ne se présente pas dans les systèmes généraux, où tous les points de la direction de la force ne sont pas *invariable-*

ment unis, par suite même de la constitution du système, avec le point de l'application directe. Il demeure donc acquis qu'en introduisant une seule force on ne disposera que des trois composantes X_1, Y_1, Z_1, et de deux des coordonnées, par exemple, x_1, y_1. Les équations d'équivalence devraient être satisfaites indépendamment de z_1.

Il est visible que les trois premières relations pourront être vérifiées, puisqu'elles ne contiennent que les trois composantes X_1, Y_1, Z_1. C'est entre les trois autres, qui contiennent les coordonnées, que l'impossibilité se manifestera, sous forme d'une équation de condition, à laquelle devraient satisfaire *à priori* les forces du groupe donné, pour être susceptibles d'une résultante unique. On obtiendra cette condition en éliminant deux des coordonnées x_1 et y_1, et exprimant que l'équation finale, qui contient z_1, est vérifiée, quelle que soit la valeur de z_1.

Posons donc les équations d'équivalence, dans l'hypothèse d'une résultante unique.

Les équations (1) ci-dessus donneront d'abord, pour les intensités des trois composantes :

$$X_1 = \Sigma X, \qquad Y_1 = \Sigma Y, \qquad Z_1 = \Sigma Z.$$

Portons ces valeurs dans les équations (2), qui deviendront :

$$\begin{aligned}
&\Sigma(Yx - Xy) - x_1\Sigma Y + y_1\Sigma X = 0,\\
&\Sigma(Xz - Zx) - z_1\Sigma X + x_1\Sigma Z = 0,\\
&\Sigma(Zy - Yz) - y_1\Sigma Z + z_1\Sigma Y = 0.
\end{aligned}$$

Éliminons x_1 et y_1 entre ces relations. L'opération s'effectuera très-simplement en les multipliant respectivement par ΣZ, ΣY, ΣX, et ajoutant. Tous les termes affectés des coordonnées de la résultante disparaissent et l'équation de condition est dès lors la suivante :

$$(3) \quad \Sigma Z \,.\, \Sigma(Yx - Xy) + \Sigma Y \,.\, \Sigma(Xz - Zx) + \\ + \Sigma X \,.\, \Sigma(Zy - Yz) = 0.$$

Cette relation est susceptible d'une interprétation géométrique.

En effet, la résultante unique forme avec les axes des angles dont les cosinus sont proportionnels aux valeurs de ses trois composantes ΣX, ΣY, ΣZ suivant les mêmes axes. La relation exprime donc, d'après les théorèmes connus de la géométrie, que la résultante en question est parallèle à un plan qui ferait avec les plans coordonnés des angles dont les cosinus seraient proportionnels aux sommes des moments des forces projetées sur les mêmes plans.

Mais si le groupe des forces ne peut pas être réduit à une seule, il est visible qu'on pourra toujours le ramener à deux, et même d'une infinité de manières. Car les coordonnées des points d'application de ces deux forces fourniront quatre quantités dont on pourra disposer pour satisfaire aux trois relations (2), ce qui sera surabondant. Quant à l'intensité de ces deux mêmes forces, on ne la connaîtra pas séparément pour chacune d'elles : on n'aura que la somme de leurs deux grandeurs, qui sera déterminée par les trois relations (1).

213. — Lorsque toutes les forces sont situées dans le même plan, le nombre des équations d'équilibre ou d'équivalence se simplifie naturellement. Si nous prenons ce plan pour plan des xy, par exemple, il faudra, dans les formules générales, supposer $Z=0$, $z=0$, en sorte qu'on n'aura plus que les trois équations suivantes :

$$(1) \qquad \Sigma X = 0, \qquad \Sigma Y = 0,$$

$$(2) \qquad \Sigma(Yx - Xy) = 0,$$

qui expriment que les sommes des composantes suivant deux axes situés dans le plan des forces, et la somme de leurs moments par rapport à l'origine de ces axes, sont séparément nulles.

Lorsqu'il n'y a pas équilibre, il y a évidemment une résultante unique, car l'équation de condition (3) du numéro précédent est identiquement vérifiée par l'hypothèse de $Z = 0$, $z = 0$. Quant au point d'application de cette résultante, il ne dépend que de la seule équation

$$x_1 \Sigma Y - y_1 \Sigma X + \Sigma(Yx - Xy) = 0,$$

ce qui le laisse indéterminé : résultat conforme à ce que nous avons dit à ce sujet d'une manière générale : en effet, la position de ce point est quelconque sur la direction de la résultante.

214. — **Forces parallèles.** — Lorsque toutes les forces appliquées au solide ont une direction commune, le nombre des équations se simplifie également.

Prenons cette direction pour axe des Z. Il faudra, dans les formules générales, supposer $X = 0$, $Y = 0$, $Z = 0$. Rien n'empêche, en effet, d'admettre que toutes les forces sont appliquées aux points mêmes où les lignes suivant lesquels elles agissent rencontrent le plan des xy. Les équations deviennent alors :

$$\Sigma Z = 0,$$
$$\Sigma Zx = 0, \qquad \Sigma Zy = 0;$$

ce qui signifie que la somme algébrique des forces doit être nulle, ainsi que les sommes de leurs moments suivant deux plans parallèles à la direction commune.

A défaut d'équilibre, il y a une résultante unique, qui est déterminée par les valeurs suivantes :

$$(1) \qquad Z_1 = \Sigma Z,$$
$$(2) \qquad x_1 = \frac{\Sigma Zx}{\Sigma Z}, \qquad y_1 = \frac{\Sigma Zy}{\Sigma Z}.$$

ce qui nous montre :

1° Que l'intensité de la résultante unique est égale à la somme algébrique de toutes les forces parallèles appliquées au solide, ou, ce qui revient au même, égale à la différence entre la somme des forces qui agissent dans un sens et la somme de celles qui agissent en sens contraire; 2° que le point où sa direction coupe le plan perpendiculaire à la direction commune se détermine en divisant la somme des moments par la somme des composantes relatives à deux axes quelconques tracés dans ce plan; ou, en d'autres termes, que le moment de la résultante, suivant deux plans quelconques parallèles à la direction des forces, est égal à la somme algébrique des moments des composantes suivant les mêmes plans.

Au sujet des *moments* des forces parallèles, on adopte ordinairement une autre locution. On appelle *moment d'une force par rapport à un plan parallèle à sa direction* le produit de cette force par sa distance au plan. Ainsi le moment Zx, par exemple, qui figure dans les relations ci-dessus, et que nous considérions comme le moment, par rapport à l'origine, de la force en projection dans le plan des zx, s'appellera *moment de la force par rapport au plan* des zy, puisque x désigne la distance de la force au plan zy qui lui est parallèle. D'après cette nouvelle définition, les relations qu'on a établies précédemment seront susceptibles d'un énoncé différent. Les équations (2), par exemple, exprimeront que le moment de la résultante est égal à la somme algébrique des moments des composantes, par rapport à chacun des deux plans parallèles, et, par conséquent, par rapport à un plan parallèle quelconque.

Conséquence. — Considérons un solide formé d'un nombre quelconque de points matériels invariablement unis. Supposons qu'à tous ces points soient appliquées des forces parallèles p, p', p'',... de grandeurs tout à fait arbitraires.

Rien n'empêchera de déterminer, parallèlement à la direction de ces forces, un *plan moyen des moments des forces,* absolument comme on détermine un plan moyen des moments des masses au n° 124. Actuellement, si toutes ces forces viennent à recevoir une autre direction, sans cesser d'ailleurs d'être parallèles entre elles et en conservant leurs mêmes grandeurs, on pourra déterminer un autre plan moyen parallèle à cette nouvelle direction; et ainsi de suite. En répétant la même démonstration qu'au numéro précité, on verrait que tous ces plans moyens se coupent en un même point, qui est conséquemment tel que, si l'on mène un plan quelconque par ce point et qu'on applique aux divers points du solide des forces parallèles p, p', p'',..., la somme algébrique des moments de toutes ces forces par rapport au plan est égale à zéro. En reproduisant toujours la même série de raisonnements, on verrait que, pour tout autre plan parallèle ne passant pas par le centre ainsi déterminé, la somme des moments de toutes les forces parallèles est égale à la somme des forces $p + p' + p'' + \ldots$ multipliée par la distance du centre à ce plan. Or on a vu plus haut que c'était là la propriété de la résultante. Donc on peut être assuré que la résultante passe par le centre. Et, comme cela a lieu quelle que soit la direction commune des forces appliquées, on en conclut que le centre des moments des forces parallèles est le point par lequel passe constamment la résultante des forces. C'est pourquoi on lui a donné le nom de *centre des forces parallèles,* expression qui signifie qu'il est le centre d'application de la résultante des forces parallèles, quelle qu'en soit la direction.

Si toutes les forces p, p', p'' venaient à recevoir des grandeurs différentes, tout en conservant leurs rapports mutuels, il est visible que la position du centre ne changerait pas.

Si l'on suppose que les forces soient précisément proportionnelles aux masses des divers points où elles sont appliquées, *le centre des forces parallèles* se confondra avec *le centre des moments des masses* ou *le centre de gravité*, tel qu'il a été spécifié au n° 125. On peut donc définir le *centre de gravité* un point tel que, si le corps considéré était solide géométrique, il servirait de point d'application à la résultante de toutes les actions de la gravité.

Il resulte de là que la pesanteur, dans les corps solides, peut toujours être remplacée par une force unique agissant au centre de gravité ; ce qui montre bien pourquoi elle n'a point d'influence sur leur mouvement de rotation, comme les formules analytiques des numéros précédents nous l'avaient d'ailleurs appris.

215. — La propriété que nous venons de reconnaître pour le centre des forces parallèles, relativement aux sommes des moments de la résultante, va nous fournir un moyen de déterminer la position de la résultante, de même qu'au n° 126 nous déterminions le centre de gravité. Nous ramènerons également cette recherche à une succession de compositions binaires.

1° Soient les deux forces P et P′, dont il s'agit de trouver la résultante en grandeur et en position.

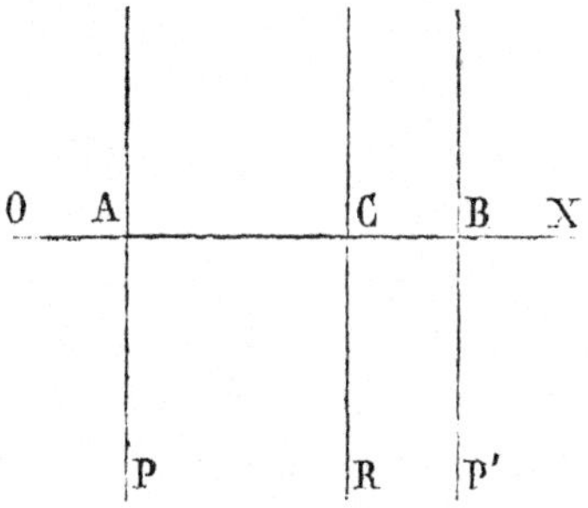

Fig. 54.

Nous savons immédiatement que la résultante sera contenue dans leur plan. Il suffit de trouver sa distance à ces forces.

Soit OX une ligne quelconque perpendiculaire à la direction commune, et coupant P et P′ en A et B. Soit R la résultante cherchée et C le point où sa direction est coupée par la même ligne OX.

Ce point C est déterminé par la condition que la somme algébrique des deux moments de P et P′ (lesquels sont de signes contraires), par rapport à un plan mené par CR perpendiculairement à celui de la figure, soit égale à zéro. Ces moments sont égaux respectivement à P.AC et P'.CB. Représentons AB par a, AC par x, on aura :

$$Px = P'(a - x); \qquad \text{d'où} \qquad x = \frac{aP'}{P' + P};$$

c'est-à-dire que le point C partage la distance AB des deux forces en longueurs inversement proportionnelles aux intensités de ces forces.

Quant à la grandeur de la résultante, on sait qu'elle est égale à $P' + P$.

Si la force P est dirigée en sens contraire de la force P', la formule précédente donne $x = \frac{aP'}{P' - P}$. Si P est moindre en valeur absolue que P', cette quantité est positive et plus grande que a. L'intensité de R est d'ailleurs égale à $P' - P$. Cela nous montre que la résultante est égale à la différence des deux forces, qu'elle agit dans le sens de la plus grande, et qu'elle est située hors de l'intervalle qui les sépare et du côté de la plus grande, à une distance qui augmente à mesure que la différence des deux forces diminue de plus en plus. Elle occupe donc la position CR de la figure ci-contre. Du reste, en appliquant la formule des moments à la présente construction, on retrouverait sans difficulté la valeur $x = \frac{aP'}{P' - P}$.

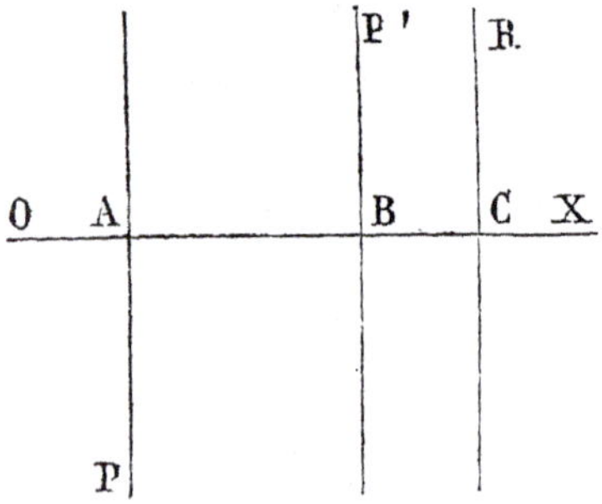

Fig. 55.

Conséquence. Supposons que P, agissant en sens contraire de P′ et moindre en valeur absolue que celle-ci, augmente de plus en plus et se rapproche indéfiniment de P′. L'intensité de la résultante P′—P tendra indéfiniment vers zéro, et en même temps sa position CR s'éloignera à l'infini du point A, puisque la distance x est toujours représentée par $\frac{aP'}{P'-P}$. A la limite, c'est-à-dire quand les deux forces seront égales, on voit que la grandeur de la résultante sera *nulle* et placée à une distance *infinie* : ce qui nous montre que, dans ce cas, il n'y a pas de force unique qui soit équivalente exactement aux deux forces données. C'est ce dont il est facile de se rendre compte *à priori*. En effet, les deux forces étant égales et de sens contraires, les sommes algébriques de leurs composantes suivant trois axes sont nulles : par conséquent le centre de gravité est immobile. Donc, déjà, une force unique ne peut remplacer les deux forces, car cette force unique mouvrait inévitablement le centre de gravité. Mais, d'ailleurs on ne peut pas dire que les deux forces en question se font équilibre, car, si l'on place, par exemple, l'origine des coordonnées au centre de gravité, et si l'on prend l'axe des z parallèle aux deux forces et le plan des xz parallèle à leur plan, on voit que les moments sont nuls dans les plans des xy et des yx, mais que dans le plan des xz la somme algébrique des deux moments ou la différence de leurs valeurs absolues est égale à Pa, en représentant toujours par a la distance entre les deux forces données. Le solide doit donc commencer à tourner autour de l'axe des y, ainsi que le montre la seconde des relations (1) du n° 204, laquelle, à l'origine du mouvement, où p, q, r sont nuls, prend, dans le cas actuel, la forme

$$Pa = B\frac{dq}{dt}.$$

2° Supposons maintenant qu'on cherche la résultante de

trois forces parallèles, et en général d'un nombre quelconque de forces.

On cherchera d'abord la résultante de deux d'entre elles, puis on composera cette résultante avec la troisième, puis avec la quatrième ; et ainsi de suite. Si, parmi les forces, les unes sont positives, les autres négatives, on pourra chercher d'abord la résultante de toutes celles qui agissent dans un sens, et ensuite la résultante de toutes celles qui agissent en sens contraire. La composition de ces deux résultantes partielles fournira la résultante totale, à moins qu'elles ne se trouvent dans les cas particuliers ci-dessus, c'est-à-dire à moins qu'elles ne soient égales en valeur absolue.

216. — **Remarque générale sur la composition de toutes les forces d'un solide.** — Les théories qui précèdent permettent de voir nettement pourquoi toutes les forces qui agissent sur un solide sont toujours susceptibles de se réduire à deux, et pourquoi elles ne peuvent pas généralement se réduire à une seule.

En effet, imaginons qu'on fasse passer dans le solide un plan quelconque, et que toutes les forces soient appliquées aux points où les prolongements de leurs directions rencontrent ce plan. Chaque force pourra être remplacée par deux autres, l'une parallèle à une direction déterminée, par exemple perpendiculaire au plan, l'autre située dans ce plan lui-même. Toutes les forces perpendiculaires auront une résultante unique, d'après ce qu'on a vu sur les forces parallèles ; toutes les autres auront également une résultante unique, puisqu'elles sont situées dans le plan. Ces deux résultantes, n'étant généralement pas contenues dans un même plan, ne se réduiront pas à une seule.

On voit en même temps que cette réduction peut se faire d'une infinité de manières : car le plan choisi et la direction commune sont entièrement arbitraires.

217. — Cette théorie sur l'équilibre et l'équivalence des

forces appliquées à un système de forme invariable, constitue, avec la composition des forces concourantes ou appliquées à un point unique, ce qu'on est convenu de nommer la *Statique élémentaire.*

Ainsi que nous l'avons dit dans notre premier livre et dans la cinquième proposition du second, on établit ordinairement ces théorèmes d'une manière directe, et sans faire intervenir les notions de la dynamique. En ce qui concerne les forces concourantes, on rencontre un obstacle fondamental, provenant de l'invalidité des moyens purement logiques, et l'on est conduit à une pétition de principes manifeste. Ce premier inconvénient accepté, on peut, à la vérité, sans nouvel écueil de ce genre, démontrer la composition et l'équilibre des forces parallèles, et ensuite des forces quelconques. On conçoit, en effet, qu'il est très-aisé de passer du cas de deux forces qui se coupent au cas où leur angle diminue de plus en plus. Une foule de méthodes ont été employées dans ce but, qui sont inattaquables au point de vue de la rigueur du raisonnement. Mais on se trouve en présence d'un inconvénient considérable, qui est de n'avoir aucune idée du genre d'effet que les forces qu'on étudie ainsi peuvent avoir sur les corps auxquels on les suppose appliquées. Quand on considère, par exemple, le cas particulier de deux forces parallèles, égales et de sens contraires, on ne peut nullement se rendre compte de la rotation, sans translation, qu'elles déterminent. Bien plus, l'ensemble de la théorie des *couples,* qui est en grande partie cause du maintien de la statique comme science directe, n'a elle-même toute sa portée et ne jette sa complète lumière sur la mécanique qu'autant qu'elle a été précédée de l'étude générale du mouvement. C'est ce que nous reconnaîtrons aisément dans un prochain chapitre.

CHAPITRE II.

MÉCANIQUE DES SOLIDES GÉOMÉTRIQUES ASSUJETTIS A DES LIAISONS.

Étant données des forces quelconques qui sollicitent un solide géométrique assujetti à certaines liaisons, déterminer le mouvement de ce solide ;

ou réciproquement :

Étant connu le mouvement du solide, trouver les forces qui pourraient le produire.

Parmi tous les problèmes que nous pourrions nous proposer sur le mouvement d'un solide géométrique assujetti à certaines liaisons, nous examinerons les suivants, qui sont les plus importants :

1° Le solide est assujetti à tourner autour d'un point fixe ;

2° Il tourne autour de deux points fixes, ou, ce qui revient au même, autour de la ligne invariable qui les joint ;

3° Il s'appuie par un ou plusieurs points sur une surface de forme invariable.

Mouvement autour d'un point fixe.

218. — Ce cas ne présente aucune difficulté et ne donne lieu à aucune considération nouvelle, après ce qui a été déjà dit au sujet de la rotation spontanée autour du centre de gravité. On sait, en effet, que, lorsqu'on établit les équations du mouvement relatif, par rapport à un point quelconque du solide où l'on suppose placés les axes de coordonnees mobiles, on a des termes dus à la force d'entraînement des divers points, termes qui disparaissent dès que le point choisi pour origine des axes mobiles est invariablement fixé.

Les équations prennent alors identiquement la même forme que celles qui concernent la rotation autour du centre de gravité, lorsque le solide est entièrement libre dans l'espace. Du reste, il est facile de se convaincre directement que, si l'on reprend toute la série des raisonnements présentés aux nos 202 et suivants, on peut continuer à les appliquer intégralement à un point quelconque supposé fixe, au lieu du centre de gravité, pourvu que, dans le discours, on spécifie qu'il s'agit actuellement des axes et des moments principaux relatifs au point fixe, ainsi que des vitesses angulaires autour de ces axes et de l'ellipsoïde central formé pour ce même point. Si l'on a soin de donner cette signification aux quantités qui figurent dans les équations (1) du n° 204, celles-ci peuvent être maintenues pour exprimer le mouvement autour du point fixe.

On voit ainsi que si un solide assujetti à une semblable liaison a reçu un mouvement quelconque, par suite de forces continues ou de percussions, il continue indéfiniment à tourner autour du point fixe suivant les lois qui ont été exposées, c'est-à-dire en entraînant l'ellipsoïde central de ce point, et le faisant rouler sans glisser sur un certain plan de position invariable. On peut dire aussi que ce mouvement s'effectue en vertu du roulement d'un certain cône, lié au solide, sur un autre cône immobile dans l'espace, les deux cônes ayant leur sommet commun au point fixe.

Équilibre. — Quant aux conditions d'équilibre, elles se réduisent évidemment à trois, qui consistent en ce que les sommes des moments des forces projetées dans les trois plans coordonnés menés par le point fixe doivent être séparément nulles. Les sommes des composantes de ces mêmes forces suivant les axes sont naturellement annulées par les composantes de la force indéterminée qui représente la résistance indéfinie du point fixe suivant une direction quelconque, résistance qui ne donne lieu à aucun terme dans les sommes des moments, puisque son propre moment, par rapport à l'origine des axes, est nécessairement nul.

Mouvement autour d'un axe fixe.

219. — On n'a plus, dans ce cas, qu'une seule équation de mouvement, puisqu'un seul déplacement est possible, savoir la rotation autour de l'axe qui, par sa fixité, oblige chaque point à décrire un arc de cercle d'un rayon constant.

On peut prendre l'axe fixe pour l'un des axes de coordonnées, celui des z, par exemple. Alors, les composantes de toutes les forces appliquées au solide sont évidemment détruites par la résistance de l'axe fixe, dans le sens des x, des y et des z, ce qui fait disparaître les trois premières des six équations générales du mouvement de tout solide. Deux des autres équations, renfermant les moments dans les plans des xz et des yz, disparaissent également par suite de la même résistance. Il ne reste que l'équation relative au plan des xy, perpendiculaire à l'axe fixe, parce que la résistance, quelle qu'elle soit, ne peut introduire aucun terme nouveau dans la somme des moments pris pour ce plan. L'unique équation du mouvement est donc :

$$(1) \qquad \Sigma(\mathrm{Y}x - \mathrm{X}y) = \Sigma m\left(\frac{d^2y}{dt^2}x - \frac{d^2x}{dt^2}y\right).$$

On pourrait, du reste, la déduire directement de l'équation générale des moments virtuels, sans recourir à la connaissance des six équations d'un solide libre. En effet, la relation des moments virtuels,

$$\Sigma(\mathrm{X}\delta x + \mathrm{Y}\delta y + \mathrm{Z}\delta z) = \Sigma m\left(\frac{d^2x}{dt^2}\delta x + \frac{d^2y}{dt^2}\delta y + \frac{d^2z}{dt^2}\delta z\right),$$

exprime, comme on sait, que la somme des moments des forces extérieures est égale à la somme des moments des forces conservées, pour tous les déplacements compatibles avec l'invariabilité du solide et les liaisons spéciales auxquelles il est assujetti. Soient A et B les deux points fixes, M un point quelconque du système et MM_1 un déplacement virtuel, tel par conséquent que $\mathrm{BM}_1 = \mathrm{BM}$, $\mathrm{AM}_1 = \mathrm{AM}$. Le déplacement MM_1 est un arc de cercle situé dans un plan perpendiculaire à AB. Il en résulte d'abord que δz est forcément nul, ce qui réduit l'équation générale ci-dessus à

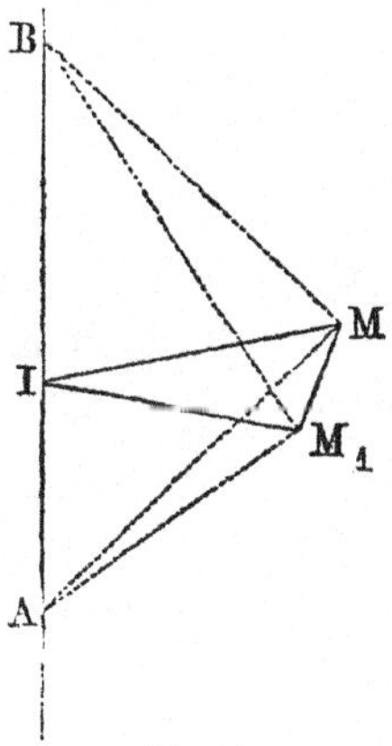

Fig. 56.

$$\Sigma(\mathrm{X}\delta x + \mathrm{Y}\delta y) = \Sigma m\left(\frac{d^2x}{dt^2}\delta x + \frac{d^2y}{dt}\delta y\right).$$

Traçons en plan, pour plus de facilité, la figure IMM_1 et menons dans ce plan Ix et Iy parallèles aux axes des x et des y. On aura :

$$\delta x = Mh = MM_1 \cos hMM_1 = MM_1 \sin MIp =$$
$$= \frac{MM_1}{IM} \cdot y = y \text{ . angle } MIM_1 ;$$

il faudra affecter cette quantité du signe *moins*, puisque δx est compté en sens contraire des x positifs sur la figure. Donc enfin,

$$\delta x = - y \text{ angle } MIM_1 .$$

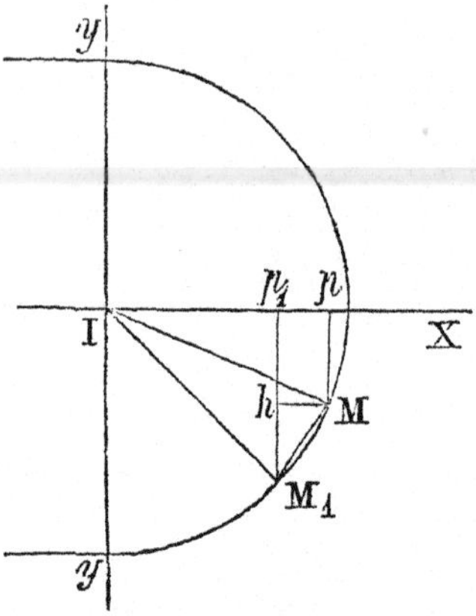

Fig. 57.

On trouverait de même:

$$\delta y = x \text{ . angle } MIM_1 .$$

Pour tout autre point M′ du système, on aurait:

$$\delta x' = - y' \text{ angle } M'IM'_1 ,$$
$$\delta y' = x' \text{ angle } M'IM'_1 .$$

Or l'angle MIM_1 est égal à l'angle $M'IM'_1$, à cause de l'invariabilité de distance des deux points. C'est ce qu'il est aisé de vérifier en faisant la construction géométrique. Par conséquent, l'angle MIM_1, constant pour tous les points du système, peut sortir de sous le signe Σ, et par suite l'équation des moments virtuels se réduit à l'équation (1) déjà trouvée.

220. — De même que nous avons senti la nécessité, pour le mouvement des solides libres (nos 202 et suivants), d'exprimer les déplacements des divers points en fonction des rotations autour des trois axes, afin d'éviter les combinaisons impraticables des équations de liaisons des points deux à deux, de même, dans le cas actuel, nous exprimerons toutes les coordonnées en fonction de la rotation autour de l'axe fixe.

Si nous appelons A l'angle compté de gauche à droite, à partir de l'axe des x, nous verrons aisément, en nous reportant à la figure du numéro précédent, qu'on a les relations :

$$x = r\cos A, \qquad y = r\sin A;$$

$$dx = -r\sin A\,dA, \qquad dy = r\cos A\,dA;$$

et, par suite :

$$\frac{d^2y}{dt^2}x - \frac{d^2x}{dt^2}y = \frac{d(xdy - ydx)}{dt^2} =$$

$$= \frac{d(r^2\cos^2 A\,dA + r^2\sin^2 A\,dA)}{dt^2} = r^2\frac{d^2A}{dt^2},$$

puisque r ne varie pas avec le temps. Le terme dû au point considéré, dans l'équation du mouvement du solide, sera donc :

$$mr^2\frac{d^2A}{dt^2}.$$

Pour un autre point du système, on aura un terme analogue qui ne différera du précédent que par la valeur de m et de r. On pourra, en effectuant la somme pour tous les points, faire sortir la quantité $\frac{d^2A}{dt^2}$ du signe Σ, en sorte que la somme de tous ces termes deviendra $\frac{d^2A}{dt^2}\Sigma mr^2$. La quantité Σmr^2 n'est autre chose que le moment d'inertie du solide par rapport à l'axe fixe : nous représenterons, pour abréger, ce moment par I. Quant au premier membre $\Sigma(Yx - Xy)$, qui désigne la somme des moments des forces projetées sur le plan des xy, nous le remplacerons, conformément aux notations déjà adoptées, par ΣQq. L'équation du mouvement du solide prendra ainsi la forme

$$(1) \qquad \Sigma Qq - I\frac{d^2A}{dt^2},$$

qu'on pourra également écrire :

$$(1) \qquad \Sigma Qq = I\frac{d\Omega}{dt};$$

en appelant Ω la vitesse angulaire, et remarquant que, par définition, $\Omega = \frac{dA}{dt}$.

La relation que nous venons d'établir ne contient plus qu'une seule inconnue, savoir l'angle A ou la vitesse Ω. On pourra de la sorte trouver au bout d'un temps quelconque la grandeur, en degrés, de l'angle décrit depuis l'origine du mouvement, et, par suite, la position exacte du solide à l'instant considéré.

Si l'on rapproche la relation ci-dessus de celle qui concerne le mouvement d'un point matériel unique, on trouve qu'il y a entre elles correspondance parfaite. En effet, on a :

d'une part, $$\Sigma X = m\frac{d^2x}{dt^2} = m\frac{dv}{dt};$$

et d'autre part, $$\Sigma Qq = m\frac{d^2A}{dt^2} = I\frac{d\Omega}{dt}.$$

Cela nous montre que le *moment des forces*, estimé perpendiculairement à l'axe fixe, le *moment d'inertie* du solide, la *vitesse angulaire* et l'*angle décrit* jouent vis-à-vis les uns des autres exactement le même rôle que la *composante des forces,* estimée suivant une direction donnée, la *masse* du point matériel, la *vitesse linéaire* et la *longueur parcourue*. En d'autres termes, une théorie qui serait établie en donnant aux mots de *force,* de *masse,* de *vitesse* et de *longueur* le sens qu'ils ont actuellement, subsisterait en totalité si, par ces mêmes mots, on venait à entendre les mêmes choses que par ceux de *moment des forces*, *moment d'inertie, vitesse angulaire* et *angle dé-*

crit. — Ce rapprochement nous montre une fois de plus que les relations saisies par notre esprit entre les divers objets qu'il considère sont beaucoup plus larges qu'il ne le suppose tout d'abord, et que d'autres objets, auxquels il ne songe pas, satisfont aussi à ces mêmes relations. De tels faits se produisent fréquemment dans l'ordre purement logique ou le calcul; et c'est ce qui fait dire que les formules mathématiques sont plus générales que les problèmes spéciaux qu'on a en vue. Cette plus grande généralité a pour double résultat de conduire à des solutions qu'on ne cherchait pas, et d'éclairer du même coup plusieurs sortes de questions qui, au premier abord, semblaient indépendantes les unes des autres. Dans l'ordre des faits physiques, on trouve des exemples analogues : c'est ainsi que la formule qui exprime la loi de la force de gravitation, dont l'intensité varie, comme on sait, en raison inverse du carré des distances, exprime en même temps la loi des variations du son, de la lumière et de la chaleur. En géométrie, on en pourrait citer un grand nombre de cas. Telle est la formule très-simple qui exprime le produit de la base par la hauteur, et qui convient à la fois au parallélogramme, au prisme, au cylindre, etc. En mécanique, nous avons déjà rencontré plusieurs exemples de cette coïncidence, et nous en verrons encore d'autres par la suite. C'est même parce que ces rapprochements sont très-fréquents, au lieu de constituer une exception, que les sciences rationnelles sont susceptibles de résumer leurs résultats en un nombre restreint de formules mathématiques.

Pour en revenir à la relation précédente,

$$\Sigma Qq = I \frac{d^2A}{dt^2} = I \frac{d\Omega}{dt},$$

nous voyons que, sans démonstrations nouvelles, on peut immédiatement conclure :

Que, lorsque le moment des forces est nul, la vitesse angulaire demeure constante, et que l'angle décrit augmente uniformément avec le temps ;

Que, lorsque le moment des forces est constant, la vitesse angulaire augmente uniformément, et que les angles décrits augmentent comme le carré des temps;

Que, pour des corps ayant le même moment d'inertie, les moments des forces qui les sollicitent sont proportionnels aux vitesses angulaires communiquées au bout du même temps, et en raison inverse des temps au bout desquels la même vitesse angulaire est communiquée;

Que les moments des forces sont proportionnels aux moments d'inertie des corps qui reçoivent la même vitesse angulaire, au bout du même temps.

221. — On trouverait l'équation du mouvement (1) en faisant usage du principe général présenté à la fin du n° 142, et consistant en ce que, pour tous les systèmes matériels à liaisons complètes, l'équation des forces vives suffit pour résoudre le problème, et constitue précisément l'unique relation cherchée. En effet, appliquons au cas spécial qui nous occupe l'équation générale

$$\Sigma\,(\mathrm{X}dx + \mathrm{Y}\,dy + \mathrm{Z}\,dz) = \Sigma d\,\tfrac{1}{2}\,m\mathrm{V}^2.$$

On a ici :

$$dz = 0,\ dx = -y d\mathrm{A},\ dy = x d\mathrm{A},\ \mathrm{V} = r\Omega,\ d\,\tfrac{1}{2}\mathrm{V}^2 = r^2 d\mathrm{A}\,\frac{d^2\mathrm{A}}{dt^2}.$$

Si l'on substitue, il vient :

$$d\mathrm{A}\,.\,\Sigma(\mathrm{Y}x - \mathrm{X}y) = d\mathrm{A}\cdot\frac{d^2\mathrm{A}}{dt^2}\,\Sigma m r^2\ ;$$

ce qui donne l'équation connue.

222. — La condition d'équilibre se déduit très-simplement de ce qu'on a déjà vu. Pour que l'introduction ou la suppres-

sion des forces n'influe pas sur le mouvement du solide, il faut qu'on ait :

$$\Sigma Qq = o.$$

Ainsi, la condition unique pour que des forces se fassent équilibre autour d'un axe fixe, c'est que la somme algébrique de leurs moments soit nulle par rapport à un plan perpendiculaire à cet axe, ou, ce qui revient au même, que la somme des travaux élémentaires de toutes ces forces soit égale à zéro.

Il suit de là que, lorsque les forces sont au nombre de deux, leurs moments sont égaux en valeur absolue et de signes contraires. On peut dire aussi que les intensités de ces forces sont inversement proportionnelles aux bras de levier de leurs projections dans un plan perpendiculaire à l'axe fixe.

On voit en outre que la position des points d'application des forces n'importe pas à l'équilibre, et que cet équilibre persiste, quelle que soit la situation du moment par rapport à l'axe fixe, pourvu que sa grandeur ne change pas, c'est-à-dire pourvu qu'il demeure dans un plan parallèle à son plan primitif.

La condition d'équilibre est en même temps la condition d'équivalence. Ainsi, deux forces peuvent être substituées l'une à l'autre, pourvu que leurs moments soient égaux, et une force peut être transportée comme on voudra sur le corps solide, pourvu que son moment ne change pas.

Si l'on a un nombre quelconque de forces, il faut, pour l'équilibre, que la somme des moments de toutes celles qui tendent à faire tourner dans un sens soit égale à la somme des moments de celles qui tendent à faire tourner en sens contraire.

Lorsque les forces ne se font pas équilibre, on peut toujours les remplacer par une seule, et cela d'une infinité de manières : il suffit que cette force soit telle que le produit de sa projection sur un plan perpendiculaire à l'axe fixe, multiplié par la longueur de son bras de levier, soit égal à la somme des moments de toutes les forces données.

Il y a toujours intérêt à choisir la force unique de manière à ce que sa direction soit à la fois perpendiculaire au rayon du cercle décrit par son point d'application et à la direction de l'axe fixe. Car cette force se confond alors avec la projection qui fournit le moment moteur; et il est visible que toute la partie d'une force qui n'est pas employée à fournir ce moment est perdue pour le mouvement à produire.

223. — **Efforts supportés par l'axe fixe.** Lorsqu'un solide se meut autour d'un axe fixe, cet axe supporte évidemment certains efforts, qu'il détruit par sa résistance propre, et qui sans cela auraient pour résultat d'entraîner le solide hors du mouvement rotatoire qu'il exécute effectivement. Il en est du reste de cet axe comme des liaisons quelconques que nous avons eu occasion d'examiner, et que nous avons reconnues équivalentes à certaines forces d'intensités plus ou moins grandes. Comme la rotation dont il s'agit est un des faits pratiques les plus fréquents, il y a lieu de se livrer à une évaluation spéciale des résistances de l'axe fixe, afin d'apprécier si ces résistances ne pourraient pas être diminuées par des dispositions convenables, et, en tous cas, si l'axe qui est destiné à les produire possède une solidité suffisante : car, dans l'application, ne l'oublions pas, les corps quelconques au moyen desquels nous réalisons approximativement nos liaisons théoriques ne possèdent jamais cette rigidité indéfinie que nous leur supposons dans la mécanique rationnelle.

Pour résoudre la question que nous avons en vue, il suffit de prendre une marche analogue à celle qui a déjà été suivie pour l'étude du mouvement d'un point matériel sur une courbe ou sur une surface fixe. On peut établir les équations générales du solide en le considérant comme libre, pourvu que, parmi les forces motrices, on comprenne celles qui équivalent à la résistance de l'axe et qui mesurent précisément les efforts que nous voulons apprécier.

Soit O et H deux points fixes, choisis arbitrairement sur l'axe, et qui suffiront à assurer la fixité de cet axe. Nous placerons l'origine des coordonnées au point O, nous prendrons OH pour axe des z, et nous mènerons rectangulairement deux autres axes de coordonnées OX, OY. Nous désignerons par h la distance OH des deux points fixes. Soit P une quelconque des forces appliquées au solide, M son point d'application, P_1 la force, inconnue en direction et en grandeur, qui représente la résistance du point O, et P_2 la force pareillement inconnue qui représente la résistance du point H.

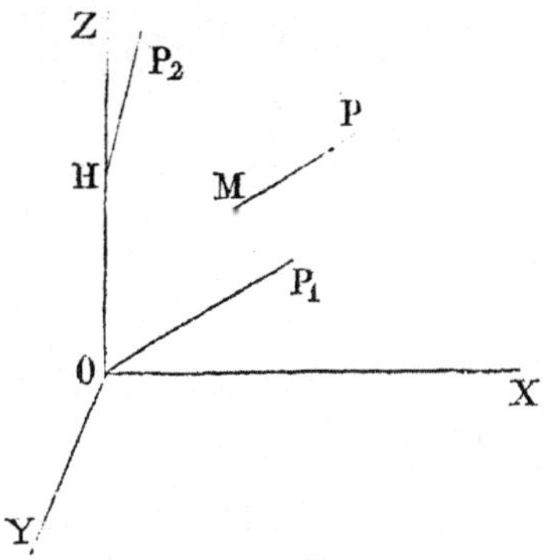

Fig. 58.

Nous pourrons, comme nous l'avons déjà dit, considérer le solide comme libre, pourvu que nous adjoignions les forces P_1 et P_2 à l'ensemble des forces P, dans les six équations du mouvement.

Nous écrirons donc ces six équations, en remarquant préalablement que leur forme peut être simplifiée, puisqu'on a :

$$\frac{dz}{dt} = 0, \qquad \frac{dx}{dt} = -y\Omega, \qquad \frac{dy}{dt} = x\Omega.$$

$$\frac{d^2z}{dt^2} = 0, \quad \frac{d^2x}{dt^2} = -y\frac{d\Omega}{dt} - x\Omega^2, \quad \frac{d^2y}{dt^2} = x\frac{d\Omega}{dt} - y\Omega^2.$$

En faisant la substitution, on obtient certains termes qui ont pour multiplicateurs Σmx et Σmy. Nous remplacerons ces sommes respectivement par $M\xi$ et $M\eta$, en appelant M la masse totale du solide, et ξ, η, ζ les coordonnées du centre de gravité.

Finalement, en nous servant d'ailleurs des mêmes notations que précédemment, les six équations deviennent :

$$\Sigma X + X_1 + X_2 + \frac{d\Omega}{dt} M\eta + \Omega^2 M\xi = 0, \quad (1)$$

$$\Sigma Y + Y_1 + Y_2 - \frac{d\Omega}{dt} M\xi + \Omega^2 M\eta = 0, \quad (2)$$

$$\Sigma Z + Z_1 + Z_2 = 0, \quad (3)$$

$$\Sigma(Yx - Xy) - \frac{d\Omega}{dt} \Sigma mr^2 = 0, \quad (4)$$

$$\Sigma(Xz - Zx) + \frac{d\Omega}{dt} \Sigma myz + \Omega^2 \Sigma mxz + X_2 h = 0, \quad (5)$$

$$\Sigma(Zy - Yz) + \frac{d\Omega}{dt} \Sigma mxz - \Omega^2 \Sigma myz - Y_2 h = 0. \quad (6)$$

De ces six équations, la quatrième ne contient pas les résistances de l'axe, et c'est précisément l'équation unique du mouvement déjà trouvée par d'autres méthodes. On devait s'y attendre, puisque les résistances quelconques de l'axe ne peuvent en aucun cas fournir de moments dans un plan perpendiculaire à la direction de cet axe.

Il ne reste donc que cinq équations pour déterminer les six composantes des résistances. Par conséquent, il y en a une indéterminée. C'est ce que nous montre tout de suite la troisième équation, qui contient à la fois Z_1 et Z_2, lesquelles ne figurent dans aucune autre relation. Ainsi on ne peut assigner que la somme des deux composantes suivant l'axe, et non chacune d'elles isolément. On le prévoyait d'ailleurs, puisque, toute force pouvant être transportée en un point quelconque de sa direction, il est visible que Z_1 et Z_2 n'agissent pas distinctement l'une de l'autre le long de l'axe fixe.

Quant aux quatre autres composantes, elles sont nécessairement déterminées au moyen des quatre autres équations. Les deux dernières fournissent immédiatement X_2 et Y_2; et, en portant les valeurs dans les deux premières, on obtient X_1 et Y_1. Dès lors le problème est entièrement résolu, puisque ces quatre composantes sont exprimées en fonction des forces extérieures et de l'accélération angulaire $\frac{d\Omega}{dt}$, laquelle est connue d'après la relation (4).

Nous allons maintenant déduire diverses conséquences, en interprétant le groupe ci-dessus.

Nous voyons d'abord que la somme des composantes $Z_1 + Z_2$, suivant l'axe fixe, sera nulle si l'on a $\Sigma Z = 0$, c'est-à-dire si la résultante des forces motrices est située dans un plan perpendiculaire à l'axe; ce qui est évident de soi. Toutefois, de ce que la somme $Z_1 + Z_2$ est nulle, il ne faudrait pas conclure que chacune de ces deux composantes l'est séparément : il suffit, en effet, qu'elles soient égales et de signes contraires. C'est ce qui arriverait, par exemple, si les deux extrémités de l'axe fixe étaient tirées ou poussées en sens opposés. Il est bien visible que la meilleure disposition, au point de vue de l'axe fixe, c'est qu'aucune des forces motrices n'agisse obliquement à cet axe.

On voit ensuite que, toutes choses égales d'ailleurs, l'effort supporté par le point H sera d'autant moindre que sa distance H sera plus grande : de telle sorte que, si ce point est extrêmement éloigné, il ne supportera plus qu'un effort insignifiant. Cette conséquence ne subsiste, bien entendu, qu'autant que les termes qui renferment les coordonnées z dans les mêmes équations gardent des valeurs limitées, c'est-à-dire qu'autant que le solide ne s'éloigne pas lui-même du plan des xy. Ainsi, l'éloignement dont nous parlions pour le point H s'applique en réalité à son éloignement du solide.

Par contre, si X_2 et Y_2 diminuent indéfiniment, l'effort X_1

et Y_1 de l'autre point fixe, qui reste dans le voisinage du solide, augmente de plus en plus, jusqu'à ce que ce point cumule tout l'effort qui se produit sur l'axe. C'est ce qui ressort des relations (1) et (2), où les sommes X_1+X_2, Y_1+Y_2 ont une certaine valeur déterminée pour un état donné du système. Ainsi, l'inconvénient de trop distancer les deux points fixes (si l'axe n'est en effet fixé qu'en deux endroits), c'est de reporter toute la charge sur l'appui qui est le plus voisin du solide.

Pour une valeur donnée des forces extérieures, on voit, d'après les mêmes relations (1) et (2), que l'effort total supporté par l'axe augmente indéfiniment avec la vitesse angulaire Ω C'est ce qui est évident : car, à mesure que les divers points du solide tournent plus rapidement, il faut que l'axe développe de plus grands efforts pour maintenir ces points dans leurs trajectoires circulaires et les empêcher de s'échapper à chaque instant suivant la tangente. Toutes ces actions individuelles ne s'équilibrent pas généralement. Pour qu'il en fût ainsi, il faudrait que les termes qui contiennent Ω fussent nuls, ou que ξ et η fussent égaux à zéro. En un mot, le centre de gravité devrait être sur l'axe fixe. Alors la résistance totale de l'axe ne dépendrait plus que de la valeur des forces extérieures. Ainsi, le centre de gravité d'un système solide jouit de cette propriété remarquable, que l'effort total supporté par l'axe fixe qui y passe ne dépend que des actions extérieures, et non de la vitesse du mouvement lui-même. Il est inutile de faire remarquer que cette conséquence ne s'applique qu'à l'effet total, et nullement à chacun des efforts qui se produisent séparément en O ou en H. D'une manière générale, on peut dire que, toutes choses égales d'ailleurs, il y a intérêt à faire passer l'axe fixe par le centre de gravité.

On reconnaît également qu'il y a encore intérêt à rendre ΣX et ΣY aussi petits que possible et mêmes nuls. Ce qui ne veut pas dire qu'on supprime les forces extérieures, mais qu'on s'arrange seulement de manière à ce que leurs composantes dans un plan perpendiculaire à l'axe soient parallèles et de sens contraires. Il y aurait, par exemple, avantage à produire la rotation au moyen de deux forces égales, parallèles et inversement dirigées, plutôt que par une seule force double, bien que le moment moteur fût le même dans les deux cas.

224. — **Suite des considérations précédentes.** Nous examinerons, au même point de vue, le cas particulier très-intéressant où il n'y a pas de forces motrices.

La quatrième équation montre, ce qu'on savait déjà, que l'accélération angulaire est alors nulle. Les cinq autres relations deviennent :

$$X_1 + X_2 + \Omega^2 M\xi = 0,$$
$$Y_1 + Y_2 + \Omega^2 M\eta = 0,$$
$$Z_1 + Z_2 = 0,$$
$$\Omega^2 \Sigma mxz + X_2 h = 0,$$
$$\Omega^2 \Sigma myz + Y_2 h = 0.$$

Les deux dernières montrent que la résistance développée par le point H sera nulle, si l'on a à la fois $\Sigma mxz = 0$, $\Sigma myz = 0$. Cela revient à dire que la droite OH doit être un des *axes principaux* du solide relatifs au point O (n° 177). Réciproquement, on conclut ce théorème : Si un solide est animé d'une rotation uniforme autour d'une droite fixe, et qu'on vienne tout à coup à rendre cette droite libre, en ne maintenant fixe que le point pour lequel elle est un des axes principaux, la rotation continuera indéfiniment autour de cette droite, tout comme si elle était demeurée entièrement fixe.

Cette propriété a fait donner aux axes principaux relatifs à un point quelconque le nom d'*axes permanents de rota-*

tion pour ce point. Ainsi, un axe permanent est un axe qui n'a besoin d'être maintenu que par un seul point.

Quant à la résistance du point O, elle n'est pas nulle, mais représentée par les valeurs

$$X_1 = -\Omega^2 M\xi, \qquad Y_1 = -\Omega^2 M\eta.$$

Pour qu'elle fût nulle également, il faudrait que ξ et η fussent égaux à zéro, ou que le centre de gravité se trouvât sur l'axe de rotation. Mais déjà cet axe doit être un axe principal; donc, pour qu'il n'y ait d'effort développé en aucun point de l'axe de rotation, il faut que ce soit un des axes principaux relatifs au centre de gravité. De telle sorte que, si un solide est animé d'une rotation uniforme autour d'un des axes principaux de son centre de gravité, on pourra rendre cet axe entièrement libre sans en compromettre l'immobilité.

Cette propriété que nous reconnaissons aux axes principaux du centre les fait nommer *axes libres de rotation;* on les distingue ainsi des *axes permanents,* qui existent pour un point quelconque, mais à la condition que ce point soit fixé.

Actuellement, si nous supposons que nous ayons fait choix d'un des axes principaux du centre, et qu'au lieu d'abandonner le solide à sa seule vitesse acquise, ce qui ne développerait aucun effort sur l'axe, nous le sollicitions au contraire par des forces situées dans des plans perpendiculaires à cet axe, nous ferons quelques nouvelles remarques au moyen des équations du numéro précédent.

1° On voit d'abord que la somme des efforts supportés par l'axe est égale à la somme des forces qui agissent sur lui, et que la pression au point H est donnée par les formules

$$\Sigma Xz = -X_2 h, \qquad \Sigma Yz = -Y_2 h,$$

lesquelles expriment que le moment, par rapport au plan

des xy, de l'effort du point H est égal à la somme des moments, par rapport au même plan, de toutes les forces appliquées au solide.

2° Si les forces satisfont à la condition d'être, deux à deux, égales, parallèles et inversement dirigées, les sommes de leurs composantes suivant les axes, ainsi que les sommes de leurs moments par rapport aux plans des xy et des yz, seront nulles, et il en résultera que les pressions des deux points fixes seront égales à zéro, comme dans le cas de la rotation uniforme.

3° Si l'axe de rotation n'était pas un axe principal du centre de gravité, il suffirait de fixer le point pour lequel il est un axe principal du solide; et cela dans le cas où les forces satisfont à la condition ci-dessus, aussi bien que lorsqu'elles n'existent pas.

Ainsi, les droites qui jouissent de la propriété d'être des axes permanents et des axes libres, lorsqu'il n'y a pas de forces motrices, conservent encore cette même propriété lorsque les actions extérieures, au lieu d'être nulles, se réduisent à des forces situées dans des plans perpendiculaires à l'axe et, deux à deux, égales, parallèles et de sens opposés.

225. — *Remarque sur les forces centrifuges.* Nous avons déjà signalé, dans le cours de cette théorie, que les pressions supportées par l'axe fixe, même en l'absence de forces extérieures, ne sont pas nulles généralement, pour cette raison bien simple que chaque point, devant décrire un cercle, exige l'intervention d'une force centripète, qui est précisément fournie par la fixité supposée de l'axe.

Il est aisé de reconnaître que, en effet, les forces centrifuges, estimées directement d'après le mouvement qui s'effectue, représentent exactement les pressions dont nous avons parlé, lesquelles, d'après les formules du n° 224, ont pour valeurs :

$$X_1 + X_2 = -\,\Omega^2 M\xi, \qquad Y_1 + Y_2 = -\,\Omega^2 M\eta.$$

La force centripète d'un point quelconque du solide, c'est-à-dire la force nécessaire pour le maintenir à chaque instant dans sa trajectoire effective, est égale à $-\frac{mV^2}{r}$, V étant la vitesse absolue de ce point et r sa distance à l'axe. Mais $V = r\Omega$; donc la force centripète a pour valeur $-m\Omega^2 r$. La composante de cette force suivant l'axe des x est égale à $-m\Omega^2 r\frac{x}{r}$ ou $-m\Omega^2 x$. La somme des composantes analogues de tous les points sera donc $-\Omega^2\Sigma mx$ ou bien $-\Omega^2 M\xi$, ce qui est justement la valeur de $X_1 + X_2$.

On verrait de la même manière que la somme des composantes des forces centripètes suivant l'axe des y est égale à $Y_1 + Y_2$.

Quant à la somme des composantes suivant l'axe des z, elle est nulle évidemment, comme est nulle, d'ailleurs, la somme $Z_1 + Z_2$.

Ainsi que nous l'avons dit plus haut, la somme des forces centripètes est nulle lorsque l'axe de rotation passe par le centre de gravité; mais ces forces ne sont pas nulles séparément au point O et au point H. Pour qu'il en soit ainsi, il faut que Σmxz, Σmyz soient égaux à zéro, ou que l'axe de rotation soit un des axes principaux du centre.

Cette analyse nous rend bien compte de la perpétuelle mobilité de l'axe de rotation d'un corps solide qui, en vertu d'actions initiales, tourne indéfiniment autour de son centre de gravité. Si la rotation n'a pas commencé autour d'un axe principal de ce centre — auquel cas elle persévérerait sans altération — les forces centripètes donnent à chaque instant, en des points différents de l'axe, des composantes égales, parallèles et inversement dirigées, dont les sommes suivant les axes sont nulles, mais qui, n'étant pas nulles individuellement, déterminent une rotation de l'axe primitif autour du centre de gravité, et, par suite, un axe nouveau autour duquel l'ancien axe et avec lui tout le solide tourne pendant un temps infiniment petit, pour passer de là à un autre axe instantané; et ainsi de suite.

Ces considérations s'appliquent également au cas d'un solide qui tourne autour d'un point fixe.

226 — **Mouvement autour d'un axe fixe, produit par des percussions.** Nous allons nous livrer aux mêmes considérations pour le cas où les forces motrices sont remplacées par des percussions ou bien par des forces instantanées.

Nous supposerons, pour plus de simplicité dans les équations, que les percussions sont appliquées au même point. Nous prendrons pour axe des z la droite fixe autour de laquelle le solide doit tourner, et pour plan des xy un plan perpendiculaire à cet axe, mené par le point où s'exerce la percussion. Nous choisirons pour les deux points fixes l'origine des coordonnées et un autre point pris arbitrairement sur l'axe des z, à la distance h.

Soient donc OX, OY, OZ les trois axes rectangulaires de coordonnées, et M le point situé dans le plan des xy, qui a pour coordonnées α et β, sur lequel la percussion est supposée s'exercer.

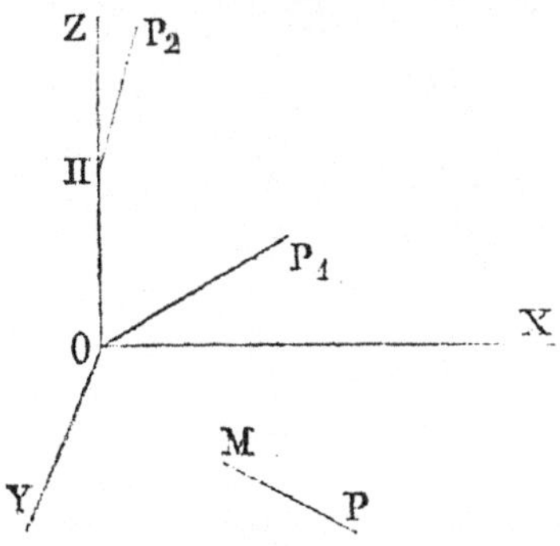

Fig. 59.

Nous représenterons par P, non plus la valeur d'une des forces qui agissent en M, mais la quantité de mouvement que l'ensemble des percussions imprimerait à l'unité de masse supposée libre. De même, P_1 et P_2 représenteront les quantités de mouvement que recevrait, en chacun des points fixes O et H, l'unité de masse supposée libre, si elle y était soumise directement à la pression instantanée qui s'exerce en chacun de ces points par le contrecoup des percussions, et qui est de même nature que les forces instantanées extérieures.

Nous établirons les équations du mouvement ainsi que nous l'avons fait en dernier lieu, c'est-à-dire en considérant le solide comme libre, mais soumis à l'ensemble des forces P, P_1 et P_2. On a vu dans la mécanique générale, et aussi dans la mécanique spéciale des corps solides libres, que ces équations doivent être formées par rapport aux quantités de mouvement qui représentent les impulsions des forces, au lieu de l'être par rapport aux intensités de ces forces elles-mêmes.

Si donc nous représentons par Ω la vitesse acquise par suite des percussions, et que nous remarquions que

$$\frac{dz}{dt} = 0, \qquad \frac{dy}{dt} = x\Omega, \qquad \frac{dx}{dt} = -y\Omega,$$

on aura, en faisant d'ailleurs usage des mêmes notations que précédemment, et en représentant d'ailleurs par I le moment d'inertie, les six équations suivantes :

$$X + X_1 + X_2 + \Omega M\eta = 0, \qquad (1)$$

$$Y + Y_1 + Y_2 - \Omega M\xi = 0, \qquad (2)$$

$$Z + Z_1 + Z_2 = 0, \qquad (3)$$

$$Y\alpha - X\beta - \Omega I = 0, \qquad (4)$$

$$-Z\alpha + X_2 h + \Omega\Sigma myz = 0, \qquad (5)$$

$$Z\beta - Y_2 h + \Omega\Sigma mxz = 0. \qquad (6)$$

L'hypothèse que nous avons faite de percussions exercées en un seul point ne détruit pas évidemment la généralité de la méthode que nous employons : car, si l'on voulait considérer des percussions appliquées en des points distincts, il suffirait d'introduire dans les équations ci-dessus les termes qu'elles donneraient pour leurs moments dans les plans des

xz et des yz, termes qui ne seraient pas nuls, comme nous l'avons admis, puisque l'ordonnée verticale de tous les points d'application ne serait pas égale à zéro.

Examinons actuellement les diverses équations ci-dessus. La quatrième relation ne contient pas les résistances, et c'est précisément l'équation unique du mouvement qu'on aurait trouvée par les méthodes analogues à celles des nos 220 et 221.

Nous n'avons donc que cinq équations pour déterminer les six quantités relatives aux résistances de l'axe. La troisième équation montre d'ailleurs que Z_1 et Z_2 sont séparément indéterminées, et qu'on ne connaît que leur somme, laquelle sera nulle si $Z = 0$, c'est-à-dire si les percussions se produisent dans un plan perpendiculaire à l'axe fixe. Les quatre autres équations suffisent pour trouver les quatre autres composantes, X_1, Y_1, X_2 et Y_2; de sorte que la question est complétement résolue.

Les valeurs de X_2 et de Y_2, c'est-à-dire la résistance normale du point H sera nulle, si l'on a $\Sigma myz = 0$, $\Sigma mxz = 0$. Le point H est alors situé sur l'un des axes principaux du système, relatifs au point O. Il est essentiel de remarquer que la résistance dont nous parlons, qui est une action qui se produit seulement pendant la durée de la percussion, ne doit pas être confondue avec la résistance ultérieure continue, qui, après que la percussion a cessé, s'établit par suite de la rotation uniforme conservée par le système. En un mot, la première espèce de résistance est instantanée et extrêmement grande, comme la cause qui la produit; la seconde est continue et limitée comme les forces centripètes qu'elle représente. Nous avons vu précédemment que la rotation uniforme ne provoque pas de résistance de la part du point H, lorsque celui-ci est placé sur l'un des axes principaux relatifs au point O. Ainsi la position de ce point a le double effet d'anéantir les efforts dus, en ce point, aux percussions extérieures, et ceux qui se continuent pendant toute la suite du mouvement.

Quant au point O, on voit que la résistance qui lui est propre est déterminée par les deux premières équations, où X_2 et Y_2 sont dès lors supposés nuls. On a :

$$X_1 = -X - \Omega M \eta, \qquad Y_1 = -Y + \Omega M \xi.$$

Les formules montrent qu'il n'y aura pas de contre-percussion au point O, si ces deux conditions sont satisfaites :

$$X = -\Omega M \eta, \qquad Y = \Omega M \xi.$$

Pour les interpréter plus aisément, concevons qu'on fasse tourner les deux axes OX et OY autour de OZ, de manière à ce que l'un des deux plans verticaux de coordonnées, par exemple le plan XOZ, passe par le centre de gravité du système. Dans cette position η est nul, et par suite $X = o$. Comme il faut déjà, pour que les résistances disparaissent, que Z soit nul, il s'ensuit que la percussion doit être perpendiculaire au plan passant par l'axe fixe et par le centre de gravité. Dans l'autre condition $Y = \Omega M \xi$, remplaçons Ω par sa valeur déjà trouvée au moyen de la quatrième équation du groupe primitif, valeur qui est généralement $\Omega = \frac{Y\alpha - X6}{I}$, laquelle se réduit à $\Omega = \frac{Y\alpha}{I}$ puisque $X = o$; il vient :

$$Y = \Omega M \xi = \frac{Y\alpha}{I} M \xi,$$

où

$$\alpha = \frac{I}{M\xi}.$$

Cette relation fixe la distance α de l'axe fixe, à laquelle doit s'exercer la percussion, pour que le point O ne développe pas de résistance. Dans cette formule ξ ne représente plus l'ancienne valeur qu'avait l'abscisse du centre de gravité, dans la position primitive des axes OX et OY, mais la valeur résultant de la position actuelle que nous venons de leur faire prendre, c'est-à-dire que ce nouveau ξ n'est autre chose que la distance du centre de gravité à l'axe. On peut donner une autre forme à la valeur de α. On sait en effet que le moment d'inertie par rapport à l'axe fixe OZ est égal au moment d'inertie par rapport à une droite parallèle passant par le centre de gravité, plus le produit de la masse totale par le carré de la distance du centre à l'axe fixe (n° 175). Désignons par Mk^2 le moment d'inertie relatif à la droite parallèle menée au centre; quant à la distance de ce centre, elle est représentée par la nouvelle valeur de ξ, ainsi que nous l'avons dit plus haut; en sorte qu'on a :

$$I = Mk^2 + M\xi^2, \quad \text{et par suite:} \quad \alpha = \xi + \frac{k^2}{\xi}.$$

En résumé, la double condition pour que le point O ne supporte pas d'effort provenant de la percussion, c'est :

1° Que cette percussion soit perpendiculaire au plan qui passe par le centre de gravité et par l'axe fixe ;

2° Qu'elle s'exerce à une distance de l'axe fixe représentée par la distance du centre de gravité augmenté de $\frac{k^2}{\xi}$.

Une conséquence immédiate de cette proposition, c'est que le point O éprouve toujours une contre-percussion, quand l'axe fixe passe par le centre de gravité. Car, puisque $Y = \Omega M \xi$ dans le cas où il n'y a pas de contre-percussion, il en résulte que Y devient nul en même temps que ξ, c'est-à-dire que la percussion doit disparaître en même temps que l'axe passe par le centre. D'après cela, si l'on adopte une disposition qui annule sur l'axe le contre-coup des percussions, on n'annulera pas aussi les résistances ultérieures qui sont provoquées par la suite de la rotation uniforme; car, pour que ces dernières pressions fussent nulles, il faudrait que l'axe de rotation passât par le centre de gravité, ce qui est justement contraire à l'hypothèse qu'on vient de faire.

Réciproquement, étant connue la position du point où la percussion s'exerce, c'est-à-dire sa distance δ au centre de gravité, on trouvera la distance ξ à laquelle doit être porté l'axe fixe au delà du centre de gravité, en remarquant que $\alpha = \xi + \delta$, et que conséquemment on a :

$$\xi + \delta = \xi + \frac{k^2}{\xi}, \qquad \text{d'où :} \qquad \xi = \frac{k^2}{\delta}.$$

On nomme *centre de percussion* le point que nous avons déterminé ci-dessus, et qui jouit de la propriété que la percussion qu'on y exerce dans une direction convenable n'a pas de contre-coup sur l'axe fixe.

Toute cette théorie peut être résumée ainsi :

Pour qu'une percussion appliquée à un solide ne développe aucun contre-coup sur l'axe fixe autour duquel il est assujetti à tourner, il faut :

1° Que l'axe fixe soit un axe principal pour le point qui résulte de son intersection avec un plan perpendiculaire mené par le point frappé;

2° Que la percussion soit perpendiculaire au plan qui contient l'axe fixe et le point frappé;

3° Que la distance du point frappé à l'axe fixe soit égale à la distance du centre de gravité augmenté de $\frac{k^2}{\xi}$, k étant ce que nous avons nommé le *rayon de giration* (n° 175) et ξ la distance du centre de gravité à l'axe fixe.

Réciproquement, un solide animé d'une rotation autour d'un axe fixe peut être brusquement arrêté sans que son axe en reçoive aucun contre-coup, au moyen d'une percussion en sens contraire appliquée dans les conditions que nous avons dites.

De semblables dispositions ont pour effet de soustraire en même temps tous les points de l'axe fixe, hormis un seul, aux efforts qui se développent dans la suite de la rotation uniforme. Le point qui continue seul à supporter la pression ultérieure est déterminé par l'intersection de l'axe fixe avec le plan perpendiculaire qui contient le point frappé.

Tout solide, frappé dans des conditions convenables, persévérera dans sa rotation uniforme autour de son axe rendu libre, pourvu qu'on maintienne fixe le seul point susmentionné.

Remarque importante. — Si, au lieu d'une seule percussion, on en avait plusieurs, situées dans le même plan perpendiculaire à l'axe, et, deux à deux, égales, parallèles et inversement dirigées, les sommes des quantités de mouvement, suivant les axes des x et des y, dues à ces percussions considérées deux à deux, seraient nulles, en sorte que X et Y disparaîtraient des deux premières équations. En choisissant l'axe fixe de manière à ce qu'il fût un axe principal pour l'origine des coordonnées, on commencerait par faire disparaître comme précédemment la résistance du point H. En faisant ensuite passer l'axe par le centre de gravité, on annulerait la résistance du point O, et, du même coup, tous les efforts ultérieurs de la rotation uniforme. Cette coïncidence tient, nous le répétons, à ce que X et Y sont actuellement nuls. — Il y a donc intérêt, au point de vue de la conservation de l'axe, à produire la rotation par une double percussion au lieu d'une seule. — On voit en outre que, dans la disposition présente, l'axe est soustrait au contrecoup des deux percussions, quelle que soit la manière dont celles-ci sont appliquées.

3° Mouvement d'un solide qui s'appuie par un ou plusieurs points sur une surface invariable.

227. — Supposons d'abord que le solide ne s'appuie que par un seul point. Le cas le plus général, dans cette hypothèse, est celui où le point de contact varie à la fois sur le corps et sur la surface. Le mouvement consiste alors en un roulement du solide sur la surface fixe.

L'action de la surface équivaut à tout instant à une certaine force normale appliquée sur le solide au point de contact. Soit K cette force et λ, μ, ν ses angles avec trois axes de coordonnées fixes. On pourra considérer le solide comme absolument libre, pourvu qu'à toutes les forces qui le sollicitent on joigne la force K. Nous allons donc établir les équations qui conviennent au mouvement d'un solide libre.

Ces équations constituent deux groupes, l'un qui concerne le mouvement du centre de gravité par rapport à trois axes fixes, l'autre qui exprime le mouvement de rotation autour de son centre de gravité, mouvement qui est rapporté aux trois axes principaux comme axes de coordonnées mobiles.

Les trois équations relatives au centre de gravité seront les suivantes :

$$(1)\qquad \begin{cases} \Sigma X + K \cos \lambda = M \dfrac{d^2\xi}{dt^2}, \\ \Sigma Y + K \cos \mu = M \dfrac{d^2\eta}{dt^2}, \\ \Sigma Z + K \cos \nu = M \dfrac{d^2\zeta}{dt^2}. \end{cases}$$

Les quantités qui y figurent ont la même signification qu'à l'ordinaire, c'est-à-dire que X, Y, Z sont les composantes des forces suivant les trois axes fixes ; ξ, η, ζ les coordonnées du centre de gravité, et M la masse totale du solide.

Établissons de même les équations de la rotation autour du centre. Nous affecterons d'un indice r toutes les quantités qui sont prises par rapport aux axes principaux comme axes de coordonnées mobiles. Les vitesses angulaires autour de ces axes et les moments principaux conserveront d'ailleurs les mêmes notations que dans les chapitres antérieurs. D'après ce que nous avons vu au n° 204, les équations de la rotation seront les suivantes :

$$(2)\quad \left\{\begin{aligned} &\Sigma(Y_r x_r - X_r y_r) + K(x_r \cos\mu_r - y_r \cos\lambda_r) = \\ &\qquad\qquad = C\frac{dr}{dt} + (B - A)pq, \\ &\Sigma(X_r z_r - Z_r x_r) + K(z_r \cos\lambda_r - x_r \cos\nu_r) = \\ &\qquad\qquad = B\frac{dq}{dt} + (A - C)pr, \\ &\Sigma(Z_r y_r - Y_r z_r) + K(y_r \cos\nu_r - z_r \cos\mu_r) = \\ &\qquad\qquad = A\frac{dp}{dt} + (C - B)qr. \end{aligned}\right.$$

Les lettres x_r, y_r, z_r des premières parenthèses représentent les coordonnées des points d'application des forces données ; les mêmes lettres des secondes parenthèses représentent les coordonnées du point de contact.

Dans ces deux groupes d'équations, nous avons introduit, outre les inconnues ordinaires p, q, r, un certain nombre d'inconnues supplémentaires, qui sont :

1° La grandeur de la force normale K qui représente l'action de la surface fixe sur le solide appuyé sur elle ;

2° Les angles λ, μ, ν, formés par la direction de cette force K avec les trois axes de coordonnées fixes ;

3° Les angles λ_r, μ_r, ν_r, formés par la même direction avec les trois axes principaux du solide, dans la position où ils se trouvent effectivement à l'instant considéré ;

4° Les coordonnées x_r, y_r, z_r du point de contact rapporté aux axes principaux, qui figurent dans les secondes parenthèses des équations ci-dessus.

Si nous admettons provisoirement que toutes ces inconnues nouvelles soient exprimées en fonction des données de la question, il est clair que les deux groupes d'équations ci-dessus suffiront pour résoudre le problème ; car nous nous retrouverons exactement dans le cas du n° 204, où l'on a traité le mouvement d'un solide libre dont toutes les forces sont supposées connues. On a vu alors que la position des axes principaux, par rapport aux axes de coordonnées fixes, était exprimée en fonction des vitesses angulaires, de sorte que les quantités X_r, Y_r, Z_r et les coordonnées x_r, y_r, r_r des points d'application de ces forces ne représentaient aucune inconnue distincte, et que les cosinus a, a', a'', b,... des angles formés par les axes principaux mobiles avec les axes fixes étaient déterminés en fonction des mêmes vitesses angulaires p, q, r. Si donc nous parvenons à exprimer, au moyen des données de la question, les inconnues supplémentaires qui ont été énumérées ci-dessus, le problème sera complétement résolu.

Pour exprimer lesdites inconnues, il faut introduire la triple condition que le point de contact x_r, y_r, z_r appartient à la fois à la surface du corps et à la surface fixe, et que la direction de la force K est une normale commune à ces deux surfaces.

Or, soit $\varphi(x_r, y_r, z_r) = 0$ l'équation de la surface du corps, rapportée à ses axes principaux mobiles, et $f(x, y, z) = 0$ l'équation de la surface d'appui rapportée aux axes de coordonnées fixes.

La force K étant normale à la surface du corps, on aura :

$$\cos\lambda_r = H_r \frac{d\varphi}{dx_r}, \quad \cos\mu_r = H_r \frac{d\varphi}{dy_r}, \quad \cos\nu_r = H_r \frac{d\varphi}{dz_r};$$

en représentant abréviativement par H_r la quantité

$$\frac{1}{\sqrt{\left(\frac{d\varphi}{dx_r}\right)^2+\left(\frac{d\varphi}{dy_r}\right)^2+\left(\frac{d\varphi}{dz_r}\right)^2}}.$$

De même, la direction de cette force étant normale à la surface fixe, on aura :

$$\cos\lambda = H\frac{df}{dx}, \quad \cos\mu = H\frac{df}{dy}, \quad \cos\nu = H\frac{df}{dz};$$

en représentant abréviativement par H la quantité

$$\frac{1}{\sqrt{\left(\frac{df}{dx}\right)^2+\left(\frac{df}{dy}\right)^2+\left(\frac{df}{dz}\right)^2}}.$$

D'un autre côté, les coordonnées x, y, z et x_r, y_r, z_r se rapportant à un même point, on a, d'après les relations connues entre les axes fixes et les axes mobiles, considérées dans le mouvement relatif (n° 168) :

$$x = \xi + ax_r + by_r + cz_r,$$
$$y = \eta + a'x_r + b'y_r + c'z_r,$$
$$z = \zeta + a''x_r + b''y_r + c''z_r.$$

Tous les angles λ, μ, ν et λ_r, μ_r, ν_r se trouvent ainsi exprimés en fonction des seules coordonnées x_r, y_r, z_r. Il reste à écrire maintenant qu'il s'agit bien d'une normale commune, et non de deux normales distinctes menées aux deux surfaces par un même point. Par conséquent, on a entre les deux séries de cosinus les relations :

$$\cos\lambda_r = a\cos\lambda + a'\cos\mu + a''\cos\nu,$$
$$\cos\mu_r = b\cos\lambda + b'\cos\mu + b''\cos\nu,$$
$$\cos\nu_r = c\cos\lambda + c''\cos\mu + c''\cos\nu.$$

Ces relations établissent que le cosinus de l'angle que fait la normale avec chacun des axes mobiles est égal à la somme des produits des cosinus, deux à deux, des angles formés avec les trois axes fixes par ladite normale et par l'axe mobile considéré.

Si l'on conçoit que dans ces relations tous les cosinus λ, μ, ν, λ_r, μ_r, ν_r soient remplacés par leurs valeurs précédentes en fonction de x_r, y_r, z_r, on aura trois équations qui détermineront les valeurs de ces trois coordonnées.

Finalement, il ne reste plus, comme inconnue supplémentaire, que l'intensité de la force K. Or, si l'on a ainsi une inconnue de plus dans les équations du mouvement, on a en revanche, entre les trois coordonnées, une relation de plus, $\varphi(x_r, y_r, z_r) = 0$, laquelle complétera le système de relations nécessaires pour la détermination de toutes les quantités de la question. Il est à remarquer que, si l'on voulait faire en même temps usage de la relation $f(x, y, z) = 0$, on n'obtiendrait aucune équation nouvelle distincte, puisque déjà, dans le cours du calcul qui précède, on a exprimé que le point est commun aux deux surfaces; par conséquent, il est indifférent d'établir à la fin que les coordonnées de ce point satisfont à l'équation de l'une ou de l'autre desdites surfaces.

228. — Un cas particulier intéressant est celui où toutes les forces données se réduisent à la seule pesanteur (appliquée conséquemment au centre de gravité), où la surface d'appui est un plan horizontal, et où le point de contact, variant sur le plan, ne varie pas sur la surface du corps, de telle sorte que le mouvement de ce dernier se réduit à un glissement sur le plan, combiné avec une rotation autour du point de contact.

Les équations générales se simplifient considérablement, comme on va le voir.

Prenons pour axes fixes trois droites rectangulaires, dont deux, celles des x et des y, soient situées dans le plan. Prenons toujours pour axes mobiles les axes principaux du corps, et soit α, β, γ les coordonnées constantes de ce point, par rapport aux axes mobiles.

La direction de la force K étant nécessairement verticale, on aura :

$$\cos\lambda = 0, \qquad \cos\mu = 0, \qquad \cos\nu = 0,$$
$$\cos\lambda_r = a'', \qquad \cos\mu_r = b'', \qquad \cos\nu_r = c'',$$
$$\Sigma X = 0, \qquad \Sigma Y = 0, \qquad \Sigma Z = 0.$$

Quant à l'équation du plan, elle se réduira à $z=0$.

Cela posé, les trois équations (1) du numéro précédent, qui déterminent le mouvement du centre de gravité, deviendront :

$$M\frac{d^2\xi}{dt^2} = 0,$$

$$M\frac{d^2\eta}{dt^2} = 0,$$

$$K = M\left(\frac{d^2\zeta}{dt^2} + g\right).$$

Les deux premières équations montrent que le mouvement horizontal du centre de gravité sera rectiligne et uniforme. Quant à son mouvement vertical, il dépendra à chaque instant de la réaction K développée normalement par le plan.

Quant aux trois équations (2) qui concernent la rotation autour du centre de gravité, elles prendront une forme également plus simple, mais qui dépassera néanmoins toutes les ressources connues de l'analyse. En sorte que les solutions précédemment indiquées doivent être considérées comme purement théoriques, et destinées uniquement à montrer le véritable état de la question.

Les intégrations ne deviendront possibles que lorsque le

solide sera homogène et compris sous une surface de révolution : ce qui est le cas de la *toupie*. Encore, faut-il remarquer que nous n'avons pas tenu compte du frottement qui s'exerce entre le plan et le point par lequel le solide appuie sur lui.

229. — **Équilibre.** — La recherche des conditions d'équilibre est beaucoup plus simple et en même temps beaucoup plus utile dans la pratique que la théorie à laquelle nous venons de nous livrer. On peut, pour cette étude, se dispenser de recourir aux équations différentielles de la rotation autour du centre de gravité, et se borner à considérer les six équations générales relatives à tout corps solide. Si l'on y représente par X_1, Y_1, Z_1 les composantes, suivant trois axes fixes, de la réaction de la surface d'appui, et par x_1, y_1, z_1 les coordonnées du point de contact, la condition de l'équilibre s'obtiendra, suivant l'usage, en exprimant que l'ensemble des forces extérieures, combiné avec la force de réaction, n'influe pas sur le mouvement du solide, ce qui donne les six équations :

$$\Sigma X + X_1 = 0, \qquad \Sigma Y + Y_1 = 0, \qquad \Sigma Z = Z_1 = 0,$$
$$\Sigma (Yx - Xy) + Y_1 x_1 - X_1 y_1 = 0,$$
$$\Sigma (Xz - Zx) + X_1 z_1 - Z_1 x_1 = 0,$$
$$\Sigma (Zy - Yz) + Z_1 y_1 - Y_1 z_1 = 0.$$

Sans effectuer aucun calcul, on voit immédiatement que ces six équations sont celles qu'on a posées au n° 212 pour exprimer que toutes les forces extérieures ont une résultante unique $-X_1$, $-Y_1$, $-Z_1$, dont la direction passe par le point x_1, y_1, z_1. Ainsi, la condition d'équilibre, c'est que toutes les forces appliquées au solide se réduisent à une seule, normale à la surface fixe au point de contact, et égale et directement opposée à la force de réaction de la surface.

Lorsque cette condition est satisfaite à toute époque du mouvement, le solide est dans le même état que s'il n'était sollicité par des forces d'aucune espèce, c'est-à-dire que son centre de gravité se meut uniformément en ligne droite, et qu'il tourne en même temps autour de ce centre, conformément aux lois déjà connues.

Si nous supposons que, pour toute position du corps pendant ce mouvement, le point d'application de la résultante de toutes les forces extérieures reste absolument le même dans l'intérieur du corps, il résulte de ce qui précède que la normale menée au point de contact, à un instant quelconque du mouvement, passera toujours par un certain point du corps, qui est précisément ce point d'application. Mais comme cette normale à la surface fixe est en même temps une normale à la surface du corps, il s'ensuit, lorsque le point de contact se déplace sur le corps, que toutes les normales menées par ces divers contacts successifs se rencontrent en un même point. Tous ces contacts, distribués à la surface du corps, appartiennent donc à une sphère dont le point en question est le centre. De là cette conséquence, que toutes les fois que le point d'application de la résultante ne change pas dans l'intérieur du corps pendant son mouvement, ce corps ne peut se mouvoir d'une manière quelconque sur la surface fixe, sans altérer l'équilibre, qu'autant qu'il est compris sous une enveloppe sphérique.

C'est ce qui arrive, notamment, pour un corps qui roule sur un plan horizontal et qui est sollicité seulement par la pesanteur. Pour que cette pesanteur soit constamment équilibrée, il faut que le centre de gravité soit toujours sur la verticale du point de contact, c'est-à-dire que le corps doit être une sphère homogène. Alors il peut rouler d'une manière quelconque sur le plan, sans que le mouvement uniforme et rectiligne de son centre de gravité soit aucunement altéré par l'action de son propre poids.

On se fonde sur ce principe pour vérifier la loi d'inertie. En effet, dans le deuxième chapitre du premier livre, nous avons dit qu'on pouvait constater cette loi en observant le mouvement *en bloc* d'une sphère qui roule sur un plan très-poli. Cette expérience serait impossible, sans l'exactitude du résultat que nous avons présenté.

Quant à la réaction que développe, dans tous les cas, la surface sur laquelle s'appuie le corps quelconque dont les forces sont ainsi équilibrées, il est évident qu'elle est égale et directement opposée à la résultante unique de toutes ces forces.

Remarque. — Il n'est pas inutile de faire ressortir que, dans cette théorie de l'équilibre aussi bien que dans celle du mouvement, on fait abstraction du frottement qui résulte du contact des deux corps. Ce frottement, qui, dans la pratique, n'est jamais rigoureusement nul, a pour résultat de modifier toutes les conclusions précédentes, puisqu'il introduit dans les équations une force tangentielle qui agit à la fois sur la translation du centre de gravité et sur la rotation autour de ce centre. Mais de semblables questions sortent du domaine de la mécanique rationnelle et rentrent dans celui de la mécanique appliquée. Aussi en renverrons-nous l'examen à cette dernière partie. C'est alors que se présenteront naturellement les problèmes du genre de ceux qui concernent les *effets du jeu de billard.*

230. — Nous supposerons maintenant que le solide s'appuie sur une surface fixe par deux de ses points.

Nous restreindrons la question au cas d'un corps en repos, soumis à des forces qui doivent être équilibrées par les réactions de deux points d'appui pris sur un plan. L'étude du mouvement est dépourvue d'intérêt réel, tout en offrant d'ailleurs des difficultés du même ordre et plus grandes encore que celles que nous avons rencontrées pour un point de contact unique.

Cherchons les conditions que doivent remplir les forces extérieures pour rester en équilibre.

Nous choisirons le plan fixe pour plan des xy, nous ferons passer l'axe des x par les deux points de contact, et nous placerons l'origine des coordonnées sur l'un d'entre eux. Les deux réactions normales du plan fixe seront alors parallèles à l'axe des z. Nous désignerons par a la distance des deux points de contact.

Cela posé, les formules générales de l'équilibre devront exprimer que les forces appliquées au solide, et les deux réactions Z_1, Z_2 du plan fixe, n'influent pas sur l'état du corps. On aura donc, en tenant compte des réductions que détermine le choix des axes :

$$\Sigma X = 0, \qquad \Sigma Y = 0, \qquad \Sigma Z + Z_1 + Z_2 = 0,$$

$$\Sigma (Yx - Xy) = 0, \quad \Sigma (Xz - Za) - Za = 0, \quad \Sigma (Zy - Yz) = 0.$$

Nous voyons immédiatement que, si l'équilibre a lieu, la condition fondamentale d'une résultante unique (n° 212) est toujours satisfaite. Ainsi, le groupe ΣX, ΣY, ΣZ des forces appliquées au solide doit toujours se réduire à une seule, pour que l'équilibre puisse avoir lieu sur les deux points d'appui. D'ailleurs, cette résultante unique est nécessairement normale au plan fixe, comme le montrent les deux premières équations $\Sigma X = 0$, $\Sigma Y = 0$, qui expriment que la résultante ne fournit aucune composante dans le plan des xy. En outre, la quatrième et la sixième équation font voir que cette résultante ne donne naissance à aucun moment dans les plans des xy et des yz, tandis qu'elle en donne un dans celui des xz. Donc elle est située dans le plan même des xz. La troisième équation indique que son intensité est égale et de signe contraire à la somme des intensités des deux réactions. Il en résulte que la cinquième équation fera connaître sa distance à l'origine des coordonnées, puisqu'en tenant compte dans cette équation des résultats précédents, savoir : $\Sigma X = o$ et $\Sigma Z = -(Z_1 + Z_2)$, elle devient :

$$(Z_1 + Z_2)\,x - Z_2\,a = o, \text{ d'où : } x = a\,\frac{Z_2}{Z_1 + Z_2}.$$

Donc la résultante rencontre l'axe des x entre les deux points d'appui et partage l'intervalle a en longueurs inversement proportionnelles aux intensités des réactions Z_1 et Z_2.

Ces conclusions sont évidentes *à priori :* car les deux réactions du plan constituent deux forces parallèles ; elles ont donc une résultante unique égale à leur somme et qui partage leur distance en raison inverse de leurs grandeurs. Pour que les forces appliquées au solide fassent équilibre à ces réactions, il faut qu'elles se réduisent à une seule, égale et directement opposée à la résultante de ces dernières.

La connaissance des forces extérieures, et par suite de ΣZ et de x permet toujours de déterminer la valeur des réactions qui se développent au point de contact : car on a :

$$Z_2 = \Sigma Z\,\frac{x}{a},$$

$$Z_1 = \Sigma Z - Z_2 = \Sigma Z\,\frac{a - x}{a}.$$

231. — Supposons maintenant que le solide s'appuie sur le plan par autant de points qu'on voudra.

Comme précédemment, nous prendrons le plan fixe pour plan des xy, nous placerons l'origine à l'un d'eux, et nous ferons passer l'axe des x par un des autres points, tel que tous les contacts soient laissés d'un même côté de cet axe, par exemple vers les y positifs.

Soit Z_1, Z_2, Z_3, Z_4... les réactions des divers points d'appui, a_2 l'abscisse du second point que nous supposerons sur l'axe des x, a_3 et b_3 les coordonnées du troisième, a_4 et b_4 celles du quatrième ; et ainsi de suite. Les six équations générales d'équilibre seront :

$$\Sigma X = 0, \quad \Sigma Y = 0, \quad \Sigma Z + Z_1 + Z_2 + Z_3 + Z_4 + \ldots = 0,$$

$$\Sigma(Yx - Xy) = 0, \quad \Sigma(Xz - Zx) - Z_2 a_2 - Z_3 a_3 - Z_4 a_4 - \ldots = 0,$$

$$\Sigma(Zy - Yz) + Z_3 b_3 + Z_4 b_4 + \ldots\ldots = 0.$$

On voit d'abord, comme tout à l'heure, que toutes les forces appliquées au système ont une résultante unique, car l'équation de condition est satisfaite, si l'équilibre est supposé avoir lieu.

Les deux premières équations ci-dessus montrent que cette résultante unique est normale au plan ; la troisième, que son intensité est égale et de signe contraire à la somme des intensités des réactions ; la sixième, que l'ordonnée y de son point de rencontre avec le plan des xy a pour valeur

$$y = \frac{Z_3 b_3 + Z_4 b_4 + \ldots\ldots}{Z_1 + Z_2 + Z_3 + \ldots\ldots},$$

quantité essentiellement positive, puisque toutes les réactions ont le même signe, et que les ordonnées b_3, b_4.... sont, par hypothèse, positives. Ainsi le point de rencontre de la résultante unique est situé du même côté de l'axe des x que tous les points d'appui. Comme on peut répéter le même raisonnement en faisant passer l'axe des x par deux quelconques de ces points et laissant tous les autres d'un même côté, il en résulte que le point de rencontre tombe dans l'intérieur du polygone obtenu en joignant deux à deux les points d'appui les plus extérieurs.

Ce sont là des conclusions évidentes *à priori*, car les réactions développées aux différents points d'appui constituent autant de forces parallèles de même sens, dont la résultante, égale à leur somme, ne peut, d'après la composition des forces, que tomber dans l'intérieur du périmètre qui circonscrit tous les points d'application.

Si l'on veut déterminer la valeur des réactions correspondant aux divers appuis, on aura les trois équations :

$$\Sigma Z + Z_1 + Z_2 + Z_3 + Z_4 + \ldots\ldots = 0,$$
$$x \Sigma Z + Z_2 a_2 + Z_3 a_3 + Z_4 a_4 + \ldots\ldots = 0,$$
$$y \Sigma Z + Z_3 b_3 + Z_4 b_4 + \ldots\ldots\ldots = 0.$$

D'après cela, le problème sera indéterminé toutes les fois qu'on aura plus de trois points d'appui : car, avec trois équations seulement, on ne pourra déduire la valeur de plus de trois des inconnues Z_1, Z_2, Z_3, Z_4..... Mais, quelle que soit l'indétermination, elle ne portera jamais sur la somme de ces réactions, qui doit, dans tous les cas, être égale et contraire à la résultante des forces du système.

Lorsqu'il n'y a que trois points d'appui, mais que ces points sont en ligne droite, la même indétermination se présente, parce que, l'ordonnée b_3 étant nulle, les trois équations ci-dessus se réduisent aux deux premières : en sorte qu'il est impossible d'assigner la valeur des réactions qui se développent séparément dans les trois appuis.

Remarque. — L'indétermination que nous venons de signaler, soit dans le cas de trois points en ligne droite, soit dans le cas d'un plus grand nombre de points distribués d'une manière quelconque sur le plan, constitue ce qu'on a nommé quelquefois un *paradoxe* de statique ; en ce sens que, lorsqu'un solide s'appuie sur un plan, la pression actuelle qui en résulte pour chaque point de contact a évidemment une certaine intensité déterminée, qui ne change pas tant que l'état du solide n'est pas altéré, et qui conséquemment n'a pas, en fait, cette valeur arbitraire que le calcul semble indiquer.

Mais ce prétendu paradoxe n'en est pas un, et ne tient en

réalité qu'à l'illogisme de notre propre raisonnement, qui nous fait établir une confusion vicieuse entre les solides théoriques et les solides effectifs de la nature. Quand nous disons qu'un corps appuyé sur un plan le presse d'une façon essentiellement déterminée, nous avons en vue tacitement les corps physiques, puisque c'est sur eux seulement que nos expériences ont pu se faire, et que, par suite, notre sentiment à cet égard a pu se former. Dès qu'il s'agit d'objets mathématiquement rigides, constitués en dehors de toutes les conditions observables, nous n'avons aucune idée *à priori* du mode de distribution qui peut se faire de la pression totale entre les divers points de contact. Or ce sont justement ces corps théoriques qui figurent dans les calculs précédents. Il est donc absurde de vouloir transporter les résultats qui les concernent aux corps réels qui ont donné lieu en nous à un sentiment tout différent, provenant d'une expérience journalière des faits physiques. Pour peu qu'on réfléchisse à l'état d'un corps véritablement rigide, appuyé sur un plan non moins rigide que lui, on s'apercevra que dès que trois points d'appui, nécessaires et suffisants pour déterminer la position géométrique du corps et du plan, sont assignés *à priori*, tout autre contact supplémentaire qu'on supposerait s'établir entre le corps et le plan n'ajouterait rien à l'état primitif, et que dès lors les pressions entre ces quatre points peuvent être conçues réparties d'une manière absolument arbitraire, pour laquelle le calcul ne doit rien apprendre.

Si dans la nature il en est autrement, et si les pressions en chaque appui reçoivent des valeurs déterminées, c'est parce que les corps et leurs supports se déforment toujours légèrement, et que, se moulant, pour ainsi dire, les uns sur les autres, ils s'étreignent et se compriment en conséquence de ces flexions : se comportant alors comme des systèmes dynamiques, dans lesquels autant de points qu'on voudra peuvent être soumis à des forces d'assujettissement déterminées, ce qui a pour résultat nécessaire d'établir entre les forces intérieures des valeurs convenables correspondantes.

C'est donc à tort que, dans la théorie qui précède, l'illustre d'Alembert accusait l'insuffisance du calcul pour résoudre la question qu'on s'était proposée.

CHAPITRE III.

NOUVEAU POINT DE VUE DE LA MÉCANIQUE DES SOLIDES GÉOMÉTRIQUES, OU THÉORIE DES COUPLES.

L'objet de ce chapitre est de rendre compte, d'une autre manière, de l'action des forces appliquées aux solides géométriques. Par une conception très-ingénieuse, celle des *Couples,* due à M. Poinsot, on réussit à interpréter avec une grande lucidité la plupart des résultats analytiques de la mécanique des corps solides. On pénètre, en quelque sorte, plus intimement dans la partie concrète du phénomène, et l'on saisit mieux les rôles respectifs des divers éléments qui y figurent.

Définitions.

232. — On nomme *couple* l'ensemble de deux forces égales, parallèles et inversement dirigées, appliquées en deux points d'une tige rigide et invariable, ou, ce qui revient au même, appliquées en deux points quelconques d'un solide géométrique.

Cette conception n'est pas arbitraire, comme on pourrait le croire au premier abord, mais on y est conduit naturellement par la réduction générale des forces qui sollicitent un solide. Nous avons vu, en effet (n° 212), que, quelles que soient ces forces, elles sont toujours réductibles à deux seulement, non situées dans le même plan. Rien n'empêche de remplacer une de ces deux résultantes par deux composantes, dont l'une soit égale, parallèle et contraire à la seconde résultante, et l'autre déterminée en conséquence. Ainsi, au lieu de deux forces, on en a trois actuellement, parmi lesquelles deux constituent ce que nous avons appelé un couple. On peut donc concevoir les forces quelconques appliquées à un solide comme réductibles, d'une infinité de manières, en deux éléments moteurs bien distincts : l'un de ces éléments n'est qu'une force ordinaire, l'autre est le système de deux forces égales, parallèles et contraires, c'est-à-dire un couple.

Dès lors il est naturel de se demander si ce second élément moteur n'aurait pas ses lois spéciales, analogues à celles qui régissent les forces simples, et qui pourraient être établies directement comme l'ont été ces dernières. On entrevoit en même temps que cet élément moteur pourrait bien jouer dans la rotation un rôle correspondant à celui de la force ordinaire dans la translation, et qu'il y aurait matière à une interprétation nouvelle des formules analytiques.

Nous n'insisterons pas davantage sur ce point, qui sera éclairci plus tard, et nous reprendrons l'ordre de nos définitions.

Dans le couple, l'inclinaison des forces sur la droite qui joint leurs points d'application, est tout à fait arbitraire; mais, comme, sans rien changer à l'action de chacune d'elles, on pourrait transporter leurs points d'application le long de leurs directions, de façon à ce que la droite qui les joindrait fût perpendiculaire à la direction commune, nous supposerons désormais que les forces sont appliquées sur cette perpendiculaire elle-même.

On nomme *bras de levier* du couple la longueur de la perpendiculaire comprise entre les deux forces.

On dit que deux couples sont *égaux* lorsqu'ils ont mêmes forces et même bras de levier.

On dit qu'un couple est double, triple,... d'un autre lorsqu'il a même bras de levier, et que sa force est double, triple,... de la force de cet autre.

L'*unité de couple* adoptée est le couple qui a pour forces deux forces égales à l'unité (le kilogramme), et pour bras de levier une longueur égale à l'unité (le mètre).

Tous les couples qui auront pour bras de levier l'unité de longueur seront donc susceptibles, comme les forces elles-mêmes, d'être exprimés numériquement par leur comparaison avec l'unité de couple. Un couple égal à n sera un couple ayant pour bras de levier un mètre et pour forces deux forces parallèles égales chacune à n kilogramme. Nous verrons plus tard comment seront évalués les couples qui ont des bras de levier différents.

On appelle *moment* d'un couple le produit de la mesure d'une de ses forces par la mesure de son bras de levier.

Il ressort de là que le moment de l'unité de couple sera représenté par 1, aussi bien que ce couple lui-même; et que le moment d'un couple égal à n sera pareillement représenté par n. Ainsi, les couples, évalués comme nous venons de le faire, peuvent être représentés par leurs moments. — Nous ne parlons pas naturellement des moments qui correspondent à des bras de levier autres que l'unité : ainsi que nous l'avons dit ci-dessus, la question est provisoirement réservée : en sorte que deux moments numériquement égaux ne représentent des couples égaux qu'autant que ces derniers ont le même bras de levier.

Remarque. — De même que deux forces égales, appliquées à un même point et prises en sens contraires, se font équilibre, de même aussi deux couples égaux, appliqués à un même solide et agissant en sens contraires, se font équilibre : car, si l'on fait coïncider les bras de levier, les quatre forces égales des deux couples se trouveront opposées deux à deux sur le même point, et par suite se détruiront.

Proposition première.

233. — L'effet d'un couple sur un solide libre est de produire une rotation autour du centre de gravité.

C'est une conséquence directe de ce que les deux forces du couple sont égales, parallèles et de sens opposés. Elles ne fournissent donc, suivant une direction quelconque, que des composantes égales et de signes contraires, dont la somme algébrique est nécessairement nulle. Par suite, le centre de gravité demeure immobile. Comme d'ailleurs les deux forces du couple ne se font pas équilibre, puisqu'elles ne sont pas appliquées au même point, le solide ne reste pas en repos, et il *tourne* conséquemment autour de son centre de gravité comme autour d'un point fixe.

Remarque. — On peut dire que le couple est l'élément de la rotation des solides libres, comme la force est l'élément de la translation des points matériels libres.

Proposition deuxième.

234. — Deux couples égaux appliqués successivement dans un même plan ou dans des plans parallèles, sur un même solide, sont équivalents, c'est-à-dire déterminent le même mouvement du solide.

Je vais, pour le prouver, faire voir que, si on les applique simultanément et en sens contraires, ils se feront équilibre;

ce qui démontrera l'équivalence, d'après la proposition générale du n° 122.

Considérons d'abord deux couples égaux, dont les milieux des bras de levier coïncident. Soit AB et CD, ces deux bras de leviers se coupant en leurs milieux O; et P l'intensité absolue commune aux quatre forces des deux couples. — Pour abréger le discours, nous désignerons par AB(P, —P) le couple qui a pour bras de levier AB, et pour forces P et — P, qui agissent en sens contraires; de même l'autre couple sera désigné par CD(P, —P). Ces notations seront d'un usage fréquent par la suite; il faudra se rappeler que la parenthèse, ainsi rapprochée du bras de levier, ne correspond à aucune idée de multiplication. — Les deux couples que nous considérons ici sont appliqués en sens contraires, puisque l'un tend à faire tourner de gauche à droite, et l'autre de droite à gauche : nous allons montrer qu'ils se font exactement équilibre.

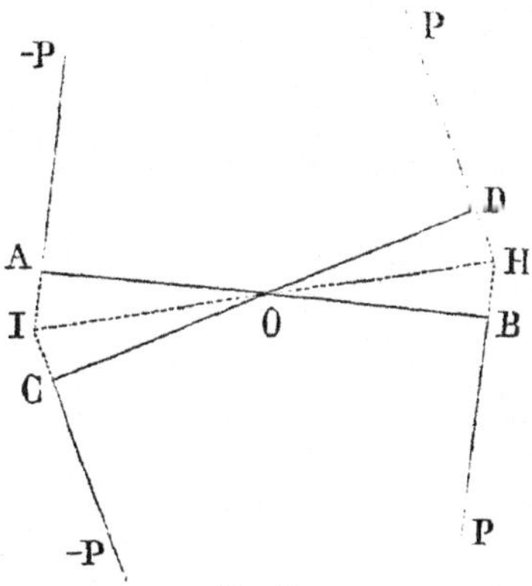

Fig. 60.

En effet, prolongeons les directions des forces jusqu'en H et I. A cause de la symétrie de la figure, les deux longueurs OI et OH seront en ligne droite. Or, les choses se passant sur un solide géométrique, on peut transporter les forces en H et en I. Mais les deux forces qui concourent en I ont une résultante, le long de IH, laquelle est évidemment égale et directement opposée à la résultante des deux forces qui concourent en H. Il suit de là que, si le couple CD(P, —P), agissait dans le même sens que le couple AB(P, — P), au lieu d'agir en sens contraire, il lui serait parfaitement équivalent. Passons actuellement au cas général.

Soit donc les deux couples A B (P, — P), C D (P, — P), agissant en sens contraires, dans le même plan ou dans des plans parallèles du solide. Je dis qu'ils se font équilibre.

En effet, menons par le milieu O de AB la droite A'B' égale et parallèle à CD, et remplaçons le couple AB(P, —P) par le couple A'B' (P,—P), qui lui est équivalent, d'après ce qui précède. Il est clair que les forces de ce nouveau couple seront parallèles à celles du couple C D (P, — P), puisque, par hypothèse, elles sont situées dans le même plan ou dans des plans parallèles, et qu'en outre, par construction, elles sont perpendiculaires à la même direction CD ou A'B'. Cela posé, comme tout se passe sur un solide géométrique, les points A', C, D et B' sont invariablement unis. Les deux forces parallèles et de même sens, appliquées en C et B', pourront être remplacées par une seule dirigée suivant GI, et qui sera égale et opposée à la résultante des deux forces appliquées en A' et D. Donc le couple CD(P,—P) fait équilibre au couple A'B' (P,—P), et, par suite, au couple AB(P, — P). Donc, pris dans le même sens que ce dernier, il lui serait équivalent; ce qui est justement la proposition à démontrer.

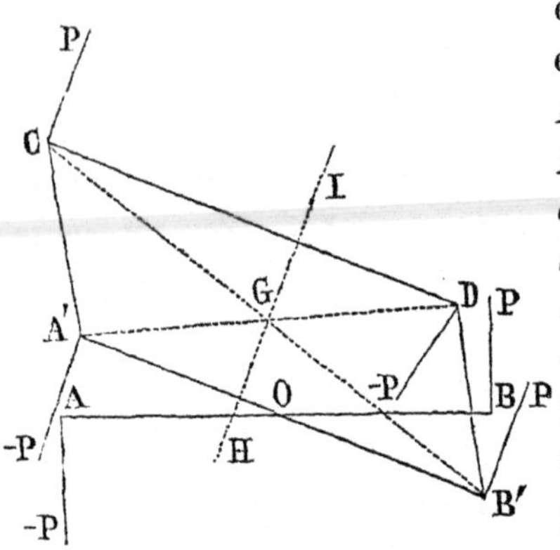

Fig. 61.

C'est cette propriété qu'on énonce en d'autres termes en disant qu'un couple peut être transporté comme on voudra dans son plan ou dans tout plan parallèle, sans changer son action sur le solide.

Remarque.— On peut considérer cette proposition comme correspondant à l'axiome d'après lequel la force unique peut être transportée en un point quelconque de sa direction.

235. — *Autre remarque.* — La démonstration qui précède s'appuie sur la composition des forces parallèles, qui a été déduite de la théorie générale du mouvement des corps solides, au chapitre Ier du présent livre. Si l'on voulait édifier la théorie des couples sans passer par les propositions dont nous parlons, on pourrait aisément établir d'une manière directe la composition des forces parallèles, en se basant uniquement sur la composition des forces concourantes appliquées à un solide invariable. Parmi les diverses démonstrations applicables à ce point de vue, nous présenterons la suivante, qui nous paraît avoir l'avantage de se rattacher plus intimement à la théorie des forces concourantes elles-mêmes.

Soit AP et AQ les droites qui représentent en grandeur et en direction deux forces P et Q appliquées sur un solide, et concourant au point A. On sait que la résultante est représentée en grandeur et en direction par la diagonale AR du parallélogramme APRQ.

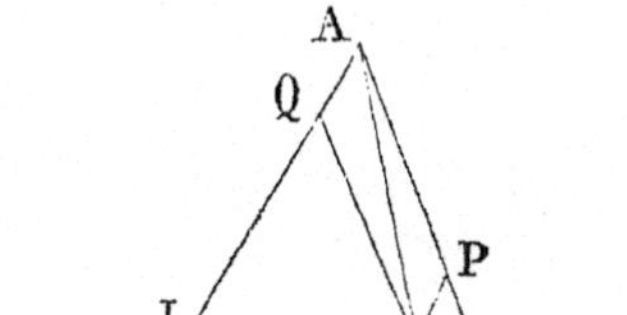

Fig. 62.

Cela posé, traçons sur le solide une droite quelconque BC, également inclinée sur chacune des deux forces P et Q, et cherchons la position du point D où la direction de la résultante vient couper cette droite BC.

Désignons BC par a et BD par x : menons par le point R la droite IH parallèle à BC.

On a $\quad BD : DC :: IR : RH :: IQ : QA.$

Mais $IQ = QR$, car les angles QIR et QRI sont égaux

puisque IR est également inclinée sur AI et QR. Donc IQ est égal à la force P. D'un autre côté, QA est égal à la force Q ; donc

$$BD : DC :: P : Q, \quad \text{ou} \quad x : a - x :: P : Q,$$

d'où l'on tire sans difficulté :

$$x = a\frac{P}{P+Q}, \quad \text{et} \quad a - x = a\frac{Q}{P+Q};$$

c'est-à-dire que la résultante divise BC en parties inversement proportionnelles aux forces P et Q. Quant à son intensité, elle est évidemment égale à $\sqrt{P^2+Q^2+2PQ\cos PAQ}$.

Or, puisque tout se passe sur un solide, rien n'empêche de transporter les points d'application des forces P, Q, R, (même fig. 62) respectivement en C, B et D ; et de les concevoir agissant le long de CP′, BQ′ et DR′.

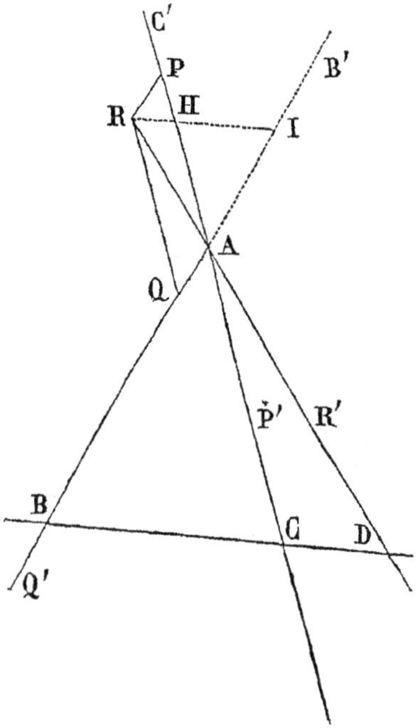

Fig. 63.

Ces résultats subsistent quelle que soit la position du point A, c'est-à-dire quelles que soient les inclinaisons des forces CP′, BQ′ et DR′ sur la droite BC.

Or, supposons que ce point s'éloigne à l'infini ; alors les deux droites CP′ et BQ′ seront parallèles, perpendiculaires à BC, et leur angle sera nul. L'intensité de la résultante R sera alors égale à $\sqrt{P^2+Q^2+2PQ} = P+Q$.

Sa direction sera parallèle aux deux autres forces, et son

point d'application continuera à partager la droite BC en parties inversement proportionnelles aux grandeurs de ces forces.

Si P et Q agissaient en sens contraires (fig. 63), les mêmes raisonnements se feraient sans difficulté pour l'angle C′ A B supplément de CAB, et l'on arriverait au résultat connu de la composition des forces parallèles inversement dirigées. C'est ce qu'on peut vérifier sur la figure ci-contre, laquelle s'adapte, sans changer une seule lettre, à la démonstration précédente.

Proposition troisième.

236. — Deux couples de moments égaux et de même sens, agissant dans un même plan ou dans des plans parallèles, sont équivalents.

Il est question, bien entendu, des couples dont les forces et les bras de levier diffèrent : car, si les bras de levier étaient égaux, les forces seraient égales, d'après l'égalité supposée des moments : on retomberait ainsi sur la proposition précédente.

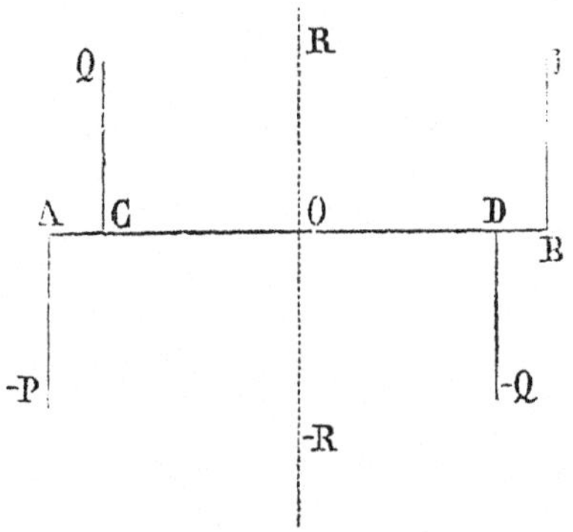

Fig. 64.

Pour prouver le théorème actuel, nous allons faire voir que les deux couples, pris en sens contraires, se feraient équilibre sur le solide.

En effet, admettons d'abord que les deux couples soient situés de telle sorte que les milieux de leurs bras coïncident et que les directions de ces bras se confondent. Soit donc AB (P, — P) et CD (Q, — Q) deux couples agissant en sens contraires, et tels que $P \times AB = Q \times CD$, ou $P : Q :: CD : AB$. Les deux forces P et Q étant parallèles auront une résultante unique, égale à leur somme et appliquée au point qui divise BC en parties inversement proportionnelles à leurs intensités. Il est visible que ce point n'est autre que le milieu commun des deux bras de levier : car, BO et CO étant respectivement égaux à la moitié de AB et de CD, on a :

$$CO : BO :: P : Q,$$

en vertu de l'hypothèse faite sur les moments.

Les deux forces $-P$ et $-Q$ ont de même une résultante unique, appliquée au même point O, et qui est égale et directement opposée à la précédente. Les forces des deux couples se font donc équilibre. On en conclut que, si les deux couples agissaient dans le même sens, ils seraient équivalents.

Cela admis, remarquons que, si les deux couples donnés n'avaient pas tout d'abord la disposition spéciale adoptée sur la figure, rien n'empêcherait de remplacer l'un d'eux par un autre identique, placé dans son plan ou dans tout plan parallèle, et qui remplirait la condition ci-dessus. La démonstration est ainsi tout à fait générale.

Conséquences.

1° Un couple quelconque peut toujours être remplacé par un autre dont le bras de levier est égal à l'unité de longueur et dont la force est par conséquent exprimée par le nombre qui représente l'ancien moment.

2° L'évaluation des couples peut être remplacée par celle de leurs moments : car tout couple étant ramené à avoir pour bras de levier l'unité est, par définition, mesuré par la grandeur de sa force actuelle : or, cette force est justement exprimée par le nombre qui représente le moment donné. Ainsi se trouve étendue aux couples de bras inégaux la mesure adoptée d'abord pour les couples de même bras.

3° Autant de couples qu'on voudra, situés dans un seul plan ou dans des plans parallèles, peuvent être remplacés par un seul, dont le moment est égal à la somme de tous les moments donnés ; car on ramènera tous ces couples à avoir pour bras commun une droite égale à l'unité de longueur, et pour forces des forces égales aux moments respectifs. Par suite de la coïncidence des bras, les forces, se trouvant ainsi appliquées aux mêmes points et sur la même direction, s'ajouteront ou se retrancheront, suivant le sens, et constitueront un couple unique dont la force ou le moment sera exprimé par la somme algébrique des moments donnés.

Cette conséquence correspond exactement au deuxième axiome du premier chapitre, qui consiste en ce que des forces appliquées à un même point, le long de la même droite, s'ajoutent ou se retranchent, suivant le sens dans lequel elles agissent : ce qui revient à dire que la résultante est égale à la somme algébrique de toutes les forces données.

Il est inutile d'ajouter que le couple résultant, supposé ramené à un bras de levier égal à l'unité, peut actuellement être remplacé par un couple de bras et de force quelconque, mais de moment équivalent.

4° Un couple peut toujours être décomposé en autant de couples qu'on voudra, dans un même plan ou dans des plans parallèles. Il suffit que la somme algébrique des moments des couples composants soit égale au moment du couple donné.

Proposition quatrième.

237. — Deux couples situés dans deux plans qui se coupent sous un angle quelconque se composent toujours en un seul; et, si l'on représente leurs moments par deux droites faisant entre elles le même angle que le plan des couples, et qu'on construise le parallélogramme, la diagonale représentera en grandeur le moment du couple résultant et en direction le plan de ce même couple.

Observons d'abord que, puisqu'un couple peut toujours être remplacé par un autre, de moment équivalent, situé comme on voudra dans son plan, rien n'empêche de supposer que les deux couples donnés ont un même bras de levier placé sur l'intersection des deux plans; de telle sorte que la force de l'un fait avec la force de l'autre un angle précisément égal à celui des deux plans. Cela résulte de ce que les deux forces sont perpendiculaires à leur commun bras de levier, et de ce qu'elles sont respectivement contenues dans les plans des couples.

Actuellement la démonstration devient fort aisée: car soit AB le commun bras, placé sur l'intersection II, et (P, — P), (Q, — Q) les forces des deux couples, dont les plans sont conséquemment figurés par PAI et QAI. Construisons le parallélogramme PAQR, dans lequel les côtés, qui représentent les forces, représentent aussi les moments des couples, puisque ces couples ont

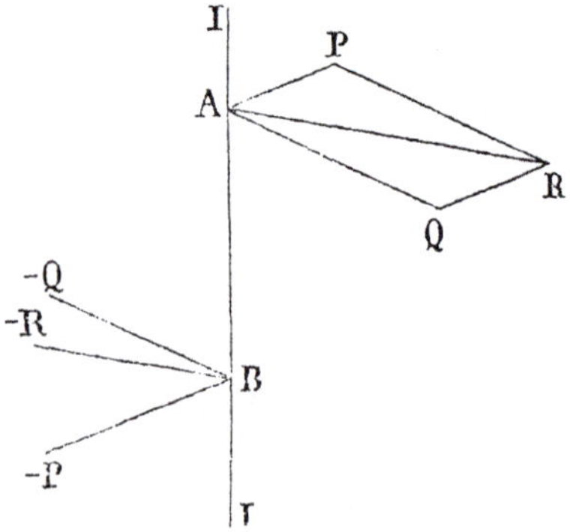

Fig. 65.

même bras. Je dis que AR représentera la force ou le moment de ce couple résultant, et que le plan de ce couple sera figuré par RAI. En effet, les deux forces P et Q peuvent être remplacées par la force R, et d'après les lois connues de la composition des forces concourantes. De même les deux forces — P et — Q peuvent être remplacées par la force — R, obtenue par la construction du parallélogramme symétrique. Donc les deux couples peuvent être remplacés par le couple unique AB (R, — R), lequel répond aux conditions du théorème.

Conséquences.

1° Réciproquement, on pourra toujours remplacer un couple par deux autres situés dans deux plans qui se rencontrent avec le premier suivant la même intersection ou suivant des intersections parallèles.

2° Autant de couples qu'on voudra, situés d'une manière quelconque sur un même corps, pourront toujours être réduits à un seul : car il suffit de les composer successivement deux à deux.

238. — On peut exprimer plus simplement le théorème qui précède, en adoptant un autre mode de représentation graphique des couples.

Remarquons, en effet, qu'un couple pouvant être transporté comme on voudra dans son plan ou dans tout plan parallèle, il suffit, pour assigner sa position dans l'espace, de donner la direction de son plan, et non ce plan lui-même. Cette direction, comme aussi celle de tous les plans parallèles, sera convenablement indiquée au moyen d'une droite perpendiculaire, que nous nommerons abréviativement *axe* du couple. La position de ce couple s'en déduira aussitôt ; car, par un point quelconque de l'axe, on n'aura qu'à concevoir un plan normal, dans lequel le couple serait situé tout à fait arbitrairement. Ce même axe pourra indiquer aussi la grandeur du couple, en prenant une longueur représentative de son moment. Enfin, le sens dans lequel le couple agit sera figuré pareillement, au moyen d'une convention analogue à celle des rotations (n° 197), c'est-à-dire en comptant la longueur sur l'axe, à partir d'une origine quelconque, dans un sens tel que le couple tende toujours à faire tourner de gauche à droite, pour un observateur couché sur l'axe, du côté où est comptée la longueur représentative du moment, et les pieds à l'origine de cette longueur. Quand on considère des couples situés dans plusieurs plans, rien n'empêchera de mener tous les axes par un même point de l'espace : il suffira que ces axes soient perpendiculaires respectivement aux directions des plans. Les longueurs seront comptées à partir de ce point commun, que nous nommerons *centre des couples*.

Cela posé, le théorème précédent prend la forme suivante :

Si l'on mène deux droites qui représentent en direction les axes de deux couples et en grandeur leurs moments, la diagonale du parallélogramme construit sur les deux droites représentera de la même manière l'axe et le moment du couple résultant.

Cette proposition n'est autre, en réalité, que celle que nous venons de présenter. Mais on peut en donner aussi une démonstration directe, de la manière suivante :

Soit OL et OM les deux axes représentant la direction des plans des couples et la grandeur de leurs moments. Je dis que la diagonale OG du parallélogramme OLGM représentera la direction du plan du couple résultant et la grandeur de son moment.

Nous pouvons supposer, en vertu des propositions II et III, que les deux couples ont été ramenés à avoir la même force —(leurs bras de levier étant dès lors numériquement égaux à leurs moments) —, et que ces bras sont placés perpendiculairement aux droites OL et OM, de telle sorte que leurs milieux soient en O. Les deux couples donnés seront donc figurés par AB (P, —P) et CD (P, —P).

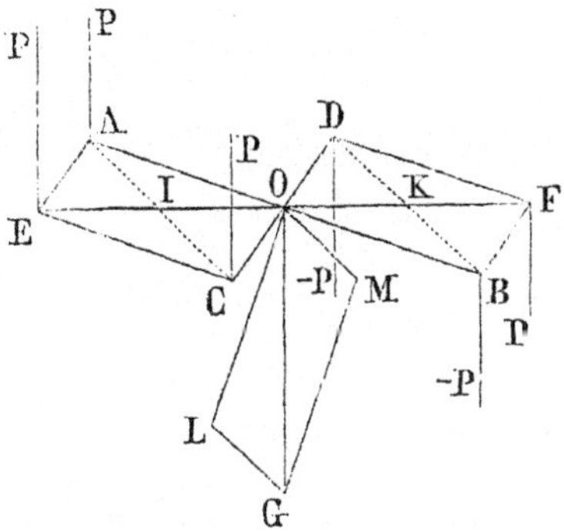

Fig. 66.

Achevons les deux parallélogrammes égaux OAEC, OBFD. Puisque tout se passe sur un solide invariable, les deux forces parallèles P, appliquées en A et C, auront une résultante égale à 2P, appliquée en I, milieu de la droite AC. De même les deux forces —P, appliquées en B et D, auront une résultante —2P, appliquée en K. Les deux couples pourront ainsi être remplacés par le couple IK (2P, — 2P). Mais, comme IK est la moitié de EF, on pourra substituer à ce dernier couple le couple EF (P, — P), qui a même moment. Or, les bras AB et CD représentant les deux couples composants, aussi bien que les axes OL et OM, la diagonale OG représentera le couple résultant en grandeur, aussi bien que le bras EF. D'ailleurs OG est évidemment, par construction, perpendiculaire à EF. Donc OG est l'axe du couple résultant, conformément à l'énoncé du théorème.

Conséquences.

1° Un couple étant donné par son axe, on peut le remplacer par deux autres dont les axes sont représentés par les deux côtés du parallélogramme qui a pour diagonale l'axe donné. Si la direction des plans des couples composants est fixée d'avance, la direction de leurs axes le sera aussi, et dès lors la grandeur de leurs moments s'ensuivra nécessairement.

2° Autant de couples qu'on voudra étant donnés par leurs axes, on trouvera l'axe du couple résultant en formant une construction polygonale dont les côtés successifs seront égaux et parallèles aux axes donnés. Le dernier côté qui ferme ce polygone sera l'axe cherché.

3° Réciproquement, un couple pourra être remplacé par autant de couples qu'on voudra situés dans des plans déterminés.

4° Supposons que les trois axes des couples composants soient rectangulaires entre eux. Si l'on désigne par L, M, N les moments de ces couples, par G le moment du couple résultant, et par λ, μ, ν les angles que forme son axe avec chacun des autres, il est visible qu'on aura les relations :

$$G = \sqrt{L^2 + M^2 + N^2}, \quad \cos\lambda = \frac{L}{G}, \quad \cos\mu = \frac{M}{G}, \quad \cos\nu = \frac{N}{G}.$$

5° On nomme *projection* d'un couple sur un plan le couple formé dans ce plan par les projections du bras de levier et de la force du couple donné. Il est visible que le moment de la projection d'un couple est égal au moment de ce couple multiplié par le cosinus de l'angle formé par son plan avec le plan de projection. Car, si l'on construit le rectangle ayant pour côtés le bras de levier et la force du couple donné, la surface de ce rectangle représentera le moment du couple, et le parallélogramme suivant lequel il se projette représentera la projection de ce couple. Or, la surface du parallélogramme exprime le moment du couple projeté, puisqu'elle est égale à l'un des côtés multiplié par la perpendiculaire comprise entre les deux autres. Mais l'on sait aussi, d'après la théorie des projections, que ce parallélogramme est égal au rectangle multiplié par le cosinus de l'angle des deux plans.

Cela posé, on voit que, si un couple G est décomposé en trois autres L, M, N, situés dans des plans rectangulaires qui coupent le plan du couple G au même point, ces couples composants L, M, N ne sont autres que les projections du couple G sur chacun des trois plans. Car, d'après la conséquence précédente, le moment de chacun des couples composants est égal au moment du couple résultant multiplié par le cosinus de l'angle des axes correspondants, ou, ce qui revient au même, multiplié par le cosinus de l'angle que forment les plans des couples eux-mêmes.

Cette identité a lieu, non-seulement pour les compositions et les projections orthogonales, mais aussi pour celles qu'on effectue obliquement. Si nous l'avons présentée pour le mode orthogonal, c'est parce que c'est la forme sous laquelle on s'en sert le plus habituellement.

Remarque I. — Ce qui précède est compris sous la dénomination de *lois de la composition et de la décomposition des couples.*

Ces lois sont entièrement semblables à celles de la composition des forces, et, en général, tout ce qui a été dit sur ces dernières convient également aux couples. C'est un nouvel exemple de cette forme de notre esprit, en vertu de laquelle une théorie, édifiée en vue de certains objets, tels que les forces, subsiste intégralement lorsque par la pensée on substitue à l'effort simple qui correspond à la notion de force, cet autre effort, d'une nature spéciale, qui correspond à la notion de couple.

Remarque II. — Nous avons toujours supposé implicitement que les couples considérés étaient *constants,* c'est-à-dire que leurs moments gardaient la même valeur pendant toute la durée de leur action. Si ces couples étaient variables parce que leurs forces ou leurs bras de levier changeraient graduellement, on pourrait les envisager comme constants pendant un temps infiniment petit, et les théorèmes précédents s'appliqueraient à chacun de ces temps élémentaires. C'est le même ordre de considérations déjà présentées à l'occasion des forces : c'est pourquoi nous n'y insisterons pas davantage.

Proposition cinquième.

239. — Toutes les forces, appliquées à divers points d'un solide invariable, peuvent toujours être ramenées au système d'une force unique et d'un seul couple.

Cette proposition a déjà été démontrée au n° 232, puisqu'elle est précisément la base de la conception même des couples. Mais on l'a présentée alors comme une conséquence de la méthode générale de la réduction des forces appliquées à un solide, méthode développée au n° 212. Ce que nous voulons montrer actuellement, c'est comment cette même proposition découle directement des lois de la composition des couples, établies sans emprunter les résultats de la méthode générale. En effet, par un point arbitrairement choisi du solide, on peut mener, parallèlement à l'une quelconque des forces données, deux autres forces directement opposées et égales en valeur absolue à la force considérée. On a ainsi un système de trois forces, au lieu d'une, lequel représente évidemment : 1° une force égale et parallèle à la force donnée; 2° un couple de même force et dont le bras de levier est égal à la distance du point choisi à la force en question. Répétant la même opération pour chacune des autres forces du solide, et les rapportant toujours au même point, on remplace le groupe entier de ces forces : 1° par autant de forces concourantes respectivement égales et parallèles aux forces données, et qui ne sont, en quelque sorte, que ces forces transportées parallèlement à elles-mêmes sur le point choisi; 2° par autant de couples de mêmes forces et dont les bras de levier sont respectivement représentés par les perpendiculaires menées du point aux directions desdites forces. Or le groupe des forces concourantes est réductible à une seule; le groupe des couples est également réductible à un seul. Tout est donc ramené à une force et à un couple unique.

Remarque I. — D'après la manière même dont s'effectue la composition des forces et celle des couples, il est visible que la force et le couple résultants ne seront pas situés dans le même plan. Pour qu'il en fût ainsi, il faudrait la circonstance très-particulière où la construction polygonale correspondant aux moments des couples serait parallèle et semblable à la construction polygonale correspondant aux grandeurs des forces. Or, cela n'a évidemment pas lieu en général, puisque les valeurs des moments dépendent non-seulement des forces données, mais aussi de leurs distances au point qu'on a choisi pour centre de la composition.

Remarque II. — Le centre de la composition peut être pris partout où l'on voudra sur le solide. Quand on fait varier ce point, la résultante unique reste la même en grandeur et en direction, mais le couple résultant varie nécessairement.

Remarque III. — Si l'on prend le centre de gravité pour centre de la composition, toutes les forces se trouvent ainsi remplacées par une résultante unique, appliquée à ce centre, et par un couple unique. Cette réduction montre avec une grande netteté que le double mouvement des solides libres, savoir une translation de leur centre de gravité et une rotation autour de ce centre, constitue un fait éminemment général : je veux dire par là qu'un de ces mouvements ne peut exister seul sans un concours de circonstances très-particulières. En effet, les actions motrices de tout genre qu'un solide peut avoir reçues ne se résolvent pas en une simple translation, à moins que le couple résultant soit nul, ni en une simple rotation, à moins que la résultante de toutes ces actions transportées en un même point soit pareillement nulle. Or, il est bien évident que ces particularités ne se rencontrent pas habituellement, et qu'elles constitueraient même une exception fort remarquable. C'est pourquoi le fait observé de la translation d'un corps doit induire à penser que ce corps possède aussi une rotation, et *vice versâ*. De semblables inductions n'ont jamais été démenties jusqu'ici, notamment en astronomie. L'exemple le plus frappant qu'on en puisse citer est relatif au soleil, dont la rotation observée a fait supposer une translation que des des expériences directes ont ultérieurement vérifiée.

Remarque IV. — La résultante unique et le couple résultant pourront être remplacés par deux forces, qui ne seront ni parallèles ni concourantes. En effet, la résultante unique et l'une des forces du couple résultant, se trouvant appliquées au même point, qui est le centre de la composition, peuvent être remplacées par une seule force, qui n'est évidemment ni parallèle ni concourante par rapport à l'autre force du couple. Cette nouvelle réduction n'a d'ailleurs aucun intérêt, et nous n'en parlons qu'incidemment.

Proposition sixième.

240. — Le moment d'un couple est égal à la somme algébrique des *moments* de ses deux forces par rapport à un point quelconque situé dans son plan.

N. B. On se rappelle l'acception antérieure donnée au terme *moment d'une force* par rapport à un point : on entend par là le produit de cette force par la perpendiculaire abaissée du point sur sa direction. Il s'agit actuellement de montrer que, si l'on forme de cette manière les moments des deux forces du couple pour un point quelconque situé dans le même plan, la somme algébrique de ces deux produits sera égale à ce qu'on a appelé plus tard le ***moment du couple,*** c'est-à-dire au produit d'une des forces du couple par la longueur du bras de levier.

La démonstration est des plus simples; car soit A B(P,—P) un couple quelconque, et O un point situé dans son plan. Pour former les moments des forces P et — P par rapport au point O, il faut mener la droite OI perpendiculaire à leurs directions. Le premier moment sera égal à P.O I, le deuxième à — P.O H, puisque la force agit en sens contraire. La somme algébrique P(O I — O H) se réduit à P.H I ou P.A B, ce qui est justement le moment du couple.

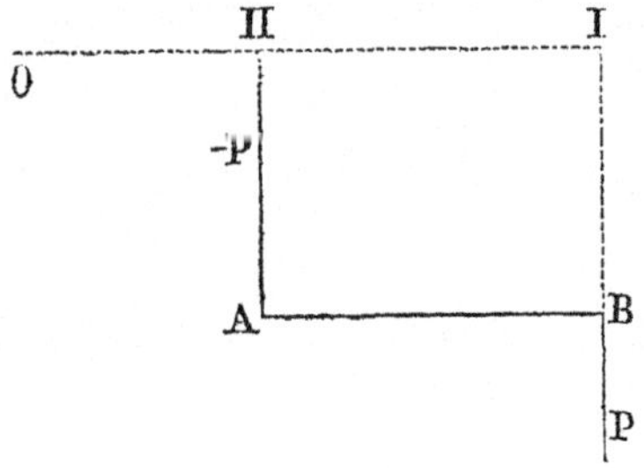

Fig. 67.

Conséquences. — 1° Si le point est pris à l'extrémité du bras de levier, le moment d'une des forces est nul, et le moment de l'autre ne se distingue pas du moment du couple.

2° Le moment de la projection d'un couple est égal à la somme algébrique des moments des projections des forces par rapport à un point quelconque pris dans le plan de la projection.

3° Cette dernière conséquence, rapprochée de la cinquième conséquence du n° 238, nous montre que la somme algébrique des moments des projections des forces est égale au moment du couple primitif multiplié par le cosinus de l'angle que fait son plan avec le plan de la projection, ou encore que cette somme algébrique représente le couple composant relatif à ce plan. D'où il suit que, si l'on projette les forces d'un couple sur trois plans rectangulaires, les sommes algébriques des moments des projections des forces seront égales respectivement aux trois couples composants du couple donné.

Couples instantanés.

240 (*bis*). — On nomme couple instantané un couple formé de deux forces instantanées, égales, parallèles et inversement dirigées. L'effet de pareils couples est de déterminer subitement une rotation du solide autour de son centre de gravité, de même qu'une simple force instantanée appliquée à ce centre détermine une translation du solide. Les couples instantanés sont aussi nommés couples de *percussions,* lorsque les forces instantanées qui les constituent sont produites par des percussions.

Tous les théorèmes que nous avons précédemment démontrés sur les couples ordinaires ne supposent rien touchant l'énergie ou la durée des forces qui entrent dans la composition des couples. Par conséquent ces théorèmes s'appliquent aussi bien aux couples instantanés. Ainsi les couples instantanés, situés dans le même plan ou dans des plans parallèles, s'ajoutent ou se retranchent; ceux qui sont dans des plans différents se composent ou se décomposent suivant les lois déjà exposées; le moment d'un couple instantané est égal à la somme algébrique des moments de ses deux forces instantanées, etc., etc.

Proposition septième.

241. — Si l'on applique sur un solide, assujetti à tourner autour d'un axe fixe, un couple constant perpendiculaire à l'axe de rotation, on reconnaît :

1° Que l'accélération angulaire est constante ou que la vitesse angulaire croît proportionnellement au temps;

2° Que deux couples sont entre eux comme les vitesses angulaires qu'ils communiquent au bout du même temps;

3° Que deux couples sont entre eux comme les moments d'inertie des solides auxquels ils communiquent la même vitesse angulaire au bout du même temps.

Ces diverses propositions découlent très-simplement de ce qui a été démontré sur les forces. On sait en effet que, lorsque des forces agissent sur un solide, dans des plans perpendiculaires à l'axe de rotation, la somme algébrique des moments de ces forces, pris par rapport à l'axe fixe, est liée à la vitesse angulaire communiquée au solide, et au moment d'inertie de ce solide, par l'équation

$$\Sigma Q q = I \cdot \frac{d\Omega}{dt};$$

dans laquelle Qq représente le moment de la force Q par rapport à l'axe fixe, I le moment d'inertie du corps par rapport à ce même axe, et Ω la vitesse de rotation (n° 220).

Dans le théorème actuel, le couple est supposé agir dans un plan perpendiculaire à l'axe : on pourra donc établir l'équation ci-dessus pour les moments, pris par rapport à cet axe, des deux forces qui constituent le couple. Or, on a démontré dans la proposition précédente que la somme algébrique de ces deux moments est égale à ce que nous avons appelé *moment du couple*. Si donc L désigne le moment constant du couple donné, on aura la relation :

$$(1) \qquad L = I\frac{d\Omega}{dt}, \qquad \text{d'où} \qquad \Omega = \frac{L}{I}t. \qquad (2)$$

Cela nous prouve d'abord la première partie de l'énoncé, savoir : que l'accélération angulaire $\frac{d\Omega}{dt}$, égale à $\frac{L}{I}$, est constante, ou que Ω augmente uniformément avec le temps.

Cette première propriété correspond à celle qu'ont les forces constantes de communiquer, dans un mouvement rectiligne, des vitesses proportionnelles au temps.

En second lieu, si nous considérons deux couples différents, L et L′, appliqués successivement à un même solide, et si nous désignons par Ω et Ω' les vitesses communiquées au bout du même temps, nous aurons :

$$\Omega = \frac{L}{I} t, \qquad \text{et} \qquad \Omega' = \frac{L'}{I'} t,$$

d'où

$$L : L' :: \Omega : \Omega'.$$

Cette deuxième propriété correspond à la proportionnalité qui existe entre des forces constantes et des vitesses communiquées en ligne droite à la même masse.

Troisièmement, supposons que les couples L et L′ agissent respectivement sur deux solides ayant des moments d'inertie I et I′ par rapport à leurs axes fixes ; si les vitesses angulaires produites sont les mêmes, de part et d'autre, au bout du même temps, on aura :

$$\Omega = \frac{L}{I} t, \qquad \text{et} \qquad \Omega = \frac{L'}{I'} t,$$

d'où

$$L : L' :: I : I'.$$

Cette troisième propriété correspond à la proportionnalité qui a lieu entre les forces constantes et les masses auxquelles elles donnent la même vitesse au bout du même temps. L'on voit en outre que les solides n'interviennent dans leur rotation que par leur moment d'inertie, de même que tous les corps n'interviennent dans leur translation que par leur masse.

Quant au couple, il est l'instrument de la rotation autour

d'un axe fixe, exactement comme la force simple est l'instrument de la translation en ligne droite.

Conséquence. — Lorsque le solide n'est pas assujetti à tourner autour d'un axe fixe, mais que le couple qui le sollicite agit perpendiculairement à l'un des axes principaux relatifs au centre de gravité, si le solide est entièrement libre, ou perpendiculairement à l'un des axes relatifs au point fixe, si le solide est assujetti à tourner autour d'un point immobile ; toutes les propriétés qui viennent d'être démontrées subsistent encore intégralement. Car on sait que, l'axe de rotation étant choisi comme il vient d'être dit, et les forces agissant dans des plans perpendiculaires, cet axe est tout à fait comme fixe, et n'a aucun besoin d'être retenu, pourvu que les forces soient égales, parallèles et inversement dirigées (n° 224), ce qui est justement le cas des couples.

Ainsi le couple est l'instrument de la rotation autour d'un axe principal du centre ou d'un axe principal du point fixe.

Application de la théorie des couples à la mécanique des solides géométriques.

Nous sommes actuellement en mesure de déduire de la théorie des couples de nouveaux aperçus sur le mouvement et l'équilibre des solides invariables.

242. — **Interprétation des équations du mouvement des solides.** — Supposons autant de forces qu'on voudra appliquées à un solide.

On a vu (n° 239) que toutes ces forces peuvent être remplacées par une seule agissant en un point arbitrairement choisi, et par un couple unique dont le moment dépend de la position du point pris pour centre de décomposition.

Quant à la valeur de la force unique, on sait qu'elle est égale à la résultante de toutes les forces du solide, qu'on aurait, en quelque sorte, transportées parallèlement à elles-mêmes en un même point. Nous allons montrer quelle est alors la signification des équations du mouvement d'un solide libre.

Examinons les équations établies au n° 202, dont les trois premières concernent le mouvement du centre de gravité, rapporté à trois axes de coordonnées fixes, et les trois autres le mouvement relatif des divers points du solide, par rapport à trois axes mobiles, passant par le centre de gravité et constamment parallèles aux axes fixes.

Pour manifester le rapprochement que nous voulons établir entre les deux théories, nous prendrons pour centre de la composition dont il a été parlé plus haut le centre de gravité lui-même. Alors la force résultante unique est la résultante de toutes les forces transportées en ce centre parallèlement à elles-mêmes, et le couple résultant unique provient de tous les couples engendrés par la translation de ces diverses forces. Il est visible en ce cas que l'action totale déterminée sur le solide se réduit : 1° à une translation commune à tous les points, en vertu de la résultante appliquée au centre de gravité ; 2° à une rotation autour de ce centre, en vertu du couple résultant qui sollicite concurremment le solide.

Or, si nous considérons les trois premières équations, il est visible que les premiers membres représentent précisément les trois composantes, suivant les axes fixes, de la force unique qui résulte du concours en un même point, qui est le centre de gravité, de toutes les forces du solide. Quant aux seconds membres, ils expriment le mouvement des divers points rapportés aux mêmes axes. La signification de ces trois équations est donc conforme à la conception d'une résultante unique appliquée au centre de gravité, conception à laquelle nous avons été conduits par la théorie des couples.

Ainsi ce qui n'était en analyse qu'un symbole abstrait devient actuellement une réalité concrète. Au lieu d'ajouter purement des valeurs numériques composantes, on exprime l'action d'une force effective, qui résulte de toutes les autres appliquées actuellement en un même point, où elles se combinent d'après les lois ordinaires des forces concourantes.

Les trois dernières équations reçoivent une interprétation semblable. Les premiers membres, qui représentent les sommes des moments des diverses forces, estimés dans chacun des plans de coordonnées mobiles, représentent par conséquent les sommes des couples, estimés dans les mêmes plans, qui naissent de la translation des diverses forces au centre de gravité. En d'autres termes, si l'on conçoit chacun de ces couples décomposé en trois autres, parallèlement aux plans de coordonnées, la somme des couples composants, dans un même plan, ne diffèrera pas de la somme des moments des forces pris pour ce plan. Or, cette somme de couples composants est égale au couple qu'on obtiendrait dans ce plan, en décomposant, parallèlement aux trois plans coordonnés, le couple résultant unique qui équivaut à l'ensemble des couples du solide. Ainsi les trois premiers membres représentent les trois couples composants du couple unique dû à la translation de toutes les forces. Quant aux seconds membres, ils expriment le mouvement relatif estimé dans les mêmes plans, c'est-à-dire le mouvement de rotation autour du centre de gravité, ou, plus clairement, autour des trois axes de coordonnées qui passent par ce centre. En résumé, les trois équations en question expriment qu'autour de chaque axe mobile s'effectue une rotation due au couple composant, perpendiculaire à cet axe, du couple résultant unique. Là encore on peut reconnaître que les relations revêtent une signification concrète, et qu'elles ne représentent plus seulement des additions de quantités purement numériques, mais qu'elles expriment l'effet réel produit sur le solide par un agent effectif, qui est le couple unique en question.

On peut présenter ce dernier rapprochement sous une autre forme, en faisant usage de la conception de l'équilibre entre les forces extérieures et les forces conservées d'un solide (n° 148). On voit en effet que si l'on imagine menées sur le solide les forces représentées par les variations de la quantité de mouvement de ses divers points, c'est-à-dire ce que nous avons nommé les forces conservées, elles pourront, comme les autres, être remplacées par une résultante unique, provenant de leur translation parallèle au centre de gravité, et un couple résultant unique, engendré par cette même translation, que nous nommerons le *couple conservé*. Les six équations précitées signifient donc : d'une part, que la résultante des forces extérieures, transportées au centre, est égale et contraire à la résultante des forces conservées; et que le couple résultant unique des forces extérieures est parallèle et contraire au couple résultant unique des forces conservées, ou, ce qui revient au même, lui fait équilibre.

On voit de la même manière que les six équations qui expriment que les forces extérieures se font équilibre sur le solide signifient que la résultante unique estimée suivant trois axes est nulle, et que le couple résultant unique estimé suivant trois plans est pareillement nul; ce qui signifie en d'autres termes que, pour que l'équilibre existe, il faut que la force et le couple, qui remplacent toutes les forces du solide, soient séparément égaux à zéro. Et cette considération est évidente immédiatement d'après la théorie des couples, car, puisque toutes les forces données se réduisent à cette force unique et à ce couple unique, comme d'ailleurs cette force et ce couple ne peuvent pas se neutraliser réciproquement, il faut bien que chacun d'eux soit nul de son côté, pour que l'état du corps ne soit pas influencé par leur présence.

243. — **Rotation.** — Nous venons d'interpréter les six équations générales du mouvement ou de l'équilibre des solides libres. Nous allons insister tout particulièrement sur la rotation, dont les phénomènes reçoivent une grande lumière de la théorie des couples.

Puisque toutes les forces sont toujours réductibles à une seule, appliquée au centre de gravité, qui n'influence pas la rotation, et à un seul couple qui détermine exclusivement cette rotation autour du centre, nous resterons dans la plus grande généralité en considérant l'action d'un couple unique.

Supposons donc qu'un couple, de moment G, soit appliqué à un solide libre. Désignons par λ, μ, ν les angles que forme le plan de ce couple avec les plans coordonnés que déterminent les trois axes principaux pris pour axes de coordonnées mobiles. Si l'on désigne par L, M, N les moments des trois couples composants du couple G, suivant les trois plans, on sait que les valeurs de ces moments seront exprimées ainsi :

$$(1) \quad L = G \cos \lambda, \qquad M = G \cos \mu, \qquad N = G \cos \nu.$$

A l'origine du mouvement, le solide commencera par tourner autour d'un premier axe instantané passant par le centre de gravité, lequel ne sera pas perpendiculaire au plan actuel du couple G. En effet, si l'on décompose cette rotation en trois autres respectivement perpendiculaires aux axes des z, des y et des x mobiles, qui sont les axes principaux du solide, et si l'on désigne par dr, dq, dp les rotations infiniment petites qui ont lieu pendant le temps dt, autour de ces trois axes, les angles formés par l'axe instantané avec ces mêmes axes auront respectivement pour cosinus les valeurs suivantes :

$$(2) \quad \frac{dr}{\sqrt{dp^2 + dq^2 + dr^2}}, \quad \frac{dq}{\sqrt{dp^2 + dq^2 + dr^2}}, \quad \frac{dp}{\sqrt{dp^2 + dq^2 + dr^2}}.$$

Or, chacune de ces rotations infiniment petites est due au couple composant qui est perpendiculaire à son axe; car, cet axe étant un des axes principaux du centre, tout couple dont le plan lui est perpendiculaire fait tourner autour de l'axe libre, comme s'il était fixe, et la valeur de la rotation produite est liée à celle du moment du couple par la formule qu'on a vue au n° 241 ; en sorte que dr, dq, dp seront donnés en fonction de L, M, N, de la manière suivante :

$$(3)\qquad L = C\frac{dr}{dt}, \qquad M = B\frac{dq}{dt}, \qquad N = A\frac{dp}{dt};$$

en désignant par C, B, A les valeurs des moments principaux du solide par rapport aux axes des z, des y et des x mobiles.

Nous remarquerons en passant que ces formules ne sont autres que celles qu'on avait trouvées au n° 204, quand on avait rapporté le mouvement aux trois axes principaux du centre de gravité, comme axes de coordonnées mobiles. En effet, dans ces équations les premiers membres, qui représentent les sommes des moments des forces suivant chacun des trois plans mobiles, représentent précisément les couples L, M, N dans lesquels a été décomposé le couple résultant unique G. Quant aux seconds membres, ils se réduisent à leurs premiers termes, à l'origine même du mouvement, puisque alors les vitesses angulaires p, q, r sont nulles. Actuellement, revenons aux équations (3) : on en tire, d'après les relations (1) établies ci-dessus :

$$\frac{dr}{dt} = \frac{G\cos\lambda}{C}, \qquad \frac{dq}{dt} = \frac{G\cos\mu}{B}, \qquad \frac{dp}{dt} = \frac{G\cos\nu}{A}.$$

Il en résulte que les cosinus des angles formés par l'axe instantané avec les axes des z, des y et des x, cosinus dont les valeurs sont indiquées par les formules (2), deviennent respectivement :

$$\cos\lambda \cdot \frac{V}{C}, \qquad \cos\mu \cdot \frac{V}{B}, \qquad \cos\nu \cdot \frac{V}{A};$$

en représentant abréviativement par V la quantité

$$\frac{1}{\sqrt{\frac{\cos^2\lambda}{C^2} + \frac{\cos^2\mu}{B^2} + \frac{\cos^2\nu}{A^2}}}.$$

Or, pour que l'axe instantané soit perpendiculaire au plan du couple G, il faut que les angles qu'il forme avec les axes des z, des y et des x soient respectivement égaux aux angles que forme le couple avec les plans des xy, des zx et des yz : il faut donc que les valeurs ci-dessus se réduisent à $\cos\lambda$, $\cos\mu$, $\cos\nu$, ou qu'on ait :

$$V = A = B = C,$$

condition qui ne peut être satisfaite que si le solide est une sphère. Dans ce cas, la valeur de V se réduit identiquement à l'une quelconque des quantités A, B, C.

Sauf ce cas très-particulier, pour lequel on voit d'ailleurs *à priori* qu'à cause de la symétrie tout couple doit faire tourner autour d'un axe perpendiculaire à son plan, il demeure démontré qu'à l'instant même où l'on applique un couple sur un solide quelconque l'axe de rotation ne sera pas perpendiculaire au plan du couple.

Dès lors, on se rend compte clairement de la perpétuelle mobilité de l'axe instantané, et du rôle que joue le couple pendant toute la suite du mouvement.

Car, à l'origine, on peut remplacer le couple donné par deux autres, l'un perpendiculaire au futur axe instantané, l'autre dans un plan passant par cet axe. Il suffit, pour cela, de mener, par l'intersection du plan du couple donné avec l'axe instantané, un plan perpendiculaire à cet axe ; et, par l'intersection de ces deux plans et par l'axe instantané lui-même, de conduire un autre plan, qui sera nécessairement perpendiculaire au précédent. Les trois plans ayant ainsi leur intersection commune, le couple donné peut être décomposé en deux autres, suivant les deux nouveaux plans (n° 237). Pendant la durée infiniment petite dt, la rotation ayant lieu autour d'un axe perpendiculaire au plan du premier couple composant, celui-ci produit la vitesse angulaire comme si l'axe était fixe ; c'est pourquoi M. Poinsot l'a nommé *couple accélérateur*. Quant au second couple composant, il est sans influence sur la rotation, puisqu'il est dans le plan même de l'axe : il sert uniquement à maintenir cet axe pendant la durée infiniment petite du mouvement et à combattre les réactions que développe sur lui l'effort du couple accélérateur. Sans son intervention, c'est-à-dire si le couple accélérateur existait seul, ce serait un autre axe que l'axe supposé qui serait en jeu, puisque l'axe instantané ne peut pas être perpendiculaire au plan du couple qui produit la rotation. Ce second couple est donc comme le *couple auxiliaire* de la rotation, pendant le premier instant dt : c'est lui qui tient lieu des points fixes qui devraient être établis sur l'axe instantané, si l'on voulait que le couple accélérateur, agissant seul, engendrât une rotation perpendiculaire à son plan.

Au bout de ce premier instant, en admettant même que les valeurs du couple accélérateur et du couple auxiliaire soient encore les mêmes qu'à l'origine, l'axe de rotation ne pourra pas garder sa position primitive. En effet, par cela seul qu'un commencement de vitesse angulaire existe actuellement en vertu de l'action initiale, l'état des choses se trouve changé, et les vitesses acquises, si petites qu'elles soient d'ailleurs, des divers points du solide, font que le couple auxiliaire ne peut plus, comme auparavant, maintenir l'axe instantané : car ces vitesses exigent que l'axe de rotation développe des forces centripètes correspondantes (n° 225), qui n'étaient pas nécessaires à l'origine, où ces vitesses n'existaient pas encore. Comme l'axe est entièrement libre, et, par suite, ne peut développer les forces centripètes dont nous parlons, il doit nécessairement être entraîné, c'est-à-dire occuper pendant un second instant une nouvelle position dans l'espace et dans le corps; et ainsi de suite, pendant toute la durée du mouvement.

Nous allons revenir sur ce sujet en montrant que toutes les forces centripètes que doit développer l'axe de rotation à un moment quelconque équivalent à un certain couple, et que, par suite, l'axe instantané est pressé par un couple égal et contraire qui détermine cette nouvelle position dont il s'agissait tout à l'heure. C'est ce qui ressortira à la fin des considérations développées dans le numéro suivant.

244. — **Rotation sans forces extérieures**. — Supposons que le solide, ayant reçu un mouvement autour de son centre de gravité, par des causes quelconques, soit par un couple ordinaire, soit par un couple de percussions, continue à tourner de lui-même autour de ce centre, après que toutes les actions extérieures l'ont abandonné.

Nous avons vu précédemment (n° 211) que, dans ce cas, le groupe de forces instantanées capable de réduire le solide au repos garde un moment constant suivant chaque plan coordonné. Puisque nous ne nous occupons ici que de la rotation autour du centre, et que nous négligeons la translation de ce centre, sans influence sur la rotation elle-même, nous pouvons dire que les forces instantanées dont il s'agit sont réductibles à un couple instantané unique; et, comme les moments des forces suivant les trois plans représentent précisément les trois couples composants, parallèles aux mêmes plans, par lesquels le couple unique peut être remplacé, il en résulte que chacun de ces couples composants demeure constant pendant toute la suite du mouvement; ce qui nous montre que le couple unique lui-même garde une intensité constante, et que son plan demeure invariable de direction, par rapport aux axes de coordonnées. Or, dans le n° 211 que nous venons de rappeler, les axes de coordonnées ne sont plus les axes principaux mobiles du solide, mais bien trois droites supposées fixes dans l'espace. Nous voyons donc qu'à une époque quelconque du mouvement la grandeur du couple instantané, capable de réduire le solide au repos, ou, ce qui revient au même, la grandeur du couple de percussions, équivalent au solide en mouvement, demeure exactement la même, et que son plan garde une direction invariable dans l'espace absolu. C'est là le principe de la *conservation de la rotation,* qui correspond à celui de la conservation de la translation pour un point matériel unique. Ainsi, dans les solides, la loi d'inertie consiste en ce que, d'une part, la translation reste rectiligne et uniforme, ou équivaut à une percussion unique, appliquée au centre de gravité, de grandeur et de direction constantes; et, d'autre part, en ce que la rotation équivaut à un couple de percussions ayant une grandeur et une direction pareillement constantes.

Principe de la conservation des aires. — Les moments des trois couples composants du couple unique sont respectivement représentés par $\Sigma m\left(\frac{dy}{dt}x-\frac{dx}{dt}y\right)$,

$\Sigma m\left(\frac{dx}{dt}z-\frac{dz}{dt}x\right), \Sigma m\left(\frac{dz}{dt}y-\frac{dy}{dt}z\right)$, quantités qui sont

égales aux doubles sommes des produits des masses par les projections des aires décrites dans chaque plan coordonné. Ces moments, que j'appellerai L, M, N, sont donc égaux aux quantités que nous désignions au n° 137 par A, A′, A″. Le principe de la conservation des aires dans les trois plans coordonnés, ou, en général, dans un plan quelconque, revient donc au principe de la conservation du couple instantané, estimé suivant les trois plans coordonnés, ou, en général, dans un plan quelconque. La propriété analytique, reconnue dans le mouvement des solides, et qui mettait en jeu des quantités abstraites, à savoir des produits de masses par des surfaces, prend maintenant un caractère concret, puisqu'il ne s'agit plus que de la conservation d'un instrument effectif de rotation.

On avait reconnu de même que le plan du maximum des aires était celui qui faisait avec les plans coordonnés des angles dont les cosinus étaient proportionnels à A, A′, A″. Or, ces cosinus sont aussi porportionnels à L, M, N : ce sont donc les cosinus des angles formés par le plan du couple unique lui-même. La propriété, démontrée d'abord par de longues formules algébriques, devient ainsi immédiatement évidente par la théorie des couples, puisqu'il est clair que toute projection du couple unique sur un plan quelconque est moindre que ce couple unique.

On remarque en outre que, puisque le moment et la direction du couple unique varient selon la position du point pris dans le corps pour centre de la composition, le maximum des aires et la direction de son plan varient aussi avec l'origine des coordonnées, qui n'est autre que ce centre de composition. Il y a donc un maximum pour chaque point, ce qui laisse conséquemment indéterminée la position du plan invariable, si l'on ne spécifie pas à l'avance quelque autre condition qui assigne le maximum particulier qu'on a en vue parmi tous ceux, en nombre infini, qui correspondent à la propriété fondamentale. Pour avoir un plan véritablement *invariable,* on pourrait, par exemple, choisir celui dont le maximum est le plus petit de tous les maximum des divers points de l'espace.

Nous verrons plus tard comment ces remarques sont étendues au mouvement d'un système matériel quelconque.

Réduction des forces centripètes. — Le solide étant abandonné à lui-même et tournant actuellement, pendant un instant infiniment petit, autour d'un certain axe, il se développe, pendant cet instant, dans l'intérieur du solide, des forces centripètes, toutes situées perpendiculairement à l'axe instantané, et qui ont pour effet de maintenir chaque point dans son orbite circulaire, et d'empêcher qu'il ne s'échappe suivant la tangente, en vertu de la loi d'inertie. Il est facile de voir que toutes ces forces se réduisent à un couple unique qui passe par l'axe instantané. En effet, prenons pour axe des z l'axe actuel de rotation, et pour axe des x et des y deux droites rectangulaires menées au centre de gravité. La force centripète d'un point m sera exprimée par $-m\Omega^2 r$, Ω étant la vitesse angulaire actuelle. Cette force pourra être décomposée en deux autres, parallèles aux axes des x et des y, et qui auront pour valeurs $-m\Omega^2 x$ et $-m\Omega^2 y$. Chacune de ces deux composantes peut être transportée à l'origine des coordonnées, ce qui donne naissance aux deux couples $-m\Omega^2 xz$ et $-m\Omega^2 yz$. En faisant de même pour les forces centripètes de tous les autres points, on aura :

1° Deux forces $-\Sigma m\Omega^2 x$ et $-\Sigma m\Omega^2 y$ appliquées à l'origine, qui est le centre de gravité du solide. Or, ces forces, pouvant être écrites $-\Omega^2 \Sigma mx$ et $-\Omega^2 \Sigma my$, sont évidemment nulles, d'après les propriétés connues du centre.

2° Deux couples $-\Omega^2 \Sigma mxz$ et $-\Omega^2 \Sigma myz$, situés respectivement dans les plans des xz et des yz, et qui se composent en un seul dont le moment est égal à $-\Omega^2 \sqrt{(\Sigma mxz)^2 + (\Sigma myz)^2}$, et dont le plan passe par l'intersection des deux couples composants, c'est-à-dire par l'axe instantané. C'est ce couple des forces centripètes, que devrait à chaque instant développer l'axe de rotation pour maintenir le mouvement circulaire des points matériels. Réciproquement, on peut dire que l'axe est pressé par un couple égal et contraire au précédent, qu'on nomme, d'après les locutions déjà adoptées, couple des forces centrifuges. L'axe de rotation, étant libre et ne pouvant conséquemment détruire par sa résistance l'effort du couple centrifuge, est entraîné par ce couple, que nous proposons de nommer *couple de renversement;* et dès lors la mobilité perpétuelle de l'axe instantané en résulte naturellement. C'est ce même couple qui intervient aussi, lorsque le solide est sollicité par un couple extérieur, pour empêcher le maintien de l'axe de rotation, ainsi que nous l'avons vu dans le numéro qui précède.

Remarque.— Le couple de percussions qui équivaut à la rotation du solide peut à chaque instant être remplacé par deux autres : l'un perpendiculaire à l'axe instantané, l'autre situé dans un plan qui contient cet axe. En d'autres termes, le mouvement du solide se produit à chaque instant comme si, ce solide étant au repos, deux couples de percussions le frappaient soudainement, l'un perpendiculaire au futur axe instantané, et l'autre dans un plan qui contient cet axe. Le premier produirait la vitesse angulaire qui a lieu effectivement autour de l'axe : le second, qui jouerait le rôle de couple instantané auxiliaire, formerait les forces nécessaires pour maintenir l'axe contre les reactions dues aux percussions du couple accélérateur. A un autre instant, ce serait un autre couple de percussions accélérateur et un autre couple de percussions auxiliaire qui réaliseraient la rotation correspondant à cet instant. Chacun de ces deux couples pouvant varier individuellement, quoique le couple total de la rotation, qui est leur résultant, demeure constant en grandeur et en direction, on voit qu'aux diverses époques considérées la position de l'axe instantané et la grandeur de la vitesse angulaire autour de cet axe peuvent fort bien ne pas être les mêmes : et c'est ce qui arrive en effet, puisque, aussitôt après une de ces percussions capables de mettre le solide dans l'état de mouvement où il se trouve en réalité, le couple des forces centrifuges se développe naturellement et agit pour déplacer l'axe instantané.

Nous croyons inutile d'ajouter que le couple des forces centrifuges ou de renversement disparaît, lorsque le solide tourne autour d'un des axes principaux du centre de gravité. Si le solide est en même temps sollicité par un couple extérieur, comme celui-ci est alors, par hypothèse, nécessairement perpendiculaire à l'axe principal, le couple auxiliaire disparaît également.

245. — **Solides assujettis.** — L'application de la théorie des couples aux solides assujettis n'offre aucune difficulté.

S'il s'agit, par exemple, d'un solide mobile autour d'un point fixe, on pourra raisonner pour ce point comme pour le centre de gravité. Ainsi, en le prenant pour centre de la composition, toutes les forces, transportées parallèlement à elles-mêmes, s'y réduiront à une seule, qui sera annulée par la résistance du point fixe, et, quant aux couples engendrés par cette translation, ils se réduiront aussi à un seul, qui conservera toute son efficacité pour faire tourner le solide autour du point fixe, comme naguère autour du centre de gravité. D'où il ressort que les équations du mouvement et de l'équilibre se réduiront aux trois équations des moments, obtenues en prenant le point pour origine des coordonnées; pareillement, les axes principaux du point joueront le même rôle que les axes principaux du centre de gravité, et l'axe instantané de la rotation sera perpétuellement renversé autour de ce point par le couple des forces centrifuges.

Si le solide est assujetti à tourner autour d'un axe fixe, il est visible que toutes les forces transportées en un point quelconque de l'axe sont détruites, et que le couple unique peut être décomposé en trois autres, savoir : l'un perpendiculaire à l'axe, et les deux autres suivant deux plans passant par l'axe. De ces trois couples, le premier seul garde son efficacité et détermine la rotation autour de l'axe fixe. L'équation unique du mouvement n'est autre que l'équation connue, dans laquelle la somme des moments des forces représente précisément le moment du couple normal. Quant au couple des forces centrifuges et quant au couple auxiliaire, ils sont détruits par la résistance de l'axe fixe. — Si cet axe est un des axes principaux du centre de gravité, un couple de percussions, appliqué sur le solide, ne donnera lieu à aucun contre-coup sur l'axe fixe.

Extension de la théorie des couples à la mécanique des systèmes matériels quelconques.

246. — Considérons un système, dynamique ou géométrique, qui se meut en vertu de ses seules forces intérieures et qui est entièrement libre dans l'espace absolu.

Le groupe de forces instantanées, capable à un instant quelconque de réduire le système au repos, ou, ce qui revient au même, le groupe égal et contraire, qui équivaut au mouvement actuel du système, satisfait à la double condition de donner des sommes constantes de composantes suivant les trois axes et des sommes constantes de moments suivant les trois plans (n° 137).

Mais, si l'on vient à solidifier tout à coup le système, on ne modifiera pas les sommes des quantités de mouvement suivant les axes, ni les sommes des moments de ces quantités de mouvement suivant les plans. Donc le groupe de forces capable de réduire au repos, à un instant quelconque, le système supposé solidifié fournira les mêmes sommes de composantes et de moments à une époque quelconque du mouvement. Or, ce groupe de forces, étant dès lors appliqué à un solide, se composera en une seule force et en un seul couple. Par conséquent, cette résultante et ce couple unique demeureront constants, quel que soit l'instant considéré.

Ainsi, lorsqu'un système matériel se meut sous l'action de ses seules forces intérieures, la force instantanée qui représente la translation du système supposé solidifié, et le couple instantané qui représente la rotation de ce même système autour de son centre de gravité, conservent indéfiniment les mêmes valeurs et les mêmes directions.

Ce principe de la *conservation de la force et du couple* constitue la plus grande généralité possible que reçoive l'expression de la loi d'inertie dans les systèmes à liaisons quelconques.

La conservation du couple correspond au principe de la conservation des aires, avec cette grande supériorité que ce qui n'était qu'un résultat analytique, sans aucune signification concrète, prend désormais ce caractère de réalité qui plaît à l'esprit en matérialisant en quelque sorte l'objet de ses conceptions logiques. On y trouve en même temps une explication bien simple de l'invariabilité du plan maximum des aires, qui n'est autre que le plan du couple de rotation. Du même coup, on voit que ce plan conserve la même direction, et que la somme des projections des aires est plus grande pour lui que pour tout autre; car la projection du couple sur un plan quelconque est évidemment moindre que ce couple lui-même.

On remarque aussi, comme on l'a déjà fait pour les solides, que, le centre de la composition pouvant être pris partout où l'on voudra, le moment et la direction du couple résultant, et par suite le plan invariable et le maximum des aires, ont lieu, avec des valeurs différentes, pour chaque point de l'espace. Dès lors, la direction du plan invariable n'est véritablement déterminée que si l'on assigne quelque autre condition, par exemple, celle que le maximum soit moindre pour le point choisi que pour tout autre. Il est évident que cette condition répond à une composition telle que la direction de la résultante unique soit perpendiculaire au plan du couple unique. Car, pour peu qu'on écarte le point de la direction de cette résultante, on engendrera, par la translation à ce point, un nouveau couple perpendiculaire au précédent, et qui se composera avec lui pour donner un couple unique plus grand ; par suite, le nouveau maximum des aires correspondant au point ainsi déplacé surpassera le maximum préalablement choisi. Cette condition de perpendicularité, entre la résultante et le couple, permet de déterminer exactement le point en question. Il est visible en même temps que tous les points qui appartiennent à la direction de cette résultante donneront la même valeur minima du maximum. Car, par la translation à un de ces nouveaux points, on n'engendre pas d'autre couple, attendu que le bras de levier est forcément nul, par suite de ce que le déplacement coincide avec la direction de la force transportée.

247. — Les résultats qui précèdent conviennent manifestement au système planétaire, qui n'a aucun point fixe et qui n'est sollicité que par des forces intérieures. L'application de la théorie des couples au plan invariable du monde jette une grande lumière sur la cause des erreurs qu'on a commises dans la recherche de ce plan, et qui consistent, ainsi que nous l'avons dit au n° 139, en ce qu'on a négligé la rotation des planètes et du soleil sur eux-mêmes et la circulation des satellites autour de leurs planètes. « Il semble, « en effet, dit M. Poinsot, que ces aires n'étant point tracées, « comme celles des révolutions des planètes, autour d'un « même centre, mais se décrivant à part autour de divers « centres particuliers, elles sont en quelque sorte des aires « indépendantes, et qu'elles ne doivent point entrer dans la « combinaison dont il s'agit. Ainsi, en supposant même que

« la considération de ces quantités se fût présentée un mo-
« ment à l'esprit, on voit qu'elle aurait pu être écartée aus-
« sitôt comme une idée étrangère, et sans qu'on en fît
« aucune mention. C'est ce qui explique naturellement
« l'omission et l'erreur dont je parle et qui a pu si facile-
« ment échapper dans l'ancienne théorie. Mais, dans nos
« principes, cette omission est impossible; car, pour nous,
« les aires ne sont point des surfaces qu'on projette sur tel
« ou tel plan, mais de véritables forces de rotation ou des
« couples qui s'exercent dans le système : et il ne s'agit pas
« ici de simplifier un calcul ou de rechercher un plan sur
« lequel la projection des aires soit un maximum, mais bien
« de composer entre eux ces couples qui agissent, et de dé-
« terminer la grandeur et la position du couple unique qui
« en résulte; couple remarquable, dont on démontre que le
« plan et la grandeur se conservent les mêmes dans tout le
« cours du mouvement, malgré les changements qui arri-
« vent aux grandeurs et aux inclinaisons mutuelles des dif-
« férents couples qui le composent. Par cette notion dyna-
« mique des aires, il suffit donc de jeter les yeux sur le
« système du monde pour voir que l'aire maximum, ou,
« pour mieux dire, que l'aire résultante doit être composée,
« non-seulement de celles qui viennent du mouvement des
« planètes dans leurs orbites, mais encore de celles qui nais-
« sent des mouvements particuliers des satellites et de la
« rotation de tous ces corps sur leurs propres axes : car,
« bien que ces aires soient décrites autour de différents cen-
« tres, comme elles ne sont qu'une expression géométrique
« des couples qui les produisent, il est évident qu'elles doi-
« vent être toutes rapportées à un seul et même foyer et se
« composer ensemble comme si leurs plans y étaient tous
« transportés parallèlement à eux-mêmes. »

Passant ensuite à des considérations plus élevées encore sur l'invariabilité du plan maximum, déterminé même en tenant compte exactement de tous les éléments dont nous venons de parler, le grand géomètre s'exprime ainsi : « Il « serait hors de toute vraisemblance que les étoiles n'eus- « sent aucune action sur le soleil et les planètes qui l'ac- « compagnent ; et de cette action inégale sur les différents « points du système doit résulter un couple infiniment petit « qui altère insensiblement la position du couple actuel qui « anime ce système.

« Ainsi, notre plan invariable même avec le temps pourra « changer. Dans nos théorèmes mathématiques, tout est ri- « goureux. La conservation du mouvement du centre de gra- « vité et celle des aires ont lieu sans la moindre altération, « parce qu'on y suppose un système parfaitement libre, « c'est-à-dire tel qu'il serait s'il existait seul dans l'espace. « Mais, dans la nature, on ne peut plus faire cette supposi- « tion, puisque, au delà de notre système solaire, nous dé- « couvrons tant d'autres corps qui peuvent agir sur lui. Ne « perdons jamais de vue que ces idées de constance et d'u- « niformité, qui plaisent tant à l'esprit dans l'étude de la « nature, n'ont au fond rien d'absolu : elles ne conviennent « qu'à ce peu d'étendue et de durée qui nous est accordé « dans le temps et dans l'espace. Il en est du développe- « ment de ces grands phénomènes comme d'une courbe im- « mense, dont nous ne verrions qu'un arc d'une petite éten- « due, et que nous prendrions pour une ligne droite dans « tout le reste de son cours. Pour arriver à la constance ab- « solue, il faudrait remonter à tout l'ensemble des corps de « cet univers, de manière qu'il ne restât plus rien d'exté- « rieur à considérer. C'est alors qu'on pourrait dire de cet « ensemble que le mouvement du centre de gravité est ri- « goureusement uniforme et rectiligne, et que la résultante « générale de toutes les aires décrites est inaltérable de « grandeur et de position dans l'espace absolu. Mais alors, « comme on ne verrait plus aucune raison pour que ce

« centre fût porté d'un côté plutôt que de tout autre ni que « l'ensemble des corps tournât dans un certain sens plutôt « que dans le sens contraire, il faudrait conclure que le « commun centre de gravité est parfaitement en repos, et « que la résultante générale des aires est entièrement nulle. « Ainsi, l'on trouverait que toutes les forces et tous les mo- « ments de l'univers se balancent : je veux dire que si tous « les corps qui existent venaient à se lier entre eux de ma- « nière à former un système invariable de figure, ce sys- « tème général deviendrait parfaitement immobile dans « l'espace absolu. »

Bien que les réflexions qui précèdent semblent dépasser les bornes légitimes de la mécanique rationnelle, pour rentrer plus spécialement dans le domaine de la mécanique céleste proprement dite, nous avons cru devoir les présenter ici, parce que, outre le sentiment de profonde philosophie qui les inspire et dont il importe d'être toujours pénétré, elles offrent un dernier éclaircissement de la conception des couples et comme le couronnement de cette ingénieuse théorie.

APPENDICE

servant de transition

A LA MÉCANIQUE DES SOLIDES RÉELS.

248. — Ainsi que nous l'avons souvent fait observer, les solides géométriques ne sont pas entièrement assimilables aux solides réels ; car ceux-ci, au lieu d'offrir cette invariabilité de forme que nous supposons dans les premiers, sont, au contraire, caractérisés par cette circonstance générale que leurs molécules peuvent subir des déplacements plus ou moins grands, les unes par rapport aux autres. En sorte que les solides réels sont de vrais systèmes dynamiques dans lesquels les forces de liaison permettent, dans une certaine mesure, le rapprochement ou l'éloignement des divers points matériels.

De ce fait capital, qui se manifeste sans exception pour tous les corps de la nature, résultent les conséquences suivantes :

1° Les trajectoires des points ne sont pas exactement

celles qui résulteraient d'une translation commune combinée avec une rotation de tout le système ;

2° Le mouvement d'un corps, appuyé sur d'autres corps ou sur des surfaces censées fixes, ne fait pas naître seulement la résistance normale que nous avons considérée dans nos calculs théoriques ; mais la déformation qui se produit pendant le contact engendre une résistance particulière, connue sous le nom de frottement, et qui agit toujours pour ralentir le mouvement ;

3° La force vive totale d'un corps n'est pas exactement celle dont on fait l'estimation, quand on suppose tacitement que le système est géométriquement solide ;

4° Les variations de forces vives dues aux chocs, c'est-à-dire aux rencontres des corps entre eux ou aux rencontres d'obstacles fixes, n'ont pas les valeurs qu'on a trouvées dans la mécanique générale, où l'on admettait une rigidité absolue des parties matérielles en présence.

La première de ces conséquences ne donne lieu à aucun développement spécial : puisque la considération des mouvements individuels des points n'offre pas d'intérêt, dans les solides géométriques, on comprend qu'à plus forte raison on ne s'en préoccupe pas dans les solides approximatifs.

La seconde conséquence est exclusivement du ressort de la mécanique appliquée, et il n'y a d'autre principe à présenter ci sur l'influence du frottement que cette vérité assez vague que nous avons énoncée tout à l'heure, à savoir, que le frottement constitue toujours une résistance plus ou moins grande au mouvement.

La troisième observation donne lieu, au contraire, à cette proposition très-intéressante, que dans les corps dont la déformation est insensible, les mouvements relatifs des particules n'influent pas sur l'estimation de la force vive, quelque grandes d'ailleurs que soient les vitesses de ces mouvements relatifs.

La dernière conséquence est l'objet d'un théorème consistant en ce que, dans la nature, les pertes de forces vives dues aux chocs sont toujours moindres que celles qu'on a calculées pour les systèmes géométriques.

Ces deux propositions vont être examinées dans cet appendice. Elles auront, comme on voit, leur principale utilité dans la mécanique appliquée.

Proposition première.

249. — Dans tous les systèmes dynamiques dont la déformation est insensible, ou qui ont l'apparence de solides invariables, les vitesses, même très-grandes, que peuvent avoir les diverses particules dans les mouvements relatifs, n'influent pas sur l'estimation générale de la force vive. En d'autres termes, on peut évaluer la force vive du système comme s'il s'agissait d'un vrai solide géométrique.

On remarquera qu'il ne faut pas confondre *l'amplitude* des mouvements relatifs avec la grandeur de leurs *vitesses.* Ces vitesses peuvent être fort considérables, quoique l'étendue des déplacements soit elle-même fort petite. Il suffit que les forces de liaisons varient très-rapidement de grandeur et de sens ; de telle sorte qu'un point matériel vivement écarté de sa position d'équilibre relatif s'approche fort vite des points voisins, pour en être aussitôt repoussé. De ces alternatives résulte un mouvement oscillatoire ou un ébranlement, dans lequel les particules peuvent s'agiter entre des limites très-étroites, tout en effectuant un nombre immense de semblables vibrations pendant un temps assez court. Cette distinction montre qu'il n'est pas évident, *à priori,* que l'absence de déformation sensible entraîne la rigoureuse assimilation de la force vive avec celle des solides invariables.

C'est pourquoi on doit en donner une démonstration mathématique, conformément à ce que nous avons énoncé.

Cette démonstration se déduit facilement de la théorie du mouvement relatif. On a vu en effet (n° 173) que l'expression de l'erreur qu'on commet en appréciant la variation de force vive d'un système variable, sans tenir compte des mouvements des particules, les unes par rapport aux autres, est fournie par le terme

$$(1) \qquad \Sigma P_e V_r \, dt \cos(P_e, V_r) ,$$

dans lequel V_r représente la vitesse du mouvement relatif négligé, et P_e la force d'entraînement, c'est-à-dire la force qu'il faudrait appliquer à chaque point matériel du corps ébranlé pour lui faire prendre le mouvement qu'il aurait en effet s'il était tout à coup solidifié.

Nous avons donc ici : 1° à rechercher la valeur de cette force P_e pour chacune des particules du système ; 2° à former le produit de cette force ainsi trouvée par l'élément parcouru en vertu de la seule vitesse relative ; 3° à étendre ce produit à toutes les particules constitutives du système ; ce qui fournira l'erreur commise dans l'appréciation de la variation élémentaire de la force vive ; 4° à prendre l'intégrale entre deux époques données, ce qui donnera l'erreur commise dans l'appréciation de cette force vive elle-même.

Soit m la masse d'un des points matériels du système. La force P_e qu'il faudrait lui appliquer pour lui communiquer le mouvement qu'il prendrait si le système était tout à coup solidifié, peut être remplacée par deux autres forces : 1° celle qui engendrerait une translation de ce point, égale et parallèle au mouvement du centre de gravité du corps solide ; 2° celle qui déterminerait une rotation autour de ce centre.

Or, si x_1, y_1, z_1 sont les coordonnées, par rapport à trois axes fixes, du centre gravité du système solidifié, la force capable de la translation du point m sera représentée par

$m\frac{d^2x_1}{dt^2}$, $m\frac{d^2y_1}{dt^2}$, $m\frac{d^2z_1}{dt^2}$. Si, de plus, d_rx, d_ry, d_rz désignent les projections suivant les mêmes axes du déplacement que reçoit le point m en vertu de sa vitesse relative, la portion de l'erreur commise, afférente à la force de translation, sera égale à

$$(2)\qquad m\left(\frac{d^2x_1}{dt^2}\,d_rx+\frac{d^2y_1}{dt^2}\,d_ry+\frac{d^2z_1}{dt^2}\,d_rz\right).$$

En effet, le produit d'une force quelconque par la projection, sur sa propre direction, du déplacement élémentaire du point, est, comme on sait, égal à la somme des produits de ses trois composantes par les projections du déplacement suivant les mêmes axes (n° 85).

Si l'on forme pour tous points les quantités analogues à (2), et qu'on les ajoute, la somme

$$(3)\qquad \frac{d^2x_1}{dt^2}\,\Sigma m d_rx+\frac{d^2y_1}{dt^2}\,\Sigma m d_ry+\frac{d^2z_1}{dt^2}\,\Sigma m d_rz$$

représentera la portion d'erreur commise correspondant à la translation de tout le système. Mais il est visible que cette quantité (3) est nulle : car les forces de liaisons nécessaires pour la solidification du système à un moment quelconque, étant égales deux à deux et inversement dirigées, ne changent pas la position absolue du centre de gravité : or, la somme $\Sigma m d_rx$ est égale, d'après les propriétés connues, à la masse totale du système multipliée par la variation de l'abscisse du centre de gravité; donc $\Sigma m d_rx = 0$, et de même pour chacune des deux autres sommes.

Ainsi, on ne commet aucune erreur en négligeant le travail, dans le mouvement relatif, des forces capables de la translation du corps solidifié.

Passons maintenant à la force de rotation du même point m. Remarquons que cette force peut être remplacée par deux autres; l'une tangentielle à l'arc que décrit actuellement ce point m, l'autre centripète ou perpendiculaire à l'axe instantané de rotation. Décomposons la rotation autour de l'axe en trois autres autour des axes principaux d'inertie du système rendu solide, et soit p, q, r les vitesses angulaires autour de ces axes. Rien n'empêche de supposer qu'à l'instant considéré les axes fixes de coordonnées ont été choisis de manière à coïncider avec les axes principaux dans leur situation actuelle : en sorte que p, q, r seront aussi les vitesses angulaires respectives autour des axes des x_1, des y_1 et des z_1.

Cela posé, la force tangentielle du point m pourra être remplacée par les trois forces tangentielles correspondant aux trois rotations p, q, r, et de même sa force centripète pourra être remplacée par les trois forces centripètes correspondant aux mêmes rotations.

Pour avoir la valeur des trois forces tangentielles du point m, rappelons d'abord que, d'une manière générale, si V est la vitesse absolue d'un point, sa force tangentielle est égale à $m\frac{dV}{dt}$. Appliquons cette formule aux trois mouvements rotatoires autour des axes.

1° Rotation autour de l'axe des x : — la vitesse angulaire du point m est p : sa distance à l'axe est égale à $\sqrt{y^2+z^2}$: sa vitesse absolue est $p\sqrt{y^2+z^2}$: sa force tangentielle est donc $m\sqrt{y^2+z^2}\,\frac{dp}{dt}$. Les composantes de cette force suivant les axes des x, des y et des z sont en conséquence :

$$0\,, \qquad -m\frac{dp}{dt}z\,, \qquad +m\frac{dp}{dt}y\,.$$

2° Rotation autour de l'axe des y : — la vitesse angulaire est q, la distance $\sqrt{x^2+z^2}$, la vitesse absolue $q\sqrt{x^2+z^2}$, la force tangentielle $m\sqrt{x^2+z^2}\,\frac{dq}{dt}$, et les composantes suivant les trois axes :

$$+ m\frac{dq}{dt}z, \qquad 0, \qquad - m\frac{dq}{dt}x.$$

3° Rotation autour de l'axe des z : — on verra de même que les composantes sont :

$$- m\frac{dr}{dt}y, \qquad + m\frac{dr}{dt}x, \qquad 0.$$

D'après cela, la force tangentielle totale du point m, c'est-à-dire celle qui résulte de l'ensemble des trois rotations p, q, r, aura pour composantes :

$$\text{suivant l'axe des } x : \qquad m\left(\frac{dq}{dt}z - \frac{dr}{dt}y\right);$$

$$\text{suivant l'axe des } y : \qquad m\left(\frac{dr}{dt}x - \frac{dp}{dt}z\right);$$

$$\text{suivant l'axe des } z : \qquad m\left(\frac{dp}{dt}y - \frac{dq}{dt}x\right).$$

Pour avoir le travail, il faut multiplier respectivement ces composantes par $d_r x$, $d_r y$, $d_r z$. La somme des trois produits représente la portion d'erreur due à la force tangentielle du point m. Faisons de même pour toutes les autres particules matérielles, et ajoutons : la quantité obtenue, en remarquant que les variations élémentaires des vitesses angulaires sont les mêmes pour tous les points, pourra s'écrire ainsi :

$$dr\Sigma m\left(\frac{d_r y}{dt}x - \frac{d_r x}{dt}y\right) + dq\Sigma m\left(\frac{d_r x}{dt}z - \frac{d_r z}{dt}x\right) +$$
$$+ dp\Sigma m\left(\frac{d_r z}{dt}y - \frac{d_r y}{dt}z\right);$$

elle exprime la portion d'erreur provenant de toutes les forces tangentielles du système supposé solidifié. Mais les termes sous le signe Σ représentent les moments, sur chaque plan coordonné, de la quantité totale de mouvement due aux seules vitesses relatives ou d'ébranlement des particules. Or, la solidification du système ne changeant pas les moments de sa quantité absolue de mouvement, il s'ensuit que les moments engendrés par ces vitesses relatives doivent donner des sommes nulles. Donc cette seconde partie de l'erreur commise dans l'appréciation des forces vives est égale à zéro.

Recherchons enfin le travail correspondant aux trois forces centripètes du point m, en remarquant que, d'une manière générale, si V est la vitesse et ρ le rayon du cercle décrit, la force centripète est égale à $\frac{mV^2}{\rho}$ ou $m\Omega^2\rho$, en appelant Ω la vitesse angulaire.

1° Rotation autour de l'axe des x : en raisonnant comme pour les forces tangentielles, il n'est pas difficile de voir que les composantes, suivant les trois axes, de cette première force, sont respectivement égales à :

$$0\,, \qquad -mp^2y\,, \qquad -mp^2z\,.$$

2° Rotation autour de l'axe des y : les composantes sont :

$$-mq^2x\,, \qquad 0\,, \qquad -mq^2z\,.$$

3° Rotation autour de l'axe des z : les composantes sont :

$$-mr^2x\,, \qquad -mr^2y\,, \qquad 0\,.$$

Les composantes, suivant les axes, de la force centripète totale du point m auront donc pour valeurs :

$$-m(q^2+r^2)\,x\,, \qquad -m(p^2+r^2)\,y\,, \qquad -m(p^2+q^2)\,z\,.$$

Multiplions-les respectivement par $d_r x$, $d_r y$, $d_r z$, et ajoutons les produits. Étendons ensuite la somme à tous les points matériels : la portion de l'erreur commise, due à toutes les forces centripètes du système supposé solide, sera représenté par la quantité suivante :

$$-(q^2+r^2)\,\Sigma mxd_rx\,, \quad -(p^2+r^2)\,\Sigma myd_ry\,,$$
$$-(p^2+q^2)\,\Sigma mzd_rz\,.$$

Or, remarquons que xd_rx peut être remplacé par la différentielle de $\frac{1}{2}x^2$, prise dans le seul mouvement relatif, c'est-à-dire par $\frac{1}{2}d_rx^2$: de même pour yd_ry et zd_rz. Par suite la somme précédente peut être mise sous cette forme :

$$-\tfrac{1}{2}r^2d_r\Sigma m(x^2+y^2)\,, \quad -\tfrac{1}{2}q^2d_r\Sigma m(x^2+z^2)\,,$$
$$-\tfrac{1}{2}p^2d_r\Sigma m(y^2+z^2)\,.$$

Chacune de ces trois sommes représente le moment d'inertie du système par rapport à l'axe correspondant. Puisque les axes de coordonnées coïncident ici avec les axes principaux, les moments d'inertie sont précisément les moments principaux, que nous désignerons, d'après nos anciennes notations, par A, B, C. La quantité ci-dessus s'écrira donc :

$$-\tfrac{1}{2}(p^2d\mathrm{A}+q^2d\mathrm{B}+r^2d\mathrm{C})\,,$$

et c'est là ce qui représente finalement la totalité de l'erreur commise dans l'évaluation et la force vive du système ébranlé, considéré comme parfaitement solide. Or, je prétends que cette quantité est toujours négligeable entre deux époques quelconques du mouvement. On remarquera que nous avons supprimé l'indice r au signe de la différentiation. En effet, la variation des moments d'inertie principaux ne pouvant dépendre que des mouvements d'ébranlement des points matériels, il est tout à fait inutile d'indiquer qu'il s'agit spécialement des différentielles prises par rapport à ces seuls ébranlements.

Nous allons maintenant prouver que l'intégrale

$$\int (p^2 dA + q^2 dB + r^2 dC),$$

étendue à une période quelconque du mouvement, est toujours une quantité très-petite.

A cet effet, intégrons par partie, il viendra :

$$\int_{t_0}^{t_1} (p^2 dA + q^2 dB + r^2 dC) = A_1 p_1^2 - A_0 p_0^2 + B_1 q_1^2 - B_0 q_0^2 + \\ + C_1 r_1^2 - C_0 r_0^2 - \int_{t_0}^{t_1} (A\,dp^2 + B\,dq^2 + C\,dr^2).$$

Or, les valeurs des moments d'inertie, à une époque quelconque, différant très-peu de celles qu'ils ont à l'origine du mouvement — puisque les vibrations des points matériels s'effectuent toujours entre des limites fort resserrées — nous pourrons écrire que la valeur de A, à tout instant, est égale à la quantité fixe A_0 augmentée de δA_0 ; ce dernier terme représentant une certaine fonction du temps, convenablement choisie, dont la valeur est d'ailleurs toujours très-petite. Nous emploierons la même notation à l'égard des deux autres moments d'inertie, et, en substituant dans l'intégrale du second membre de l'équation ci-dessus, nous aurons :

$$\int_{t_0}^{t_1} (A\,dp^2 + B\,dq^2 + C\,dr^2) = A_0(p_1^2 - p_0^2) + B_0(q_1^2 - q_0^2) + \\ C_0(r_1^2 - r_0^2) \\ + \int_{t_0}^{t} (\delta A_0\,dp^2 + \delta B_0\,dq^2 + \delta C_0\,dr^2).$$

Finalement, l'expression de l'erreur cherchée prendra la forme suivante :

$$\int_{t_0}^{t_1} (p^2 dA + q^2 dB + r^2 dC) = (A_1 - A_0)p^2 + (B_1 - B_0)q^2 + (C_1 - C_0)r^2 + \int_{t_0}^{t_1} (\delta A_0 dp^2 + \delta B_0 dq^2 + \delta C_0 dr^2).$$

Mais, puisque les ébranlements supposés du système ne le déforment pas d'une manière sensible, il s'ensuit que les différences $A_1 - A_0$, $B_1 - B_0$, $C_1 - C_0$, entre les valeurs des moments d'inertie au commencement et à la fin de la période considérée, sont extrêmement petites ; donc la première partie du second membre représente une quantité négligeable. Quant à l'intégrale de ce second membre, elle est aussi très-petite, puisque les valeurs des fonctions du temps, δA_0, δB_0, δC_0 sont constamment fort peu différentes de zéro. Donc enfin, le second membre tout entier, c'est-à-dire la totalité de l'erreur commise dans l'évaluation de la force vive peut être négligée sans erreur appréciable. C'est justement ce qu'il s'agissait de démontrer.

Ce raisonnement s'appuie, comme on voit, sur ce que les moments d'inertie principaux varient fort peu pendant toute la suite du mouvement ; mais il n'implique rien au sujet de la grandeur de la vitesse relative des particules, qui peut être très-considérable, sans porter atteinte au résultat précédent.

La proposition qu'on vient d'établir montre ainsi que dans le mouvement de tous les corps naturels, dont la forme varie peu, on peut entièrement négliger les vitesses d'ébranlement. Les systèmes qui constituent les *corps solides apparents* sont tous dans ce cas. Il n'en est pas de même des systèmes, tels que les gaz, où l'ébranlement des particules peut entraîner des déformations considérables, qui ne permettent plus de faire usage de ce théorème. En général, il faut compter que l'estimation de la force vive d'un système ébranlé, en ne se préoccupant pas des ébranlements, est d'autant plus voisine de l'exacte vérité que le mouvement *apparent* ou *moyen* de ce système diffère moins de son mouvement réel, ou que sa forme apparente diffère moins de sa forme réelle — quelles que soient, d'ailleurs, les vitesses vibratoires des particules matérielles.

Ce théorème, dû à M. Coriolis[1], a été reproduit, dans la forme qu'on vient de voir, par le savant M. Combes.

Proposition deuxième.

250. — *Remarque préliminaire.* — Avant de formuler ce théorème, il est nécessaire de présenter quelques considérations.

Ainsi que nous l'avons déjà dit, les corps naturels, même dans leur plus grand état de cohésion, ne sont point assimilables à des solides géométriques. Ils sont, au contraire, caractérisés par cette circonstance que les molécules y peuvent recevoir de petits mouvements relatifs. Tant que les actions extérieures ne dépassent pas certaines limites de grandeur — ce qui est le cas de la plupart des forces continues proprement dites — les déplacements relatifs ou les ébranlements sont assez petits pour qu'il n'en résulte aucune déformation sensible des corps qui méritent véritablement dans la nature la dénomination de corps solides. C'est justement là ce qui a donné lieu à la proposition précédente sur l'évaluation de la force vive dans les systèmes ébranlés. Mais il n'en est plus ainsi lorsque les forces extérieures restent dans la catégorie de celles que nous avons appelées instantanées, comme, par exemple, dans les phénomènes de chocs ou percussions. Alors les actions développées pendant

[1] *Traité de la mécanique des corps solides*, p. 82 et suivantes.

le choc étant très-considérables, il en résulte des déformations qui ne sont pas négligeables, et qui ont pour effet de faire varier, en l'amoindrissant, la perte de force vive calculée, pendant la percussion, pour des corps supposés mathématiquement rigides. Cette altération de la perte théorique de force vive tient à ce que la déformation produite pendant le choc n'est jamais *permanente en totalité.* Je veux dire par là que, sous l'influence des actions moléculaires, qui ont commencé par céder à l'intensité du choc et par permettre le refoulement des points matériels les uns contre les autres, ceux-ci tendent plus ou moins à reprendre leur situation primitive, de telle sorte que les actions moléculaires, pendant cette deuxième période du phénomène, interviennent en sens contraire pour détruire une partie de l'effet d'abord produit : et c'est ce qui fait que la perte de force vive calculée d'après la théorie du n° 152 est toujours plus ou moins diminuée. Nous achèverons bientôt du reste d'éclairer ce point important. Mais sans nous y arrêter davantage en ce moment, nous établirons trois catégories parmi les systèmes matériels à vibrations :

1° Nous appellerons *corps parfaitement élastiques* ceux qui jouissent de la propriété de reprendre exactement leur forme primitive aussitôt après le choc qui a entraîné la compression des particules.

2° Nous appellerons *corps inélastiques* ceux qui ne reprennent pas du tout leur forme primitive, ou dont la déformation produite par le choc persiste intégralement après la cessation de celui-ci.

3° Enfin nous appellerons *corps imparfaitement élastiques* ceux dont la déformation ne disparaît qu'en partie.

Dans la nature, cette dernière catégorie est la seule qui existe réellement. Il n'y a pas de corps connu qui soit absolument élastique ou absolument dépourvu d'élasticité. Mais nous devons néanmoins, en mécanique rationnelle, examiner les deux autres cas, qui forment comme les limites extrêmes de la propriété imparfaite dont nous parlons.

Dans un choc, nous nommerons *déformation maxima* la déformation la plus grande qui a lieu à un certain moment du choc, *déformation permanente,* celle qui persiste après le choc, et *déformation regagnée,* la différence entre la déformation maxima et la déformation permanente.

On remarquera que nous ne préjugeons absolument rien sur la nature intime des causes qui déterminent ces phénomènes d'élasticité. Nous nous bornons à supposer que le fait existe dans les systèmes que nous allons considérer, et nous raisonnerons en vertu de cette hypothèse. Il est bien évident que, si, dans la nature, le fait en question ne se trouvait pas réalisé, nous ne pourrions établir aucune assimilation utile avec nos types actuels. Mais nous n'en avons pas moins le droit d'examiner ces types abstraits et d'en tirer des conséquences qui leur conviennent mathématiquement. Quant à la question d'assimilation, elle est, je le répète, entièrement réservée.

251. — Cela posé, la proposition que nous avons en vue est celle-ci :

La perte de force vive, due au choc, est toujours proportionnelle à la déformation permanente; elle est nulle dans les corps parfaitement élastiques, et égale à la perte théorique dans les corps inélastiques.

Pour plus de simplicité, nous ne considérerons que des corps homogènes, de forme sphérique, et dont les centres de gravité se meuvent suivant la même ligne droite. De là on pourra conclure facilement ce qui doit se produire dans les phénomènes de chocs plus généraux.

En outre, dans ce cas éminemment simple, on pourra déterminer les vitesses des centres de gravité après le choc.

Soit donc les deux corps M et M′ (fig. 68), dont les centres de gravité G et G′ suivent la même droite OX, et qui sont animés de vitesses respectives V et V′ au moment du choc.

Supposons, par exemple, que les deux vitesses soient dirigées dans le même sens, et que V soit plus grand que V′.

Les deux corps se rencontrent, et les deux points *a* et *a′* de la ligne des centres se mettent au contact (fig. 69).

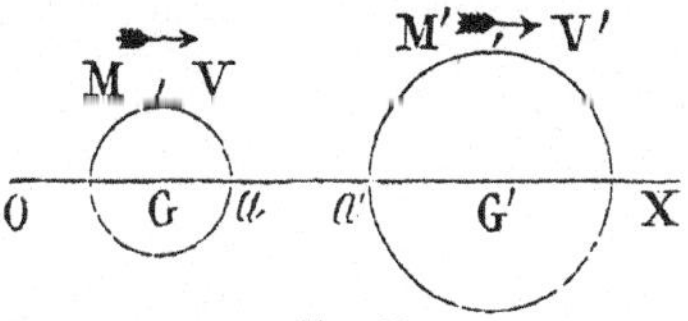

Fig. 68.

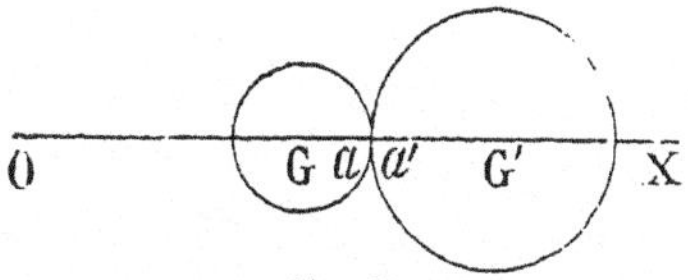

Fig. 69.

A partir de ce moment, le corps M pressera contre le corps M′ en vertu de son excès de vitesse, et les deux masses se déformeront mutuellement, de façon que le contact, au lieu de continuer par les deux seuls points *a* et *a′*, continuera suivant une certaine surface, variable pendant la durée du choc. Pendant ce contact, le corps M′, faisant obstacle au mouvement du corps M, se comportera comme une certaine résistance, qui agira sur le corps M en sens contraire de sa vitesse. De même le corps M, qui presse le corps M′, se comportera comme une certaine force motrice, qui agira sur le corps M′ dans le sens de sa vitesse. En vertu de la deuxième loi fondamentale, cette force motrice et cette résistance, représentatives des actions mutuelles des deux corps, seront constamment égales et opposées, tout en variant d'ailleurs pendant toute la durée du choc. Désignons par R l'intensité commune de ces deux forces à un instant quelconque. Le mouvement des deux centres de gravité G et G′, pendant le choc, aura donc lieu comme si, outre les vitesses V et V′ dont ils sont respectivement animés, ils étaient en même temps soumis, l'un à la force — R, et l'autre à la force + R.

Cette situation se prolongera tant que la vitesse V sera

supérieure à la vitesse V′. Mais il arrivera un moment où, la première de ces vitesses diminuant toujours sous l'action de la force — R, et l'autre augmentant toujours sous l'action de la force + R, elles se trouveront exactement égales, et auront une valeur commune.

Ce moment sera celui qui correspondra à la *déformation maxima*, car, les deux corps possédant alors la même vitesse, il est bien visible que la compression mutuelle, qui entraîne la déformation, ne peut plus être continuée d'aucune manière, et qu'elle aura d'ailleurs constamment augmenté jusqu'à ce moment.

Quant à l'étendue de cette déformation mutuelle, elle est évidemment égale à la distance dont se sont rapprochés les deux centres G et G′ depuis le premier contact, ou à la diminution de la ligne des centres G G′. La fig. (70) montre la position des deux corps à l'instant de la vitesse commune V_1. La surface de contact y est alors représentée en *qs*, et les deux corps sont déformés, le premier de la partie *qas*, et le second de la partie *qa′s*.

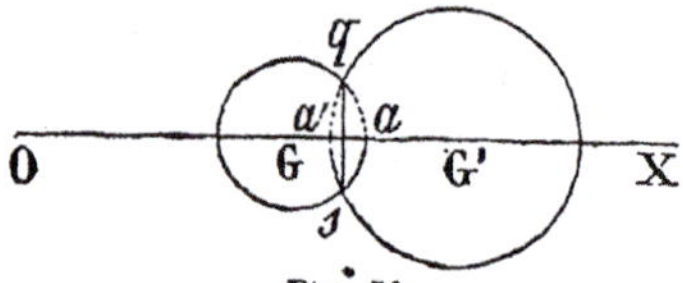

Fig. 70.

Si nous désignons par ε et ε' les deux déformations maxima dont la somme est égale à la diminution de la ligne des centres, le travail développé jusqu'à ce moment par les deux forces réciproques — R et + R aura pour valeur $-\int_0^{\varepsilon+\varepsilon'} R\,dr$, en représentant par *dr* la variation élémentaire de la ligne des centres. Ce travail est négatif, puisque les deux forces agissent dans le sens de l'écartement des points G et G′, tandis que ceux-ci se sont effectivement rapprochés. Dès lors cette intégrale représente la perte de force vive qui s'est produite pendant la compression : en d'autres termes, on a la relation :

$$\tfrac{1}{2} M V^2 + \tfrac{1}{2} M' V'^2 = R_1(\varepsilon + \varepsilon') + \tfrac{1}{2}(M + M')V_1^2;$$

en désignant par R_1 une certaine valeur moyenne de la force R, dont l'intensité varie depuis le premier contact jusqu'à la déformation maxima.

Remarquons d'ailleurs que, pendant la durée du phénomène que nous venons d'envisager, la quantité totale de mouvement n'a pas varié conjointement avec la somme des forces vives. On sait en effet d'une manière générale que des actions réciproques, de quelque nature qu'elles soient d'ailleurs, n'influent pas sur la quantité totale de mouvement d'un système.

A partir de l'instant précis de la déformation maxima, les choses se passeront diversement, selon qu'on aura affaire à l'une des trois catégories de corps que nous avons distinguées en commençant.

252. — *Corps inélastiques.* — Dans ce cas, les corps comprimés n'ont aucune tendance à reprendre leur forme primitive. Par conséquent la masse M gardera son relief actuel G*qs*, et la masse M' son relief G'*qs*. Mais ces masses ayant la même vitesse V_1 continueront à se mouvoir dans la direction commune OX, et en restant exactement juxtaposées. Le contact persistera donc indéfiniment, mais non plus le choc, qui est dès maintenant terminé : et la déformation maxima sera la déformation permanente.

La perte finale de force vive sera ainsi représentée par

$$(1)\quad R_1(\varepsilon + \varepsilon') = \tfrac{1}{2}MV^2 + \tfrac{1}{2}M'V'^2 - \tfrac{1}{2}(M+M')V_1^2 .$$

Il suffit, pour l'apprécier, de connaître la vitesse V_1. Or V_1 est déterminée par la condition que la quantité totale de mouvement n'a pas varié, c'est-à-dire que :

$$(2)\quad (M+M')V_1 = MV + M'V' \text{, d'où } V_1 = \frac{MV + M'V'}{M+M'} .$$

En substituant dans la relation précédente, on trouve, toutes réductions faites :

$$(3) \qquad R_1(\varepsilon + \varepsilon') = \frac{1}{2} \frac{M M'}{M + M'} (V - V')^2.$$

Cette valeur de la perte de force vive peut se mettre sous une autre forme. En effet, si on reprend l'équation (1), et qu'on y ajoute et retranche en même temps dans le second membre la quantité $(M + M')\,V_1^2$, ce second membre deviendra :

$$\tfrac{1}{2} M V^2 + \tfrac{1}{2} M' V'^2 + \tfrac{1}{2} (M + M')\,V_1^2 - (M + M')\,V_1^2.$$

En ayant égard à l'équation (2), on peut, dans le dernier terme, remplacer $(M + M')\,V_1$ par $M V + M' V'$ L'expression obtenue

$$\tfrac{1}{2} M V^2 + \tfrac{1}{2} M' V'^2 + \tfrac{1}{2} (M + M')\,V_1^2 - (M V + M' V') V_1.$$

pourra dès lors s'écrire :

$$\tfrac{1}{2} M (V - V_1)^2 + \tfrac{1}{2} M' (V_1 - V')^2.$$

Or, $V - V_1$ représente la vitesse perdue par la masse M, et $V_1 - V'$ la vitesse gagnée par la masse M' : il ressort donc de là ce double théorème : Que la perte de force vive est proportionnelle à la déformation permanente des deux corps, et qu'elle est égale à la somme des forces vives dues aux vitesses gagnées ou perdues par les deux corps.

Ainsi, dans le cas où les masses sont complétement dépourvues d'élasticité, la perte de force vive est exactement la même que dans le cas théorique où les corps sont géométriquement solides.

Comme dans la nature il n'y a pas de système absolument inélastique, nous avons pu dire au commencement de ce numéro que la perte de force vive était en réalité toujours moindre que la perte calculée pour des corps abstraits.

Remarques. — 1° L'équation (2) nous donne la valeur

de V_1, c'est-à-dire de la vitesse qui succède immédiatement au choc.

2° Si le corps choqué est au repos, la vitesse commune après le choc est

$$V_1 = \frac{MV}{M + M'}.$$

Si donc la masse du corps choqué est extrêmement grande, V_1 est sensiblement nul : ce qui est d'ailleurs évident *a priori*. On en voit de perpétuels exemples dans la chute des corps inélastiques à la surface de la terre.

3° Si les vitesses initiales V et V′ sont de sens contraires, c'est-à-dire si les deux corps choquants vont à la rencontre l'un de l'autre, la vitesse V_1 est égale à $\frac{MV - M'V'}{M + M'}$, et la perte $R_1(\varepsilon + \varepsilon')$ de force vive à $\frac{1}{2}\frac{MM'}{M+M'}(V + V')^2$. Cela nous montre que le *signe* de la vitesse finale est toujours fourni par le plus grand des deux termes MV et M′V′, c'est-dire que les deux corps juxtaposés continuent à se mouvoir dans le sens où allait celui qui possédait la plus grande quantité de mouvement.

4° Cette vitesse serait nulle, et, par suite, les deux corps demeureraient immobiles après le choc, si les deux quantités de mouvement étaient égales. La perte de force vive est alors totale, et c'est ce que montre effectivement l'expression $\frac{1}{2}\frac{MM'}{M+M'}(V + V')^2$ où l'on introduit l'hypothèse $M'V' = MV$.

253. — *Corps parfaitement élastiques.* — A partir du moment où la compression mutuelle a cessé, c'est-à-dire à partir du moment où les deux vitesses ont atteint la valeur commune — que j'appellerai U, pour réserver la notation V_1 à la vitesse finale — le phénomène du choc n'est pas,

comme dans le premier cas, complétement terminé; parce que chacun des deux corps tend à reprendre exactement sa forme primitive, ce qui revient à dire que les deux parties *qas*, *qa's*, tendent à se rétablir intégralement. En vertu de cette tendance, les forces moléculaires, qui jusqu'à ce moment ont résisté à la compression, ont dès lors toute leur efficacité pour produire une distension des parties déformées, distension semblable à celle d'un ressort comprimé. Par conséquent le corps M continue à agir comme une force motrice sur le corps M', et réciproquement celui-ci agit comme une résistance sur le corps M; et ce nouveau phénomène dure jusqu'à ce que la forme primitive soit rétablie. Les deux centres G et G' vont donc être sollicités encore par deux forces égales et contraires. Ces forces repasseront par les mêmes valeurs que pendant la compression, parce qu'elles ne dépendent à chaque instant que de la forme actuelle du corps, et que ceux-ci sont en voie de redevenir exactement ce qu'ils étaient à l'origine du choc. Les deux forces engendreront donc un nouveau travail $\int_0^{\varepsilon+\varepsilon'} R\,dr$, numériquement égal au précédent, mais qui sera positif, au lieu d'être négatif, parce que les forces sont de même signe que pendant la première partie du phénomène, et que les centres de gravité s'éloignent au lieu de se rapprocher. Le travail produit sera représenté par $+R_1(\varepsilon+\varepsilon')$. Si l'on appelle V_1 et V'_1 les vitesses finales respectives des deux corps, quand la première forme est tout à fait rétablie, on voit que le travail total, depuis l'origine, qui se compose de deux portions égales et de signes contraires, sera nul, et que par conséquent la force vive finale est redevenue la même qu'au commencement; en sorte qu'on aura la relation

$$(1) \qquad MV_1^2 + M'V_1'^2 = MV^2 + M'V'^2.$$

Il est donc démontré que, si les corps sont parfaitement

élastiques, la perte de force vive est nulle, résultat qui constitue une différence radicale avec le cas de la théorie du nº 152.

Remarques. — 1° On peut aisément obtenir les valeurs des vitesses V_1 et V'_1 qui succèdent définitivement au choc.

En effet, on sait que les quantités totales de mouvement n'ont pas varié, et que, par conséquent,

$$(2) \qquad MV_1 + M'V'_1 = MV + M'V'.$$

Au moyen de cette relation et de la précédente, on trouve :

$$(3) \qquad V_1 = \frac{2M'V' + (M - M')V}{M + M'}, \quad V'_1 = \frac{2MV - (M - M')V'}{M + M'}.$$

2° Si les deux masses sont égales, ces valeurs se réduisent à

$$V_1 = V', \qquad V'_1 = V;$$

c'est-à-dire que les deux corps échangent leurs vitesses. Si le second est immobile, le premier le deviendra par le choc, et le second lui empruntera sa vitesse. On peut le vérifier par une expérience très simple et très-connue : on met à la suite les unes des autres, et en ligne droite, plusieurs billes d'ivoire pareilles. Si on imprime une vitesse à la dernière, il y a une succession de chocs pendant lesquels chaque bille, d'abord au repos, transmet l'ébranlement à la bille suivante, et, finalement, c'est la première de toutes ou la dernière choquée qui s'empare de la vitesse initiale.

3° Si le corps choqué est en repos, les vitesses après le choc ont pour valeurs

$$V_1 = \frac{(M - M')V}{M + M'}, \qquad V'_1 = \frac{2MV}{M + M'}.$$

Si la masse du corps choqué est extrêmement grande, V_1 se réduit sensiblement à $-V$, et V'_1 à zéro, c'est-à-dire que le corps choquant rétrograde avec une vitesse égale et contraire à sa vitesse primitive, et le corps choqué reste immobile. C'est ce qui arrive pour la chute d'un corps élastique sur un obstacle fixe, également élastique.

4° Si les vitesses initiales sont de sens contraires, c'est-à-dire si les deux corps vont à la rencontre l'un de l'autre, il vient

$$V_1 = \frac{(M - M')V - 2M'V'}{M + M'}, \quad V'_1 = \frac{(M - M')V' + 2MV}{M + M'}.$$

Si les deux corps ont même masse et même vitesse absolue, on a

$$V_1 = -V, \qquad V'_1 = V;$$

c'est-à-dire que chacun d'eux retourne en arrière avec une vitesse égale à celle de l'autre. On peut dire que chacun d'eux continue le mouvement de l'autre.

254. — *Corps imparfaitement élastiques.* — Dans ce cas, la forme primitive n'est reprise que partiellement, en sorte que c'est une fraction seulement du travail de la première période qui est reproduite, en sens contraire, pendant la seconde.

Il est évident que si ε_p et ε'_p désignent les différences entre les déformations maxima et regagnées, c'est-à-dire les déformations permanentes des deux corps, la perte de force vive sera représentée par $R_1(\varepsilon_p + \varepsilon'_p)$, ce qui est exprimé par la relation

$$(1) \qquad \tfrac{1}{2}MV^2 + \tfrac{1}{2}M'V'^2 = R_1(\varepsilon_p + \varepsilon'_p) + \tfrac{1}{2}MV_1^2 + \tfrac{1}{2}M'V_1'^2.$$

La perte de force vive sera donc proportionnelle à la déformation permanente, quelle que soit d'ailleurs l'étendue de cette déformation. Quant à la calculer exactement, cela est théoriquement impossible; car on ne connaît pas la loi suivant laquelle varie la force R aux divers états de la déformation. Tout ce qu'on peut dire, c'est que la perte de force vive sera d'autant moindre que les corps auront mieux repris leur forme primitive.

Remarques. — Il est superflu d'ajouter que, cette troisième catégorie de corps étant la seule qui existe véritablement dans la nature, les résultats pratiques qu'on obtient rentrent tous dans la formule (1) ci-dessus, et ne sont jamais rigoureusement ceux des catégories précédentes.

On n'en retire pas moins ce précieux enseignement que, pour éviter la perte de force vive dans les systèmes matériels qu'on met en jeu, il faut recourir à des corps aussi élastiques que possible. Et c'est pourquoi on voit ce genre de matériaux le plus fréquemment employé dans les parties des machines qui sont exposées à l'action des chocs. On en arrive même, dans certains cas, à se servir de corps spéciaux, éminemment élastiques, qui ont reçu le nom de ressorts.

Nous voyons aussi que ce serait une grande erreur de rechercher dans le même but des corps qui seraient très-durs sans être élastiques. Car si l'on pouvait réaliser une dureté parfaite, on subirait la perte de force vive théorique, c'est-à-dire la plus grande qu'on puisse atteindre. On se trouverait, au point de vue de la conservation de la force vive, dans le même cas que si l'on avait choisi des corps absolument mous et inélastiques. Cette remarque est destinée à faire distinguer, d'une manière radicale, la simple *dureté* d'avec l'*élasticité*.

Remarque générale sur la théorie qui précède.

255. — Il n'est pas difficile d'étendre les considérations précédentes au cas général de corps se rencontrant d'une manière quelconque, et sans que les vitesses des centres de gravité soient dirigées suivant la même ligne droite. Car,

quelles que soient les directions de ces vitesses, on peut toujours, au moment du choc, concevoir chacune d'elles décomposée en deux autres : l'une parallèle à la normale commune des deux corps menée par le point de contact, l'autre parallèle au plan tangent. Cette dernière sera tout à fait sans influence sur les déformations dues au choc, et, par suite, sur les pertes de force vive. Les choses, à ce point de vue, se passeront donc comme si les centres de gravité n'étaient animés que de vitesses parallèles à la normale commune. On se trouvera ainsi dans le cas particulier que nous avons examiné, à cela près que la normale commune ne passera pas généralement par les deux centres de gravité, comme cela avait toujours lieu pour des corps sphériques. Mais les raisonnements déjà faits n'en subsistent pas moins, car les forces $-R$ et $+R$, développées pendant la compression, peuvent être transportées parallèlement à elles-mêmes aux centres de gravité dont elles produisent la translation en même temps qu'elles déterminent une rotation autour de ces centres. Cette dernière circonstance aura pour résultat que la somme des deux déformations ne sera plus égale à la diminution de la ligne des centres de gravité ; mais le travail des forces mutuelles du choc n'en sera pas moins représenté par $\underline{R}_1 (\varepsilon_p + \varepsilon'_p)$, en appelant toujours ε_p et ε'_p les deux déformations permanentes ; et ce travail continuera à être l'expression de la perte de force vive des deux corps.

Quant à la détermination des vitesses de translation et de rotation qui succèdent au choc, elle est fort compliquée, et n'offre pas assez d'intérêt réel pour qu'on doive s'y arrêter.

Choc contre un plan fixe.

256. — Après ce qu'on vient de lire sur le choc des corps

entre eux, le choc contre un plan fixe ne présente aucune difficulté.

Si la vitesse du corps est normale à la surface du plan, et que le centre de gravité soit en même temps situé sur cette normale, il n'est pas difficile de voir :

1° Que le corps demeurera immobile après le choc, s'il est, ainsi que le plan fixe, entièrement dépourvu d'élasticité ;

2° Qu'il rétrogradera avec une vitesse contraire, égale à la vitesse primitive, si l'un et l'autre sont parfaitement élastiques ;

3° Qu'il rétrogradera avec une certaine vitesse plus ou moins grande, selon le degré d'élasticité.

Quand la vitesse initiale est oblique à la surface du plan, il suffit de la décomposer en deux autres, l'une normale, l'autre parallèle au plan. Cette dernière subsiste intégralement après le choc, la première est soumise aux lois qu'on vient d'énoncer pour les chocs normaux. Il résulte de là :

1° Que, dans le cas d'une inélasticité absolue, le corps glisse, après le choc, sur le plan, avec une vitesse égale à la composante parallèle;

2° Que, dans le cas d'une élasticité parfaite, le corps se trouve doué, après le choc, d'une vitesse dont les deux composantes sont : la composante parallèle initiale, et une composante normale égale et contraire à la composante normale primitive. Ces deux composantes combinées, qui constituent la vitesse après le choc, ont pour résultat que le corps s'éloigne du plan en faisant avec la normale un angle égal à l'angle qui a précédé le choc : par suite aussi les angles que forment avec le plan choqué les vitesses initiale et finale sont égaux; et c'est ce qu'on exprime en disant que l'angle d'*incidence* est égal à l'angle de *réflexion*.

3° Que, dans le cas d'une élasticité imparfaite, la vitesse finale est toujours moindre que la vitesse initiale, et l'angle de réflexion toujours moindre que l'angle d'incidence : en d'autres termes, le mouvement du corps, après le choc, l'éloigne moins du plan que si l'élasticité avait été complète.

Enfin, lorsque l'obstacle fixe n'est pas un plan, mais une surface quelconque, les mêmes conséquences subsistent intégralement par rapport au plan tangent mené au point de rencontre. En effet, la durée du choc étant très-petite, on peut admettre que, pendant tout le phénomène, le corps choquant reste sur le même élément de l'obstacle qu'il rencontre. Il en résulte qu'après le choc la direction de la vitesse du corps choquant se rapporte au plan tangent dont nous venons de parler.

LIVRE SIXIÈME.

MÉCANIQUE DES FLUIDES.

CHAPITRE PREMIER.

CONSIDÉRATIONS PRÉLIMINAIRES.

Définitions.

257. — On nomme *corps fluide* ou simplement fluide un assemblage, en apparence continu, de points matériels, extrêmement rapprochés, qui peuvent glisser les uns sur les autres ou être détachés les uns des autres avec une entière liberté; en sorte qu'on peut dire que les fluides n'opposent aucune résistance à tout changement de forme qui n'est pas accompagné d'un changement de volume. Nous spécifions à dessein que le volume ne change pas, parce que nous verrons bientôt que le changement de volume implique un

changement des forces en vertu desquelles le volume possédait sa grandeur primitive.

Les fluides se distinguent en deux catégories : les *liquides* et les *gaz*.

258. — Les premiers sont aussi nommés fluides *incompressibles*, parce que les plus grandes variations de forces ne parviennent pas à faire varier le volume. C'est du moins ce que nous admettrons pour les liquides dont nous nous occupons ici, quoique dans la nature les liquides ne soient pas véritablement incompressibles et qu'on soit même parvenu à mesurer les diminutions de volume qui correspondent aux accroissements des forces. Mais, en mécanique rationnelle, on ne traite, comme on sait, que des systèmes théoriques, c'est-à-dire conçus *a priori* d'une façon déterminée, pour lesquels on a soin seulement d'adopter des hypothèses qui diffèrent aussi peu que possible de la réalité. Or la conception de l'incompressibilité absolue est assez voisine de l'état naturel des liquides pour qu'on doive l'admettre dans l'étude mathématique de ces corps. L'extrême simplicité de ce point de vue a déterminé à adopter un semblable type d'assimilation, malgré les très-légères erreurs qui en peuvent résulter.

Il suit de là que les liquides théoriques peuvent être envisagés comme des systèmes dont tous les points matériels sont au contact les uns des autres. Les efforts extérieurs ou dirigés de dehors en dedans du système sont nécessairement impuissants à en faire diminuer le volume, tandis que, au contraire, le moindre effort dirigé de l'intérieur au dehors suffit pour en détacher les particules qui se trouvent directement sollicitées.

Il serait oiseux d'insister sur l'idée qu'on peut se former *a priori* d'un liquide ; car rien ne saurait suppléer à un simple regard jeté sur la nature. La vue de l'eau, du mercure, et en général d'un liquide quelconque, en apprend plus sous ce rapport que toutes les définitions mathématiques qu'on essaierait d'en donner. Cette notion de la fluidité parfaite, dont nous parlions tout à l'heure, ne s'acquiert que par l'expérience, et en manipulant, en quelque sorte, les corps mêmes qui en sont doués. Nos conceptions théoriques les plus raffinées n'aboutiraient qu'à des assemblages matériels pulvérulents qui, quelque ténues qu'on en supposât les parties, seraient bien loin encore de la fluidité effective. Ainsi, en résumé, nous définirons les fluides dont s'occupe la mécanique rationnelle en disant que ce sont des corps semblables à l'eau, par exemple, et qu'on suppose être absolument incompressibles, hypothèse fort peu différente des phénomènes offerts par l'eau elle-même.

259. — Les *gaz* ou fluides *compressibles* se nomment souvent aussi *fluides élastiques*. Les gaz en effet ne se composent pas, comme les liquides, de points matériels en quelque sorte juxtaposés et n'exerçant par eux-mêmes aucune action les uns sur les autres : mais, au contraire, les molécules tendent incessamment à s'éloigner, comme si des forces répulsives existaient entre elles ; si bien que, quelque espacement qu'elles aient pris, elles cherchent à l'augmenter encore, et l'augmenteraient en effet, si aucune force extérieure n'y mettait obstacle. Cette propriété, qu'on appelle *expansion* ou *élasticité* des gaz, est combattue dans la pratique au moyen de vases ou enveloppes fermés dont les parois, par leur résistance naturelle, empêchent cette dilatation indéfinie.

On voit sur-le-champ la différence qui existe entre la manière de se comporter des liquides et celle des gaz. Les premiers systèmes, une fois constitués, subsistent tant qu'aucune force extérieure n'intervient pour les détruire. Si, en réalité, on les voit contenus aussi dans des enveloppes, c'est uniquement parce que la pesanteur, agissant sur chaque point isolément, tend à l'amener le plus bas possible et par suite à éparpiller, pour ainsi dire, le liquide sur le sol. Mais, en l'absence de cette pesanteur générale, un liquide resterait aggloméré sous une forme quelconque, à moins qu'on ne se mît à agir pour en séparer les parties. Au contraire, les gaz jouissent de leur propriété expansive indépendamment de cette pesanteur même : car les effets qui en sont la suite n'ont aucun rapport avec ceux de cette dernière cause. Il est permis de supposer que, si la pesanteur venait à disparaître, l'élasticité des gaz subsisterait encore ; et, en tout cas, dans l'état actuel de la nature, on peut dire que les effets de l'élasticité se superposent à ceux de la pesanteur et en sont distincts. C'est en vertu de cette circonstance capitale que les enveloppes des gaz doivent être fermées de toutes parts et que les parois doivent résister non-seulement au poids, mais aussi à l'expansion : tandis que les liquides peuvent très-bien être enfermés dans des vases qui sont ouverts par le haut, et qui, par le bas, résistent uniquement à la pesanteur.

La compressibilité des gaz n'est autre chose que l'expansion en sens contraire : car, puisque le volume augmente quand la résistance extérieure diminue, il est nécessaire que le volume diminue quand la résistance augmente.

La notion des gaz s'acquiert, comme celle des liquides, par l'expérience. L'air, par exemple, nous a familiarisés de bonne heure avec cette manière d'être de la matière. Les gaz que nous nous proposons d'étudier doivent donc être considérés comme semblables à l'air de notre atmosphère.

De même que les liquides ont été l'objet d'une conception théorique, consistant à les regarder comme absolument incompressibles, de même nous supposerons que le volume occupé par un gaz est toujours en raison inverse de sa pression, ou que sa densité est directement proportionnelle à cette pression. Cette hypothèse simple, reconnue par Mariotte très-voisine des faits, revient à dire que, lorsque la pression extérieure qui agit sur une masse déterminée de gaz devient un certain nombre de fois plus grande ou plus petite, le volume occupé par le gaz varie inversement, de telle sorte que la densité elle-même devient ce nombre de fois plus grande ou plus petite. On fait abstraction, bien entendu, de toutes les autres circonstances, telles que la température, par exemple, qui peuvent avoir une influence quelconque sur le volume. Nous verrons plus tard de quelle manière on en tient compte.

Les corps nommés *vapeurs* rentrent dans la catégorie des gaz, en tant du moins qu'on ne les considère pas à des températures voisines de celles de la liquéfaction. L'expérience tend même à prouver chaque jour davantage que cette distinction entre les gaz et les vapeurs est essentiellement relative à nos moyens bornés, et que les gaz ne sont en réalité que des vapeurs plus éloignées de leurs points de liquéfaction. Ainsi les gaz théoriques fournissent un type d'assimilation à la fois aux gaz et aux vapeurs de la nature.

260. — La fluidité dont nous venons de parler nous conduit naturellement à dire quelques mots de certains autres corps qui en sont plus ou moins voisins. Nous accordons souvent, dans le langage usuel, la dénomination de fluides à des corps qui sont intermédiaires entre les solides et les liquides proprement dits. Les corps *mous, pâteux, visqueux* se rapprochent quelquefois des liquides analogues à l'eau. Mais nous n'avons pas l'intention de nous en occuper, parce qu'ils en diffèrent notablement par certaines propriétés, trop peu connues d'ailleurs pour qu'aucune étude théorique ait pu être tentée jusqu'ici. Il est donc entendu que nos déductions ne devront s'appliquer qu'à tous les corps extrêmement voisins par leur constitution de l'eau ou de l'air. C'est d'ailleurs ce qui ressortira plus nettement du paragraphe suivant où nous exposerons la loi spéciale des fluides.

Loi spéciale des fluides.

261. — Les fluides, comme tous les systèmes matériels possibles, satisfont aux trois lois fondamentales de la nature, et par suite vérifient les conséquences que nous avons déduites de ces lois dans la mécanique générale. Mais, en vertu de leur constitution particulière, ils possèdent en outre certaines autres propriétés qui ne conviennent pas à l'universalité des systèmes. L'objet du présent livre est précisément d'étudier ces propriétés spéciales, c'est-à-dire de rechercher les mouvements que doivent prendre les fluides sous l'action de forces déterminées.

Pour tenir compte, dans une semblable investigation, de l'hypothèse de la fluidité parfaite, deux méthodes s'offrent à l'esprit. L'une, purement mathématique, consiste à exprimer, dans les équations générales du mouvement, que les actions mutuelles des points matériels sont nulles dans tous les déplacements du système compatibles avec l'invariabilité de volume. L'autre, expérimentale, consiste à envisager *a priori* les fluides comme régis par une loi spéciale, qui n'est certainement que la conséquence de la fluidité parfaite, mais qui est admise en vertu d'observations directes et indépendamment de toute argumentation logique qui essaierait de la faire découler de la conception de la fluidité. Cette loi, exprimée dans le calcul, conduit d'ailleurs à des résultats identiques.

Nous adopterons la seconde méthode pour des raisons qui seront exposées ultérieurement.

262. — La loi dont il s'agit, connue sous le nom de *loi d'égalité de transmission des pressions*, ou plus simplement de *loi de transmission*, est celle-ci :

Lorsqu'un fluide, compressible ou elastique, est contenu

dans une enveloppe fermée, et qu'on exerce, par un moyen quelconque, une pression sur une portion de la surface du fluide, cette pression se transmet intégralement à toutes les autres parties de l'enveloppe.

C'est ce que nous allons éclaircir.

« Supposons, dit M. Poisson [1], qu'un vase prismatique, « droit et posé sur un plan horizontal, dont ABCD représente « une section verticale, soit rempli « jusqu'en EF d'un liquide tel que « l'eau, par exemple; supposons « aussi que l'on recouvre cette eau « d'un piston horizontal qui ferme « le vase exactement. Pour simplifier la question, faisons abstraction de la pesanteur de l'eau, de « sorte que ce fluide n'exerce, « par lui-même, aucune pression « sur les parois du vase; enfin « posons sur le piston un poids donné P, comprenant le « poids même du piston. Il est évident que la base horizontale du prisme sera pressée de la même manière que « si le poids P était posé immédiatement sur cette base, « et qu'il fût distribué uniformément sur toute son étendue. Tous ces points éprouveront des pressions verticales égales entre elles; la pression qui en résultera, « pour une portion quelconque α de cette base sera proportionnelle à α : elle équivaudra à une force verticale, appliquée au centre de gravité de l'aire α, et exprimée par « $\frac{P\alpha}{a}$, en désignant par a l'aire de la base entière du prisme, « qui est aussi celle de la base du piston en contact avec le « liquide. Or la loi que nous avons annoncée plus haut con-

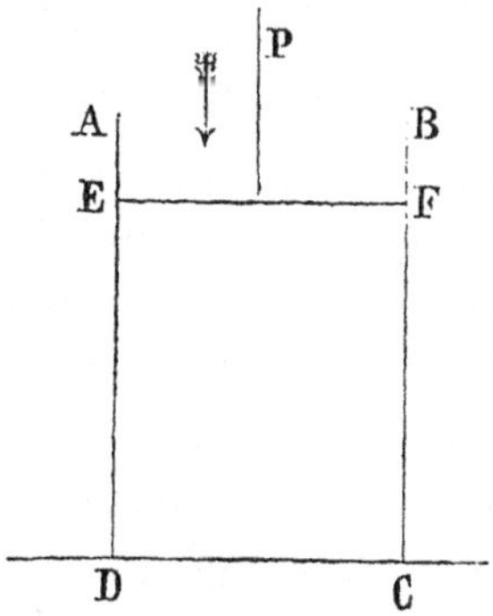

Fig. 71.

[1] *Traité de Mécanique*, Tome II, page 507 et suivantes.

« siste en ce que la pression que le poids P exerce à la partie supérieure de l'eau, se transmet par l'intermédiaire du « fluide, non-seulement sur la base du vase, mais encore « sur ses faces latérales ; tous les points du vase sont également poussés dans des directions perpendiculaires aux « parois ; et une aire α, prise sur une des faces latérales du « prisme, éprouve la même pression $\frac{P\alpha}{a}$ que si elle faisait « partie de sa base horizontale.

« Généralement, supposons que le vase ait la forme d'un « polyèdre quelconque, dont la figure ci-contre représente « une section. Ce vase étant fermé « de toutes parts, et fixement attaché, concevons qu'il soit rempli exactement d'un liquide sans « pesanteur. Si l'on enlève une « face de ce vase, et qu'on la remplace par un piston, auquel on « applique une force donnée P, perpendiculaire à la surface « du liquide adjacent, le vase et le fluide demeureront en repos, et, d'après le principe que nous expliquons, la pression « que la force P exerce sur la surface adjacente se transmettra, par l'intermédiaire du liquide, sur toutes les faces « du polyèdre. Tous les points du vase, en y comprenant les « points de la base du piston, seront également pressés de « dedans en dehors, suivant les directions perpendiculaires « aux parois ; et, relativement à une aire α, prise sur une « de ces parois, ou sur la surface du piston, la pression sera « une force perpendiculaire à son plan, appliquée à son centre de gravité, et égale à $\frac{P\alpha}{a}$; a étant l'aire entière de la « base du piston, en contact avec le liquide.

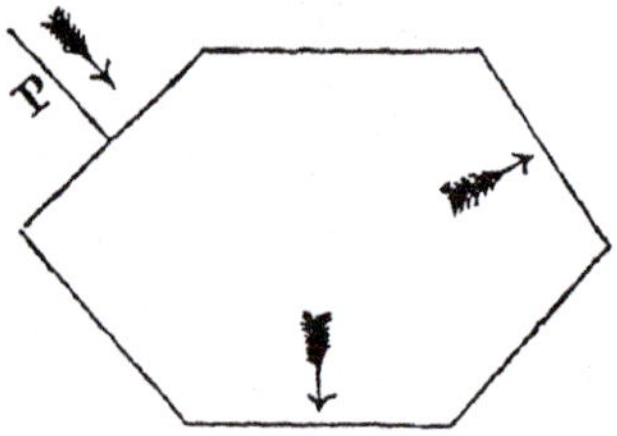

Fig. 72.

« On étend sans difficulté ces résultats au cas où la surface pressée n'est plus supposée plane ; il suffit alors de la

« décomposer en éléments infiniment petits, que l'on regar-
« dera comme les forces planes d'un polyèdre infinitésimal;
« et, si l'on désigne par ω l'aire d'un de ces éléments, on aura
« $\frac{P\omega}{a}$ pour la pression normale qu'il éprouve, a étant tou-
« jours l'aire du piston, et P la force perpendiculaire qui y
« est appliquée. En désignant par p la pression constante
« qu'éprouverait une aire plane égale à l'unité, on aura
« $\frac{P}{a}=p$, et les produits $p\omega$ et $p\alpha$ exprimeront les pressions
« sur l'élément ω et sur l'aire plane égale à α. (Le coeffi-
« cient p est ce que nous appellerons la *pression rapportée*
« *à l'unité de surface.*)

« Le principe de l'égalité de pression, ajoute plus loin le
« même auteur, convient aux fluides élastiques comme aux
« liquides ; mais, relativement aux premiers (ainsi que
« nous l'avons déjà dit), il n'est pas nécessaire qu'on exerce
« des pressions sur leurs surfaces pour qu'ils pressent eux-
« mêmes les parois des vases qui les contiennent; il suffit
« pour cela de leur élasticité, en vertu de laquelle ces fluides
« font continuellement effort pour occuper un plus grand vo-
« lume. En supposant donc qu'une masse d'air, d'un gaz ou
« d'une vapeur soit contenue dans un vase fermé de toutes
« parts, et qu'on fasse abstraction de la pesanteur du fluide,
« les parois du vase éprouveront des pressions égales en
« tous leurs points, et dirigées de dedans en dehors, suivant
« les normales à ces parois. La pression rapportée à l'unité
« de surface sera la même dans toute l'étendue du vase;
« pour la déterminer, on fera une ouverture en un endroit
« du vase, pris au hasard; on y appliquera un piston, et à
« ce corps, la force nécessaire pour le maintenir en équili-
« bre ; en divisant cette force par l'aire de la base du piston
« en contact avec le fluide, on aura la pression demandée et
« l'on trouvera toujours le quotient, quel que soit l'endroit

« où le piston aura été appliqué. Si, par exemple, le vase « représenté par la figure ci-contre est rempli d'un fluide « élastique, les forces P, P', P'',.... qu'on devra appliquer « aux pistons qui ferment les cylindres, pour les empêcher « de glisser, seront proportionnelles aux bases a, a' a'',.... « le rapport de chaque force à la base correspondante « sera le même pour tous les pistons; » et le coefficient $p = \frac{P}{a} = \frac{P'}{a'} = \frac{P''}{a''}$,.... sera encore ce que nous appellerons *la pression rapportée à l'unité de surface.*

Conséquences.

263. — La surface d'un corps placé dans l'intérieur d'une masse fluide éprouve exactement la même pression que la surface de l'enveloppe extérieure; ce qui revient à dire que la loi d'égalité de pression convient non-seulement à la surface d'un fluide, mais aussi à tout l'intérieur du fluide.

Soit, en effet, le corps C, de forme quelconque, plongé dans une masse fluide que renferme l'enveloppe ABD. Si p représente la pression par unité de surface de l'enveloppe, je dis que la pression exercée sur une aire α du corps C sera égale à $p\alpha$. Il suffit, pour le prouver, d'imaginer que l'aire α soit prolongée dans tous les sens, d'une manière quelconque, jusqu'à rejoindre l'enveloppe extérieure. La masse fluide, dont l'état dynamique n'est évidemment pas altéré par cette construction géométrique, se trouve ainsi partagée

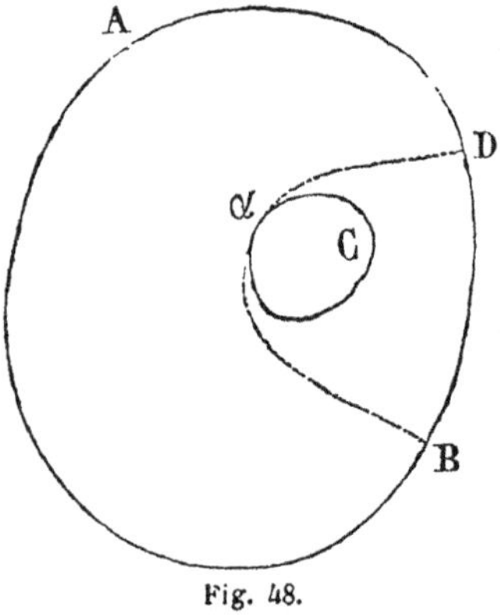

Fig. 48.

en deux volumes, dont l'un, celui de gauche, ne renferme aucune portion du corps plongé, et dont l'enveloppe extérieure est formée de DAB et de DαB. En vertu de la loi admise, la pression rapportée à l'unité de surface est constante sur toute l'étendue de l'enveloppe : donc la pression sur l'aire α, qui appartient à cette enveloppe, est égale à $p\alpha$.

Il suit de là que, si l'on mène un plan par un point quelconque d'un fluide, ce plan sera pressé sur ses deux faces par deux forces égales et opposées qui, pour chaque unité de surface du plan, auront la même valeur numérique que pour l'unité de surface de la paroi; et la valeur de ces pressions sera la même, quelle que soit la direction du plan qu'on aura mené.

Cette conséquence aurait pu être admise au même titre que la loi elle-même, c'est-à-dire comme fondée sur l'expérience directe. Il ne serait pas difficile, en effet, d'en reconnaître l'exactitude par voie d'observation, ainsi qu'on l'a fait pour la pression exercée sur les parois. Il suffirait d'introduire dans la masse fluide un tube muni à son extrémité d'un diaphragme mobile. On constaterait que, pour maintenir ce diaphragme à l'orifice du tube, il faut lui appliquer, de dehors en dedans, une force exactement égale à celle qui serait nécessaire si une aire pareille était découpée dans les parois. Cette constance de pression ne serait d'ailleurs pas altérée, quelle que fût la position du tube, et, par suite, quelle que fût l'inclinaison du diaphragme au sein de la masse fluide.

Mais, malgré la simplicité de ces expériences, semblables à celles qui concernent la transmission de la pression sur l'enveloppe, il nous semble plus méthodique de présenter ce dernier résultat comme une conséquence nécessaire du précédent, puisque la liaison rationnelle est facile à établir. En toute science, on doit chercher à réduire, autant que possible, le nombre d'éléments tirés de la seule observation, et ne conserver que ceux qui sont strictement indispensables à la réalité de cette science.

2° Dans les changements de forme d'un fluide en équilibre, le travail des pressions extérieures est égal à zéro, pourvu que le volume du fluide ne varie pas.

Soit une enveloppe, sur laquelle on implante des tuyaux de grandeurs quelconques A B, A′ B′, A″B″, A‴B‴, communiquant librement avec le volume intérieur. Supposons que, dans chacun de ces tuyaux, en A, A′, A″, A‴,.... on place un piston mobile, perpendiculaire au tuyau, et le fermant exactement; et que tout l'espace ainsi délimité M A A′A″A‴... soit rempli de fluide. Pour que ce fluide demeure immobile, il suffit que, sur tous les pistons, on exerce normalement, de dehors en dedans, des pressions égales par unité de surface. Si nous voulons actuellement faire varier la forme du fluide, sans altérer le volume, il suffit d'avancer certains pistons et d'en reculer certains autres, de telle sorte que les diminutions de volume compensent exactement les augmentations. Reportons donc le piston A en B, A′ en B′, A″ en B″, A‴ en B‴. La nouvelle forme affectée par le fluide sera M B B′ B″ B‴.... Je dis que le travail développé par les pressions, pendant le passage d'une forme à l'autre, est égal à zéro. En effet, soit P, P′, P″, P‴,... les pressions respectives exercées sur les pistons; l, l', l'', l''',... les longueurs dont on les a avancés ou reculés. Le travail développé par la pression P, pendant le déplacement de A en B, est positif, puisque la force agit dans le sens même du chemin parcouru;

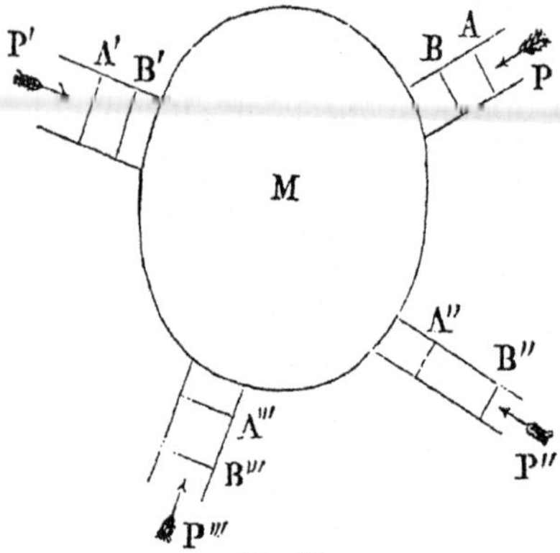

Fig. 74.

son expression numérique est d'ailleurs $P \times l$. Pareillement, le travail de la pression P' est positif et égal à $P' \times l'$. Au contraire, les travaux de P'' et de P''' sont négatifs, puisque les forces agissent en sens inverse des chemins parcourus : ils ont donc pour valeurs $-P''l''$ et $-P''' \times l'''$. La somme des travaux est conséquemment égale à

$$Pl + P'l' - P''l'' - P'''l''' - \dots$$

et il est visible que cette somme est identiquement nulle. Car, si a, a', a'', a'''... désignent les superficies respectives des pistons, on doit avoir la relation :

$$(1) \quad al + a'l' - a''l'' - a'''l''' \dots = 0,$$

puisqu'on suppose que le volume n'a pas varié. Or, p étant la valeur constante de la pression rapportée à l'unité de surface, multiplions tous les termes de la relation par cette constante ; et remarquons que ap, $a'p$, $a''p$... représentent précisément les pressions P, P', P''... on obtient, en faisant la substitution :

$$Pl + P'l' - P''l'' - P'''l''' \dots = 0.$$

Les tuyaux dont nous venons de nous servir pour faire changer la forme du liquide peuvent avoir des inclinaisons et des diamètres quelconques. On pourrait même leur supposer des sections variables, et imaginer que les pistons, soumis toujours d'ailleurs à la même pression par unité de surface, s'élargissent ou se rétrécissent en proportion, de manière à fermer exactement les tuyaux en des points quelconques de leurs déplacements. Dans cette hypothèse, le travail du piston A, par exemple, ne serait plus représenté par Pl ou apl, mais aurait pour valeur $p\int_0^l a\,dl$, puisque a varie avec l. D'un autre côté, le volume du fluide en AB serait exprimé par la même intégrale $\int_0^l adl$; en sorte que la relation (1) ci-dessus prendrait la forme

$$\int_0^l adl + \int_0^{l'} a'dl' - \int_0^{l''} a''dl'' - \int_0^{l'''} a'''dl'''. . = 0 .$$

En multipliant tous les termes par la constante p, on obtiendrait la somme des travaux, qui serait identiquement nulle, comme dans le cas plus simple examiné tout d'abord.

La disposition absolument quelconque qu'on peut ainsi attribuer aux tuyaux permet de réaliser toute espèce de changement de forme du fluide. La proposition énoncée se trouve donc démontrée dans sa plus grande généralité.

Comment il faut entendre la loi de transmission lorsque des forces motrices sollicitent directement les molécules du fluide.

264. — Jusqu'ici, nous avons toujours supposé que le fluide était sollicité seulement par des pressions exercées sur la surface, et, quand il s'agissait d'un gaz, par les forces intérieures mutuelles qui engendrent la force élastique. Nous avons reconnu alors, — et c'est en cela que consiste la loi de transmission, — que la pression rapportée à l'unité de surface a la même valeur, quel que soit le point où on la mesure, sur les parois ou dans l'intérieur de la masse fluide. Mais il arrive généralement que le fluide est non-seulement soumis aux actions dont nous venons de parler, mais aussi à des forces motrices qui en sollicitent directement les diverses molécules. Dans ce cas la pression ne demeure plus constante, et varie au contraire avec la position du point que l'on considère. Il est aisé de se convaincre immédiatement qu'il en doit être ainsi. Prenons, en effet, l'exemple le plus

simple, celui d'un liquide soumis à l'influence d'une force telle que la pesanteur, qui s'exerce, comme on sait, directement sur chaque point matériel. Supposons que le liquide soit sollicité par cette seule force, et qu'il soit contenu dans un vase à parois verticales, placé sur un appui horizontal. Si l'on mène un plan parallèle à la base, à une hauteur quelconque, dans le liquide, on pourra enlever la portion qui le surmonte, et on ne changera pas les conditions du fluide restant, pourvu qu'on charge ce plan d'un poids précisément égal à celui du liquide enlevé. La pression qui en résulte sur la surface adjacente du fluide inférieur représente la pression qui se produisait en cette même région lorsque le fluide supprimé lui était superposé. Or, il est visible que, selon qu'on fera passer plus bas ou plus haut le plan séparatif, on aura à considérer sur la suface adjacente du liquide inférieur la pression engendrée par le poids d'une masse plus ou moins considérable, ce qui nous montre que dans l'état d'équilibre du fluide total la pression existant en un point est plus ou moins grande, selon que ce point est plus ou moins rapproché du fond du vase.

Cet exemple suffit pour faire comprendre notre pensée, et c'est tout ce que nous voulons pour le moment ; car plus tard nous étudierons la manière d'apprécier exactement cette pression variable.

Mais de ce que la constance de la pression ne s'observe plus ici, il ne s'ensuit pas que la loi de transmission cesse d'avoir lieu. Il est certain, au contraire, comme l'expérience le vérifie, que la présence de ces forces nouvelles, appliquées directement aux molécules, n'empêche nullement une pression superficielle de se transmettre sans altération dans toutes les parties du fluide, et cette pression intégrale s'ajoute avec celle qui résulte des autres forces motrices. En sorte que la pression totale, qui règne en un point du fluide, provient de la superposition de deux effets, savoir .

celui qui correspond à la loi de transmission, et qui a, pour chaque cas donné, une valeur essentiellement constante dans toute l'étendue du fluide ; et celui qui est dû à l'ensemble des forces motrices individuelles, lequel varie d'un point à un autre de la masse. Ainsi, dans les circonstances les plus générales qu'on puisse supposer, la loi de transmission s'exerce toujours ; seulement, son résultat direct est comme masqué par la complication d'autres phénomènes qui lui demeurent étrangers. Bien plus encore : l'effet variable dont nous parlons est lui-même soumis à la loi de transmission, en ce sens que chaque pression partielle, due aux forces motrices, se propage dans le sens des forces qui la produisent, conformément à la loi générale elle-même. Je m'explique. Reprenons le cas, que nous examinions plus haut, d'un liquide pesant renfermé dans un vase vertical. Sur chaque tranche horizontale, le liquide superposé engendre une pression de haut en bas ; c'est cette pression qui se propage intégralement dans tout le liquide inférieur, absolument comme si le liquide supérieur n'existait pas et était remplacé par une pression superficielle. Un peu au-dessous de cette première tranche, on en peut concevoir une seconde, et la pression en cette seconde tranche se compose de celle que lui transmettait la première, et de la pression nouvelle due au poids du liquide compris entre les deux. Si bien que pour une tranche quelconque on doit envisager la pression effective comme composée de l'ensemble de toutes celles qui correspondent aux diverses tranches superposées, pressions qui, individuellement, se sont transmises en entier depuis la région où elles s'engendrent jusqu'aux dernières limites du fluide inférieur. On conçoit qu'il n'est pas toujours aussi facile de discerner la loi de superposition de ces effets, c'est-à-dire de déterminer la ligne le long de laquelle la pression varie suivant une loi donnée. Mais le principe n'en existe pas moins, et toute la difficulté consistera à l'appliquer rigoureusement. Cette application constituera même, comme nous le verrons bientôt, une des branches les plus importantes de la mécanique des fluides.

265. — Ces considérations font déjà sentir qu'autour d'un même point, pris au hasard dans une masse fluide soumise à des forces quelconques, la pression doit avoir la même valeur, quelle que soit la direction donnée, par ce point, à l'aire sur laquelle on veut la mesurer; pourvu, bien entendu, que cette aire soit assez petite pour que la pression, en ces divers points, puisse être considérée comme n'étant pas différente de celle qui a lieu au point même qu'on a choisi. Car, puisque cette pression, quelles qu'en soient les causes variées, ne s'est formée finalement en ce point que par une superposition d'effets se transmettant tous conformément à la loi spéciale, et puisque d'un autre côté chacune de ces transmissions offre, comme on sait, ce caractère essentiel qu'autour d'un point la pression est la même dans tous les sens; il s'ensuit que la pression totale dont nous parlons doit participer à ce même caractère, d'être constante dans toutes les directions. C'est ce que nous achèverons d'éclaircir de la manière suivante.

Proposition.

La pression autour d'un même point est constante dans tous les sens.

Soit M un point quelconque du fluide, MA et MB deux aires planes égales, fort petites, menées dans des directions arbitraires par ce point. Traçons la droite IMK, faisant le même angle avec les deux aires; je vais prouver que la projection, sur cette droite, de l'ensemble des forces agissant sur l'aire MA, est égale à la projection de celles qui agissent sur l'aire MB. En effet, supposons achevé le prisme triangulaire droit MAB. Soit p la pression, rapportée à l'unité de surface, que le liquide exerce normalement, de dehors en dedans du prisme, sur l'aire MA. J'entends par ces mots : *la pression rapportée à l'unité de surface,* celle qui aurait lieu sur une surface égale à l'unité, uniformément pressée par une force ayant pour valeur constante la moyenne de toutes celles de l'aire MA. Si ω est la surface de cette aire, la pression qu'elle supporte aura pour expression $p\omega$. De même, en appelant p' la pression rapportée à l'unité de surface, que le liquide exerce normalement, de dehors en dedans du prisme, sur l'aire MB, la pression supportée par cette aire sera exprimée par $p'\omega$. Or, le prisme est en équilibre dans le fluide sous l'action de toutes les forces qui le sollicitent. Donc, les deux pressions dont nous venons de parler, combinées avec celles qui ont lieu d'une manière analogue sur les trois autres faces, et combinées aussi avec les forces quelconques qui sollicitent toutes les molécules comprises dans ce prisme, doivent être en équilibre; et, par suite, la somme de leurs projections sur une même droite IMK doit être nulle. Or, les pressions des trois dernières faces, étant normales à ces faces, et par suite normales à IMK, donnent sur cette droite des projections nulles. Les deux autres ont pour projection $p\omega\cos\alpha$ et $p'\omega\cos\alpha$, α étant l'angle commun formé avec la droite par les deux plans MA et MB. Quant aux forces agissant sur la masse intérieure du prisme, soit X la valeur de la composante, parallèle à IK, rapportée à l'unité de masse : la projection de la force qui sollicite le prisme sera $X\rho v$, en appelant ρ la

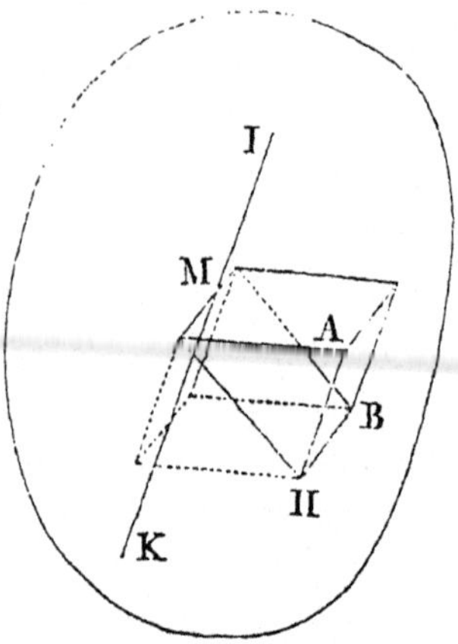

Fig. 75.

densité du fluide et v le volume du prisme. Or, si h est la hauteur du parallélipipède construit sur MA et AH, le volume du prisme, qui est la moitié de celui du parallélipipède, aura pour valeur $\frac{1}{2}\omega h$; en sorte que, finalement, la force dont il s'agit est exprimée par $\frac{1}{2}\rho X\omega h$. Donc, en remarquant que les presssions p et p' sont de signes contraires, on a la relation :

$$p'\omega \cos\alpha - p\omega \cos\alpha - \tfrac{1}{2}\rho X\,\omega\, h = 0,$$

d'où, en divisant par $\omega \cos\alpha$:

$$p' = p + \frac{\rho X}{2\cos\alpha} \cdot h\,.$$

Mais, si on suppose que les aires MA et MB décroissent indéfiniment, les dimensions du prisme, et par suite h, deviennent inférieures à toute quantité donnée, tandis que ρ, X et $\cos\alpha$ conservent des valeurs finies. Donc, à la limite, le dernier terme est nul, et par conséquent

$$p' = p.$$

Ainsi, pour des aires infiniment petites, la pression est constante, dans tous les sens, autour d'un même point, quelles que soient les forces qui sollicitent le fluide.

266. *Remarque.* — Il importe de ne pas confondre l'égalité de pression *dans tous les sens*, avec l'égalité de pression *en tous les points*. Cette dernière propriété, qui est basée directement sur l'expérience, n'a lieu que lorsque toutes les forces qui sollicitent le fluide se réduisent à des pressions superficielles, et qu'en outre le fluide est immobile. L'autre propriété, au contraire, qui est une conséquence logique de ce que la pression exercée par un fluide sur une surface est toujours normale à cette surface, a lieu, quelles que soient les forces qui agissent sur le fluide, et quel que soit son mouvement dans l'espace : elle n'a pas besoin,

par conséquent, pour exister, que la pression soit la même en tous les points.

Quand un fluide se meut, on est bien certain, à moins que son mouvement ne soit uniforme, que la pression n'est pas la même en tous les points : car une partie des forces qui sollicitent directement les molécules, ou qui sont appliquées sur la surface, est précisément employée à produire les variations de vitesse que chaque point reçoit effectivement; d'où il suit que la pression déterminée par ces forces, dans la région où elles agissent immédiatement, ne peut se transmettre d'une manière intégrale dans toute l'étendue du fluide. Si nous considérons, par exemple, un liquide contenu dans un tuyau vertical à section constante, et tombant librement sous l'influence de son propre poids, il est clair qu'aucune pression n'existera au sein de la masse : les diverses tranches horizontales infiniment minces qu'on peut concevoir dans cette colonne liquide se meuvent comme juxtaposées et sans peser les unes sur les autres; tandis qu'au contraire, si le tuyau était fermé par le bas, toutes ces tranches y feraient naître une pression égale à leur poids. De même, imaginons un liquide contenu dans un tuyau horizontal, entre deux pistons verticaux, et appliquons une certaine pression sur l'un des pistons. Il est visible que, si la colonne liquide a toute liberté pour se mouvoir, la pression ne se transmettra pas intégralement, mais diminuera d'une manière graduelle jusqu'à l'autre extrémité, où elle sera nulle. En chaque tranche la pression transmise sera égale à la pression exercée sur le piston, diminuée de la force employée pour accélérer le liquide contenu entre ce piston et la tranche considérée. Au contraire, la pression deviendrait partout la même si le tuyau était fermé à l'autre extrémité de la colonne.

Lorsque le mouvement du fluide, au lieu de s'effectuer avec cette entière liberté, est en partie gêné par des obstacles, soit par une pression de sens contraire exercée à l'autre bout, soit par un rétrécissement du tuyau, la pression se transmet plus ou moins selon le degré d'empêchement apporté au mouvement. Si, par exemple, l'orifice par lequel le fluide s'écoule est assez petit pour que la masse située derrière ne puisse avancer qu'avec une grande lenteur, la pression superficielle motrice tend à s'établir uniformément au sein de la masse. Il en est de même si la pression opposée est presque égale à la pression motrice. C'est pour ce motif que, dans les mouvements très-lents, on est amené à admettre, sans erreur sensible, l'égalité de pression en tous les points. Mais cette égalité, on le voit, n'est jamais rigoureuse; et, par cela seul que le fluide se meut, elle est toujours plus ou moins altérée. Au contraire, l'égalité de pression dans tous les sens, autour d'un même point, continue à subsister malgré le mouvement, puisqu'elle est fondée sur cette seule propriété du fluide de presser toute surface suivant la normale. Tel est le point de vue auquel il faut se placer pour l'étude des fluides en mouvement, point de vue qui suffit d'ailleurs pleinement pour établir les équations qui les concernent.

L'égalité dans tous les sens subit elle-même, il est vrai, une atteinte sensible lorsque le mouvement est très-rapide : mais ce n'est pas pour le même motif qui influe sur l'égalité en tous les points, et qui tient, avons-nous dit, à ce qu'une partie de la pression est employée à l'accélération. C'est uniquement parce que les fluides, n'ayant jamais une fluidité parfaite, développent entre eux ou contre les parois certains frottements, quand la vitesse est considérable. En mécanique rationnelle nous devons négliger cette cause d'erreur, puisque nous n'envisageons que des fluides théoriques, c'est-à-dire supposés doués de cette fluidité parfaite dont nous parlons.

267. — Les explications dans lesquelles nous sommes entrés ne laisseront pas, nous l'espérons, de doute sur la vé-

ritable signification de la loi spéciale des fluides, non plus que sur son caractère philosophique. Cette loi, en effet, est du même ordre, quoique moins générale, que les trois lois fondamentales, déjà exposées au commencement de cet ouvrage, et qui régissent la nature entière. Elle est, comme celles-ci, démontrée par l'expérience directe, et vérifiée *a posteriori* par les conséquences qu'on en déduit et qui sont en conformité avec les faits. Lorsque l'observation nous manifeste quelque désaccord, ce n'est pas à la loi elle-même qu'il faut s'en prendre, mais à la fausse application que nous en avons faite; c'est-à-dire que nous avons eu le tort de regarder comme des fluides parfaits des corps qui ne l'étaient pas réellement, et qui, par suite, ne pouvaient obéir à une loi reconnue vraie seulement pour les premiers.

La mécanique *rationnelle* des fluides consiste donc à n'admettre dans le calcul, comme données expérimentales, que les quatre lois dont nous parlons, et à recourir ensuite, d'une manière exclusive, à l'analyse mathématique pour en faire sortir toutes les déductions possibles. Au contraire, les résultats qui ne s'obtiendraient qu'à l'aide de quelque autre donnée de l'observation rentreraient essentiellement dans la mécanique appliquée.

La loi spéciale des fluides paraît due à Euler. C'est du moins ce géomètre qui, le premier, a eu la gloire de l'envisager avec toute sa généralité, et qui en a fait la base de cette partie de la mécanique.

Examen de la méthode consistant à supprimer la loi expérimentale de transmission.

268. — Ainsi que nous l'avons énoncé précédemment, plusieurs savants de premier ordre, à la tête desquels se

place l'illustre Lagrange, ont établi la mécanique des fluides d'une manière mathématique, c'est-à-dire en s'appuyant seulement sur les trois lois fondamentales de la nature, et sans recourir à la loi spéciale de transmission. Au lieu de déduire ce principe de l'observation directe des phénomènes, ils en ont fait une simple conséquence logique des théorèmes généraux de la mécanique.

Nous n'avons pas cru devoir accepter ce point de vue, parce qu'il nous semble manquer de rigueur, et supposer implicitement ce qu'on s'efforce de démontrer.

Nous ne saurions mieux expliquer notre pensée qu'en recourant à l'un des plus savants interprètes de la méthode de Lagrange, et en citant textuellement les pages suivantes du *Traité* de M. Delaunay, qui ont pour objet d'établir la loi de transmission au moyen du principe des vitesses virtuelles.

« *Transmission des pressions dans les fluides.* — Considérons, dit ce géomètre[1], une masse fluide dans une enveloppe fermée, qu'elle remplit complétement, et supposons que ses molécules ne soient soumises à aucune force autre que les actions que chacune d'elles éprouve de la part des molécules voisines. Ce fluide exercera des pressions sur les diverses parties de l'enveloppe qui le renferme. Si l'on vient à enlever une petite portion de cette enveloppe, et si on la remplace par un piston A de même forme, mobile dans un bout du tuyau adapté au contour de

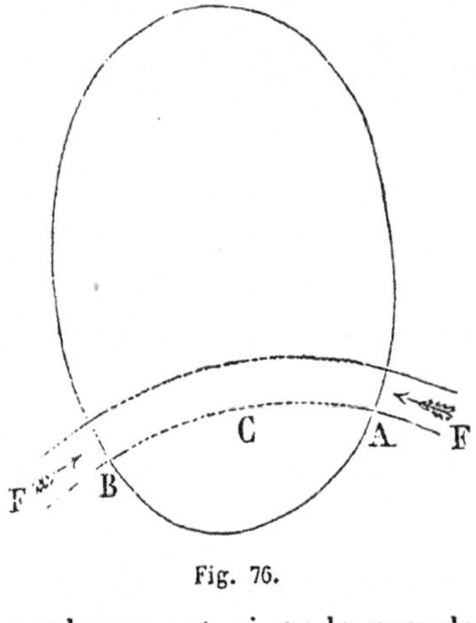

Fig. 76.

[1] *Traité de mécanique rationnelle*, page 400 et suivantes.

« l'ouverture ainsi produite, on conçoit que le fluide pourra « se trouver exactement dans les mêmes conditions que pré- « cédemment, *pourvu qu'on applique au piston* A *une* « *force convenable* F *dirigée parallèlement aux parois* « *du tuyau dans lequel il peut se mouvoir*. De même, on « pourra remplacer une autre portion de l'enveloppe par un « piston B, également mobile dans un bout de tuyau, et sou- « mis à l'action d'une certaine force F′, sans que le fluide « cesse d'être exactement dans les mêmes conditions. Cela « posé, nous allons voir que, si les bases des deux pistons « A, B sont égales, les deux forces F, F′ doivent aussi être « égales.

« Pour démontrer cette proposition, imaginons que nous « réunissions les deux bouts de tuyaux dans lesquels peu- « vent se mouvoir les deux pistons A, B, par un canal courbe « ACB, contenu tout entier à l'intérieur de l'espace occupé « par le fluide et se raccordant à ses deux extrémités avec « ces bouts de tuyaux; nous pourrons même supposer que « la section transversale de ce canal ACB soit partout égale « à la base de l'un des pistons A, B. Le fluide dont il s'agit « étant en équilibre, nous pouvons lui appliquer le théorème « du travail virtuel. Pour cela, concevons que le piston A « marche d'une quantité infiniment petite ε vers l'intérieur « de l'enveloppe; que la portion du fluide qui est située en « dedans du canal ACB glisse le long de ce canal sans en « sortir, et suive ainsi le mouvement du piston A, tout en « conservant le même volume; qu'en conséquence le piston « B marche vers l'extérieur d'une quantité égale à ε; enfin « que toute la portion du fluide qui se trouve en dehors du « canal ne se déplace pas. Pour ce déplacement virtuel par- « ticulier du système matériel que nous considérons, *la* « *somme des travaux virtuels des forces qui sont appli-* « *quées à ses diverses parties doit être nulle*. Or, la por- « tion ABC du fluide, qui se déplace seule, ne change pas

« de volume; les diverses parties qui la composent se meu-
« vent séparément en glissant simplement les unes sur les
« autres, ou bien sur la partie du fluide qui est en dehors du
« canal ACB et qui reste immobile; mais ce glissement
« s'effectue *sans qu'il y ait de frottement, en raison de la*
« *fluidité parfaite du système* : il résulte de là et de ce que
« nous avons dit à l'occasion des systèmes matériels dans
« lesquels on imagine des liaisons, que la somme des tra-
« vaux virtuels dus aux actions que les molécules du fluide
« tout entier exercent les unes sur les autres est égale à zéro.
« D'après cela on voit que la somme des travaux virtuels des
« forces appliquées à notre système matériel se réduit à

$$F\varepsilon - F'\varepsilon,$$

« et, comme cette somme doit être nulle, il s'ensuit qu'on a

$$F = F'.$$

« On conclut de la proposition qui vient d'être établie que
« la force F, appliquée au piston A, donne lieu à une pres-
« sion égale à F sur toute portion de l'enveloppe ayant une
« étendue égale à a, base de ce piston. C'est ce qui cons-
« titue le *théorème de la transmission des pressions* dans
« un fluide dont les molécules ne sont soumises à aucune
« force autre que les actions que chacune d'elles éprouve de
« la part des molécules voisines. »

Certes, il est difficile de présenter cette démonstration sous une forme plus claire, et, en quelque sorte, plus persuasive. Néanmoins nous allons voir qu'au fond elle manque de rigueur. Reprenons chacune des parties que nous avons, à dessein, écrites en caractères italiques.

En premier lieu, on remarquera que la force dont il est parlé pour remplacer sur le piston l'effet de la paroi elle-même est tacitement supposée normale à cette paroi : car sans cela la démonstration ne pourrait conclure. Imaginons en effet pour un instant que la force F′ soit oblique à la paroi B, et ait une direction telle que F″; pour mieux dire, imaginons que le bout du tuyau, au lieu d'être implanté normalement à l'enveloppe, suivant BB′, ait la position BB″. Le chemin parcouru BB″, dans ce tuyau, devrait alors être plus grand que BB′ ou ε, pour que le volume engendré BB″*b*″ restât égal à BB′*b*′ qui correspond à l'enfoncement ε du piston A. Donc, les deux travaux Fε et F″ε″ étant égaux, et ε″ étant plus grand que ε, il s'ensuivrait que F″ est moindre que F, conclusion qui n'est pas celle qu'on poursuit. Ainsi, il est bien reconnu que les pressions sont supposées tacitement normales à l'enveloppe. Or, sur quoi se fonde-t-on pour admettre, *a priori*, cette perpendicularité? quel motif en peut-on donner en dehors de l'observation, c'est-à-dire en dehors de la loi expérimentale de transmission elle-même?

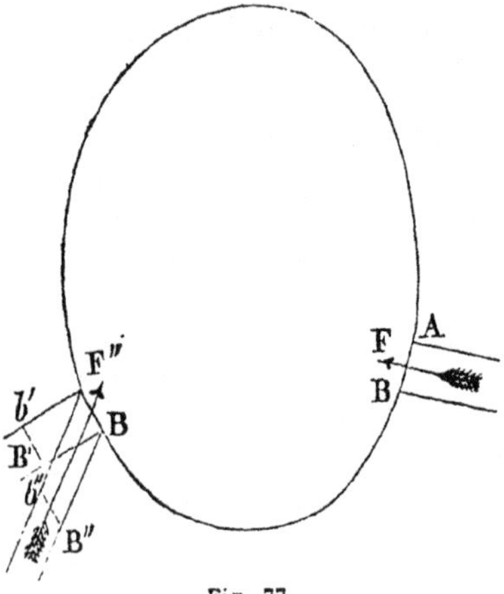

Fig. 77.

A la vérité, certains géomètres invoquent une raison de symétrie, tirée de *la distribution uniforme des molécules du fluide autour de l'élément de surface que l'on considère*. Mais cette raison, tout au plus admissible quand l'élément superficiel en question appartient à un plan indéfini, cesse d'avoir aucune valeur quand il s'agit d'une paroi courbe. Car cette uniformité de distribution n'a lieu, autour de l'élément, qu'à des distances infiniment petites; et qu'est-ce qui prouve que l'influence de la masse environnante cesse à une distance inappréciable? Qu'en peut-on savoir autrement que par l'expérience? On prétendrait à tort qu'il est évident, *a priori*, que la force ne peut être oblique à la paroi et que la disposition du tuyau, figurée tout à l'heure, choque invinciblement l'esprit. Il est bien vrai que notre sentiment repousse une semblable hypothèse : mais ce sentiment n'a d'autre source que l'épreuve journalière que nous avons faite de ce genre de phénomènes. Hors de l'observation physique, nous n'aurions aucun motif sérieux d'affirmer que la résultante des actions moléculaires du fluide n'est pas oblique à la paroi qui le contient.

Ce premier point de la démonstration citée plus haut n'est donc pas établi d'une manière satisfaisante.

En second lieu, on avance que la somme des travaux virtuels sera nulle, parce que les molécules du fluide renfermé dans ce canal glissent sans frottement les unes sur les autres ainsi que sur celles du fluide environnant.

Pour que les points matériels ne développent pas de travail, en vertu de leurs actions réciproques, il ne suffit pas qu'ils soient parfaitement fluides, mais il faut que leurs distances ne varient pas : car dans un fluide qu'on comprime, par exemple, la fluidité ne disparaît pas, et cependant il se produit un travail, en raison de cette compression même. Ici, à la vérité, on suppose que le volume ne change pas : mais cela n'est pas suffisant, car le travail n'est identiquement égal à zéro qu'autant que *chaque distance, des molécules deux à deux*, n'a pas changé (n° 144). Or, le volume de l'ensemble du canal pourrait très-bien rester le même, et le fluide s'être comprimé ici, dilaté là, de façon à ce que le travail total ne fût pas nul. Jusqu'à un certain point cette objection disparaîtrait pour les liquides, ou l'on imaginerait les molécules constamment au contact absolu ; mais elle subsisterait en entier pour les gaz. Et qu'on remarque bien l'insuffisance d'une argumentation consistant à nier la possibilité de l'équilibre d'un fluide inégalement comprimé dans ses diverses parties : car ce serait là précisément s'appuyer sur le fait en question, savoir l'égalité de pression en tous les points.

Enfin. on ne peut pas affirmer davantage que le fluide du canal glisse sans frottement contre celui qui l'entoure : car la conception de la fluidité parfaite n'emporte pas nécessairement cette conséquence. On peut fort bien imaginer que le frottement ne se développe pas au sein d'une masse, libre dans toutes ses parties, qui par une sorte d'élasticité d'ensemble s'associe aux ébranlements particuliers qui ont lieu en telle ou telle région ; mais, une fois cette élasticité disparue, par suite de l'immobilité supposée dans certaines parties de la masse, on ne voit pas du tout ce qui doit se passer ; et on ne pourrait le conclure avec quelque certitude que d'expériences directes qui, si on parvenait à les effectuer rigoureusement, ne seraient certainement pas plus satisfaisantes pour l'esprit que celles qui établissent la loi de transmission elle-même.

Ces considérations nous ont paru décisives pour rejeter cette méthode. Nous osons espérer qu'elles suffiront au lecteur pour se ranger à une opinion qui fut celle de Maclaurin, d'Euler et de Poisson.

Remarques.

269. — 1° Nous croyons devoir, dès maintenant, prémunir le lecteur contre une idée fausse qu'il pourrait se former sur la mécanique des fluides, d'après l'ordre des matières adopté dans les deux chapitres suivants. On remarquera, en effet, que nous y développons la théorie de l'équilibre avant la théorie du mouvement. Mais il ne faudrait point en conclure que c'est afin d'édifier celle-ci sur celle-là. Une telle subordination de la question dynamique à la question statique, bien qu'admise habituellement dans les traîtés, n'est

nullement nécessaire, et serait en outre une dérogation à la méthode que nous avons suivie dans tout le cours de cet ouvrage. Si nous avons conservé ici exceptionnellement la division ordinaire, c'est dans l'unique but de familiariser plus aisément avec l'usage de la loi de transmission, qui s'observe mieux dans les cas de repos que dans les cas de mouvement. Mais nous aurons soin, en nous occupant de ces derniers, de les traiter d'une manière tout à fait indépendante des résultats statiques, et de montrer comment on aurait pu intervertir, sans difficulté, l'ordre des matières, et faire dériver, comme toujours, l'équilibre du mouvement. Il est donc entendu que la division qui suit n'est qu'un expédient didactique et non un enchaînement logique.

2° Nous recourrons fréquemment à un artifice dont il importe d'établir la parfaite légitimité. Nous considérerons les fluides comme des corps continus, décomposables en parties juxtaposées entre lesquelles il n'existe pas de vides. Evidemment les choses n'ont pas lieu ainsi dans la nature, et tout fait présumer, au contraire, que les molécules fluides sont séparées par des intervalles vides, dont les dimensions sont souvent bien supérieures à celles des molécules elles-mêmes. Mais, dans tous les cas, les unes et les autres sont fort petites, et l'erreur commise en remplaçant les coordonnées véritables d'une molécule par celles de la partie imaginaire pleine qui la comprend effectivement est tout à fait négligeable, quelle que soit la fonction analytique des coordonnées ; pourvu que, d'une part, ces parties imaginaires soient elles-mêmes fort petites, et que, d'autre part, la fonction ne change pas brusquement de valeur pour des variations insensibles des coordonnées. Or le faible écartement réel des molécules permet d'établir des divisions fort petites, et contenant toujours néanmoins de la matière du fluide. Quant aux fonctions que nous aurons à traiter, elles n'offrent pas la particularité que nous venons de signaler. La substitution dont il s'agit est donc parfaitement permise. Ce point a, du reste, été déjà élucidé dans la mécanique générale, à l'occasion des centres de gravité et des moments d'inertie (n° 183). Nous n'avons donc pas besoin d'insister davantage.

En même temps que nous remplacerons les coordonnées des molécules par celles de ces parties artificielles, nous ferons une substitution analogue pour la masse, c'est-à-dire que la masse du volume occupé réellement par le fluide sera considérée comme étant homogène dans toute l'étendue de la petite division, et comme ayant pour densité constante la densité moyenne du fluide en cette région. Ce n'est là, d'ailleurs, que l'application de la définition générale de la densité pour des corps quelconques.

Quant à la forme géométrique des parties artificielles ainsi établies, elle variera évidemment selon les convenances de notre calcul. Le plus souvent, ce sera celle de petits parallélipipèdes ayant leurs forces respectivement parallèles à trois plans de coordonnées rectangulaires.

3° Les questions relatives aux fluides ne sont pas traitées généralement au point de vue de la position de tel ou tel point particulier du fluide, mais au point de vue de ce qui se passe en un lieu déterminé de l'espace. Ainsi, dans un fluide en équilibre, on ne recherche pas la place qu'occupera une certaine molécule du fluide, considérée *a priori*, et les forces qui la solliciteront, mais bien l'état du fluide en un certain lieu et les forces qui agissent sur les molécules quelconques qui s'y trouvent. De même, dans un fluide en mouvement, on n'examine pas la vitesse et les forces concernant une molécule dont on voudrait suivre la trajectoire depuis l'origine, mais on considère les vitesses et les forces dont se trouvent animées les molécules au moment où elles traversent une région déterminée. On conçoit d'ailleurs que les deux points de vue sont, dans le fond, équivalents, en ce sens que, tous les résultats relatifs à l'un d'eux étant établis, on peut théoriquement en déduire les résultats relatifs à l'autre. Mais le premier point de vue est beaucoup mieux approprié à la conformation de notre esprit, en vertu de laquelle nous nous trouvons beaucoup plus intéressés par la connaissance de ce qui se passe dans un certain lieu de l'espace, que par celle des phénomènes que peuvent offrir individuellement les molécules du fluide, suivies dans toutes leurs péripéties. L'identité que nous offrent ces molécules entre elles nous rend en effet indifférents à ce qui les concerne séparément.

CHAPITRE II.

ÉQUILIBRE DES FLUIDES OU HYDROSTATIQUE.

Nous nous proposons, dans ce chapitre, de rechercher les conditions générales de l'équilibre d'un fluide soumis à des forces quelconques. Les principales conséquences que nous en déduirons sont relatives à la figure d'équilibre et à la pression.

Équations générales de l'équilibre.

270. — Considérons un fluide immobile, compressible ou élastique, homogène ou hétérogène[1], soumis à des forces absolument quelconques, qui ne troublent point son immobi-

[1] Les mots *homogène* et *hétérogène* recevront dans ce livre un sens différent de celui qu'ils ont eu jusqu'ici. Dans la mécanique générale, ces termes signifient que la densité est ou n'est pas constante ; c'est là, en effet, tout ce qui intéresse au point de vue du mouvement que les masses des corps peuvent recevoir. Mais, lorsqu'on considère des fluides compressibles, il y a lieu de tenir compte de cette circonstance, que deux gaz de même densité et de nature différente développent des pressions très-inégales, chose bien plus mportante que la connaissance de la masse totale. Aussi l'homogénéité s'entend elle de la nature du fluide ; et un même fluide dont les diverses parties n'auraient pas les mêmes densités, par suite d'inégalités des pressions, n'en serait pas moins dit homogène.

lité actuelle. Il s'agit d'établir les équations qui doivent exister entre ces forces.

Rapportons les points matériels du système à trois axes de coordonnées rectangulaires OX, OY, OZ; et soit M un point quelconque de la masse.

Imaginons que le volume entier du fluide soit décomposé en parallélipipèdes élémentaires, par des plans parallèles aux plans coordonnés. On pourra remplacer le corps réel par un corps fictif, formé de l'ensemble de tous ces parallélipipèdes juxtaposés, renfermant chacun la portion exacte de matière qui est réellement contenue sous le même volume de fluide.

Soit $Mabc$ le petit parallélipipède passant par le point M, et x, y, z les coordonnées de ce point. Les dimensions de ce parallélipipède pourront être représentées respectivement par les différentielles dx, dy et dz des coordonnées.

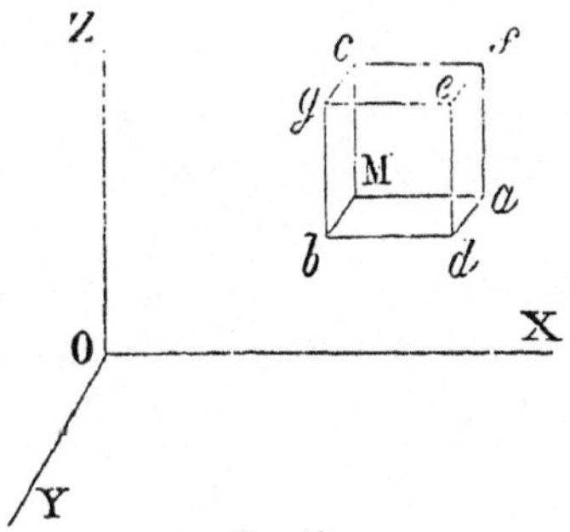

Fig. 78.

La densité ρ du fluide, généralement variable d'un point à un autre de la masse, sera une certaine fonction des coordonnées, et on pourra la supposer constante dans toute l'étendue d'un parallélipipède.

La pression, rapportée à l'unité de surface, qui s'exerce sur un élément plan quelconque mené dans le fluide, sera également une certaine fonction des coordonnées de cet élément.

Soit enfin X, Y, Z les composantes de la force, rapportée à l'unité de masse, qui sollicite directement une molécule du fluide. Ces composantes, pour la masse dm du parallélipipède $Mabc$, seront exprimées par Xdm, Ydm, Zdm, ou par $X\rho dxdydz$, $Y\rho dxdydz$, $Z\rho dxdydz$, puisque $dxdydz$ représente le volume de ce parallélipipède, et ρ sa densité.

Cela posé, recherchons toutes les forces qui agissent sur l'élément M*abc*, et écrivons que cet élément est immobile sous leurs influences combinées.

Soit d'abord les forces parallèles à l'axe des x : — Elles se réduisent à X*dm*, plus les composantes qui proviennent de toutes les actions du milieu environnant. Or, ces actions étant respectivement normales aux éléments plans sur lesquels elles s'exercent, on n'a à s'occuper ici que de celles qui ont lieu sur les deux faces perpendiculaires à la direction de l'axe des x, c'est-à-dire sur les deux faces M*bgc* et *adef*.

Soit donc p la pression, rapportée à l'unité de surface, que le fluide engendre sur le premier de ces éléments plans. Sur l'élément opposé, elle sera $p+dp$. Puisque la pression est, dans tous les cas, une fonction des trois coordonnées, il est clair que pour avoir dp, il faudra prendre la différentielle de la valeur de p, où l'on considérera x comme seule variable, et y et z comme constantes. En effet, ces deux dernières coordonnées ont les mêmes valeurs pour les divers points, chacun à chacun, des deux faces. La pression, rapportée à l'unité de surface, qui agit sur l'élément *adef* sera donc exprimée par $p+\frac{dp}{dx}dx$. Conséquemment, les forces développées par le fluide, sur les deux plans, auront respectivement pour valeurs les pressions précédentes, multipliées par la superficie $dydz$ de chacun de ces plans. Ainsi, ces forces seront égales à

$$p.dydz \quad \text{et} \quad \left(p+\frac{dp}{dx}dx\right)dydz.$$

Le parallélipipède M*abc* étant immobile, il s'ensuit que ces deux forces, combinées avec X*dm*, donnent une somme égale à zéro. Mais remarquons que les pressions sont opposées sur les deux faces, et que celle qui agit sur *adef* est négative : donc le terme $pdydz$ disparaît, et la relation se réduit à

$$-\frac{dp}{dx}dxdydz + X\,dm = 0\ .$$

Or, nous savons que $dm = \rho dxdydz$; si nous substituons et que nous effacions le facteur commun $dxdydz$, nous obtenons finalement :

$$\frac{dp}{dx} = \rho X.$$

On raisonnera de la même manière pour chacun des deux autres axes; et, en désignant respectivement par q et r les pressions sur M*acf* et sur M*adb*, on aura les deux relations :

$$\frac{dq}{dy} = \rho\,Y,$$

$$\frac{dr}{dz} = \rho\,Z.$$

Remarquons que jusqu'ici nous n'avons pas complétement exprimé que nous avons affaire à un fluide. A la vérité nous avons bien écrit que les pressions produites sur les faces du parallélipipède leur étaient normales ; mais ces pressions pourraient être déterminées par des circonstances quelconques ; on pourrait supposer, par exemple, que les parallélipipèdes sont autant de petits solides, placés les uns contre les autres, et qu'ils se transmettent conséquemment en ligne droite les actions, parallèles aux axes, des forces qui sollicitent chacun d'eux. Le caractère de la fluidité, c'est que les pressions p, q, r, au lieu de coexister autour d'un même point M, sans relation nécessaire entre elles, sont assujetties à se trouver parfaitement égales, en vertu de la loi spéciale des fluides.

Donc les trois équations ci-dessus, appropriées actuellement à l'état de fluidité, sont les suivantes :

$$(E)\quad \begin{cases} \dfrac{dp}{dx} = \rho X, \\[2ex] \dfrac{dp}{dy} = \rho Y, \\[2ex] \dfrac{dp}{dz} = \rho Z. \end{cases}$$

Telles sont les conditions générales auxquelles doit satisfaire un fluide quelconque pour demeurer en équilibre sous l'action des forces qui le sollicitent.

271. — *Remarque.* Lorsqu'il s'agit d'un fluide élastique, il faut joindre aux relations ci-dessus une quatrième équation spéciale, puisque, dans les gaz, la densité et la pression en chaque point sont proportionnelles l'une à l'autre ; en supposant, bien entendu, que la température ne varie pas dans toute l'étendue du fluide. Donc, indépendamment de toute autre considération, on doit avoir :

$$(b)\qquad p = k\rho,$$

k étant une constante.

On ne serait donc pas assuré que l'équilibre existe dans un gaz, si l'on savait seulement que les trois équations (E) sont satisfaites, il faut nécessairement qu'il en soit de même de la relation (b).

Au contraire, dans les fluides incompressibles, homogènes ou hétérogènes, il n'y a aucune équation de ce genre dont on doive tenir compte, puisque la densité est absolument indépendante de la pression. Lorsqu'elle varie d'un point à un autre de la masse, c'est-à-dire lorsque le fluide est hétérogène, ce phénomène tient à la nature même du corps et nullement aux pressions auxquelles il est soumis.

272. — Ajoutons ensemble les trois équations (E), après les avoir respectivement multipliées par dx, dy, dz. Il vient :

$$\frac{dp}{dx}dx + \frac{dp}{dy}dy + \frac{dp}{dz}dz = \rho(X\,dx + Y\,dy + Z\,dz).$$

Le premier membre représente la différentielle totale de p, prise par rapport aux trois variables indépendantes x, y, z ; on peut la désigner simplement par dp, d'après le sens convenu des notations analytiques. L'équation s'écrit donc :

$$(e) \qquad dp = \rho(X\,dx + Y\,dy + Z\,dz),$$

et nous verrons au numéro suivant qu'elle donne lieu à des interprétations très-intéressantes.

Pour le moment, remarquons que, p étant une fonction des trois coordonnées, il s'ensuit que dp ou $\rho(Xdx + Ydy + Zdz)$ doit être la différentielle exacte d'une fonction de trois variables indépendantes x, y, z. Réciproquement, quand cette condition sera remplie, les trois équations (E) de l'équilibre seront satisfaites, puisqu'en formant les dérivées partielles de cette fonction, d'abord pour x, puis pour y et enfin pour z, on trouvera pour les valeurs de ces dérivées les quantités ρX, ρY et ρZ ; ce qui établit précisément les équations (E).

Pour obtenir la valeur de la pression en un point quelconque, il suffira de connaître la loi de variation de la densité du fluide ainsi que la loi des forces qui sollicitent directement ses molécules. En substituant dans l'équation (e), on formera une fonction dont l'intégrale totale fournira la pression cherchée.

273. — **Surfaces de niveau, surface libre.** On nomme surface de niveau d'un fluide l'ensemble des points de ce fluide où la pression a la même valeur.

Il est facile de voir que dans une masse en équilibre il y a toujours une infinité de surfaces de niveau.

D'après la définition, les points appartenant à une telle surface seront caractérisés par cette propriété que la différentielle dp soit nulle en passant de l'un de ces points à un autre. On devra donc avoir

$$(1) \qquad 0 = \rho\,(X\,dx + Y\,dy + Z\,dz).$$

Pour satisfaire à cette condition, on ne peut pas supposer que ρ soit égal à zéro : car alors le fluide cesserait d'exister; il faut donc qu'on ait la relation

$$(2) \qquad X\,dx + Y\,dy + Z\,dz = 0.$$

Si l'on se reporte aux nos 87 et 144 de la Mécanique générale, on verra que la plupart des forces naturelles s'exercent suivant des lois telles que la quantité $X dx + Y dy + Z dz$ est la différentielle exacte d'une fonction de x, y, z, considérées comme variables indépendantes; de sorte que, si $\varphi(x, y, z)$ représente cette fonction, on a

$$d\varphi(x, y, z) = X\,dx + Y\,dy + Z\,dz.$$

Il résulte de là

$$(3) \qquad \varphi(x, y, z) = C.$$

C étant une constante arbitraire.

Cette équation (3) représente précisément une surface de niveau quelconque. En effet, si on assigne à C une certaine valeur, on obtiendra une surface correspondante, qui satisfera à la condition que tous les points qui lui appartiennent jouissent de la même pression, puisque l'équation (1) est alors identiquement vérifiée.

En donnant à C autant de valeurs différentes qu'on le voudra, on obtiendra toutes les surfaces de niveau possibles; et, comme chaque valeur de C correspond à un point du fluide arbitrairement choisi, il s'ensuit que, pour chaque point, on peut tracer une surface de niveau, et que cette surface est la seule qui passe par ce même point.

Ce résultat donne le motif de la dénomination adoptée en mécanique générale pour les surfaces qui correspondent à des vitesses égales du mobile. On voit en effet que ces surfaces sont déterminées par la même équation $\varphi(x, y, z) = C$ qui, dans l'équilibre des fluides, fait connaître les lieux des points pour lesquels la pression est constante. Or, dans le cas particulier où les forces se réduisent à la pesanteur, les surfaces de niveau du fluide deviennent des plans horizontaux, vulgairement appelés *plans de niveau*. Il est donc naturel d'étendre, par analogie, cette dénomination aux surfaces de niveau en général, et par suite aux surfaces qui correspondent à la même vitesse du mobile.

Une autre conséquence, également démontrée dans le n° 87 précité, trouve ici son application : c'est que la direction de la force X, Y, Z est en chaque point normale à la surface du niveau qui passe par ce point : d'où résulte que, si toutes ces forces X, Y, Z sont parallèles, — ainsi que cela a lieu dans le cas où la pesanteur agit seule, — les surfaces de niveau sont planes et perpendiculaires à la direction commune des forces.

La *surface libre* d'un fluide, c'est-à-dire la surface qui le limite, est nécessairement une surface de niveau, si l'on suppose que la pression est nulle ou constante sur tous les points extérieurs : car, dans l'un et l'autre cas, dp est égal à zéro, et par suite on retombe sur toutes les déductions précédentes. Ainsi, lorsque la surface libre d'un fluide est soustraite à toute pression extérieure, ou que cette pression, rapportée à l'unité de superficie, est constante, on est assuré que, si le fluide est en équilibre, la résultante totale des actions qui sollicitent chaque molécule est normale à la surface libre. C'est ce qui se réalise, par exemple, pour les eaux tranquilles, c'est-à-dire soumises à la pression de l'atmosphère non agitée et à la gravité. L'atmosphère exerce une pression sensiblement constante ; et, quant à la gravité, elle n'a pas, il est vrai, une direction constante pour des nappes d'eau très-étendues, mais elle satisfait toujours rigoureusement à la condition de rendre la quantité $Xdx + Ydy + Zdz$ différentielle exacte d'une fonction des coordonnées. C'est pourquoi on définit souvent *la verticale*, qui n'est autre que la direction de la pesanteur, *une perpendiculaire à la surface des eaux tranquilles.*

Remarque. — Dans les fluides élastiques, on ne peut jamais supposer une pression nulle à la surface, puisque la densité est proportionnelle à la pression. Il faut donc qu'une certaine pression extérieure agisse toujours sur la surface des gaz, et c'est pourquoi ils doivent être contenus dans des enveloppes fermées de toutes parts, sinon ils s'épanchent par l'orifice quelconque laissé ouvert, et disparaissent dans l'espace.

274. — ***Pressions et densités aux différents points du fluide.*** La valeur de la pression, en un point quelconque, est toujours facile à obtenir, d'après les considérations qui précèdent. En effet, si l'on désigne abréviativement par $d\varphi$ la différentielle totale exacte de la fonction $\varphi(x, y, z)$, on a :

$$(4) \qquad dp = \rho d\varphi,$$

d'où en intégrant :

$$p = k + \int \rho d\varphi ;$$

k étant une constante qu'on déterminera d'après la condition qu'en un point connu la pression possède une certaine valeur assignée *a priori*. Nous avons déjà remarqué que, p devant être une certaine fonction des coordonnées, dans l'état d'équilibre, il en résulte que $\rho d\varphi$ est une différentielle exacte. Or, pour que cette dernière condition soit satisfaite, il faut nécessairement que ρ soit une quantité constante ou une fonction de φ. C'est ce qu'on démontre dans le calcul intégral. Donc on aura à la fois

$$(5) \qquad \rho = f(\varphi), \quad p = k + F(\varphi),$$

d'où l'on conclut réciproquement

$$(6) \qquad \varphi = f_1(\rho), \quad p = k + F[f_1(\rho)] = k + F_1(\rho);$$

c'est-à-dire que la pression est une fonction de la densité.

Il en résulte que sur toute l'étendue d'une même surface de niveau, où la pression est constante, la densité doit être constante également, quelle que soit la nature du fluide considéré ; et que, si la pression varie d'une surface de niveau à l'autre, la densité varie également, à moins que le fluide ne soit incompressible et homogène : car, dans ce dernier cas, ρ est constant *a priori*, et cette constance permet néanmoins que p soit une différentielle exacte, puisqu'alors $p = k + \rho\varphi$.

Conséquences.

1° *Liquides homogènes.* — La densité est une quantité constante, assignée *a priori*, et qui ne peut varier sous l'influence des pressions. L'intégrale $\int \rho d\varphi$ se réduit à $\rho\varphi$; et par suite

$$(7) \qquad p = k + \rho\varphi.$$

La valeur de k est déterminée, comme nous avons dit, par la condition que la pression est connue pour un certain point : soit p_1 cette pression particulière, et φ_1 la valeur que prend la fonction φ lorsqu'on y remplace x, y, z par les coordonnées spéciales x_1, y_1, z_1 de ce point, on doit avoir :

$$p_1 = k + \rho\varphi_1,$$

d'où

$$(8) \qquad p = p_1 + \rho(\varphi - \varphi_1).$$

On obtiendra ainsi la pression p en un point quelconque, en donnant à la fonction φ la valeur qui correspond aux coordonnées du point considéré.

2° *Liquides hétérogènes.* — La densité est encore indépendante de la pression, et ne varie que suivant la nature du liquide. La loi de ces variations peut d'ailleurs être absolument quelconque, puisqu'elle n'influe pas sur l'équilibre. Tout ce qu'on est en droit de conclure, c'est que le liquide se trouve décomposé en tranches de niveau successives, dont la densité varie en passant de l'une à l'autre, mais demeure constante dans l'étendue de chacune d'elles. On sait aussi que la superposition de ces courbes a lieu de telle sorte que les plus denses soient les plus voisines des centres d'où émanent les forces qui les sollicitent. On a démontré en effet dans la mécanique générale (n° 149) que la stabilité de l'équilibre d'un groupe quelconque de corps pesants exige que le centre de gravité du système soit situé le plus bas possible, c'est-à-dire le plus près possible du centre d'attraction.

3° *Gaz homogènes.* — On connaît immédiatement la loi qui existe entre la pression et la densité, puisque, abstraction faite de la température, on a $p = k\rho$, k étant une constante qui dépend de la nature du gaz considéré, et qui est déterminée *a priori* par des expériences directes. Cette nouvelle relation permet de trouver la forme des fonctions qui expriment respectivement p et ρ au moyen de φ. En effet, en divisant la relation générale, commune à tous les fluides ———————————————— $dp = \rho d\varphi$

par la relation spéciale aux gaz homogènes ———— $p = k\rho$

on en déduit

$$(9) \qquad \frac{dp}{p} = \frac{d\varphi}{k},$$

équation immédiatement intégrable, et qui donne l'expression logarithmique

$$(10) \qquad p = Ce^{\frac{\varphi}{k}}, \quad \rho = \frac{k}{C}e^{\frac{\varphi}{k}},$$

e étant, comme on sait, la base des logarithmes népériens, et C une certaine quantité constante, qui se déterminera d'après la pression connue p_1 qui a lieu en un certain point pour lequel la fonction φ prend une certaine valeur φ_1. On a donc

$$p_1 = Ce^{\frac{\varphi_1}{k}},$$

et par suite, en divisant la relation (10) par cette dernière, il vient

$$(11) \qquad p = p_1 e^{\frac{1}{k}(\varphi - \varphi_1)},$$

en même temps que

$$(12) \qquad \rho = \frac{p_1}{k} e^{\frac{1}{k}(\varphi - \varphi_1)}$$

Si l'on veut tenir compte de la température, et que celle-ci ne soit pas la même aux différents points du fluide, *k* ne sera plus une quantité constante, mais bien une certaine fonction variable avec la température. Mais, comme la condition générale d'équilibre $dp = \rho d\varphi$ existe toujours, il s'ensuit que les équations (5) et (6) n'en ont pas moins lieu : donc on continuera à exprimer la pression en fonction de la densité. Mais, celle-ci étant, par hypothèse, fonction de la température, la pression en dépendra également. Ainsi la température et la pression demeureront constantes ensemble et varieront ensemble d'une région à l'autre du fluide. On en peut conclure que, si l'équilibre existe, la température sera la même à tous les points d'une même couche de niveau, puisque la pression y est la même en effet. D'après cela, dans notre atmosphère, où la température varie avec la hauteur, on voit que l'équilibre ne peut avoir lieu que si l'atmosphère est formée de couches de niveau isothermes; lesdites couches de niveau devant d'ailleurs être concentriques et sphériques, d'après la loi de variation des pressions. Or, ces couches ne sont pas réellement isothermes, parce que le soleil échauffe inégalement les différents points du globe et par suite l'air qui l'environne. L'équilibre n'existe donc pas, et c'est pour ce motif qu'on doit observer dans l'atmosphère des mouvements incessants qui, à défaut d'autres causes, suffiraient pour engendrer des vents réguliers et accidentels.

4° *Gaz hétérogènes.* — Enfin, quand la masse fluide est hétérogène, c'est-à-dire composée de plusieurs gaz différents, il faut, pour l'équilibre, que ces gaz soient superposés suivant des couches de niveau, et que les plus denses soient les plus rapprochées des centres d'actions; absolument comme dans les liquides. Mais cette disposition fait place, dans la nature, à une autre beaucoup plus stable. Les gaz ne se superposent pas, mais ils se mélangent intimement, de façon à former à la longue un seul et même fluide homogène. Cette pénétration mutuelle est due à des causes qui ne sont pas du ressort de la mécanique. Il nous suffit de remarquer qu'une fois l'homogénéité établie, la loi des pressions et des densités s'établit conformément à ce que nous avons vu plus haut.

Actuellement, nous appliquerons la théorie générale de l'équilibre des fluides aux cas particuliers suivants, qui sont les plus importants dans la nature :

1° Équilibre d'un liquide soumis seulement à la pesanteur;

2° Équilibre d'un gaz soumis aussi à la seule pesanteur.

Équilibre des liquides pesants.

275. — Considérons un liquide homogène qui n'est sollicité que par la gravité, et sur la surface supérieure duquel s'exerce la pression constante de l'atmosphère.

Supposons ce liquide renfermé dans un vase, dont le fond repose sur un plan horizontal SS ; et soit AB la surface libre du fluide.

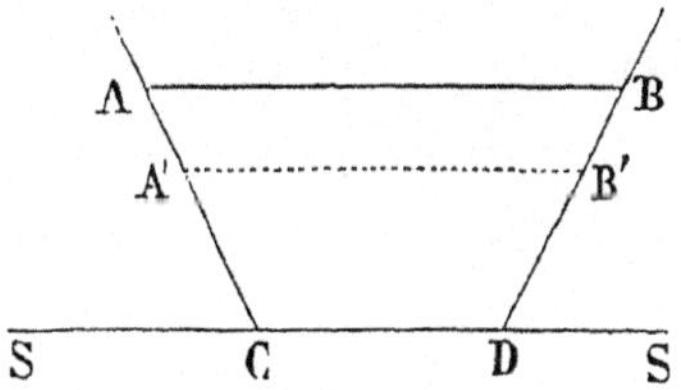

Fig. 79.

Il est immédiatement visible que toutes les surfaces de niveau sont des plans horizontaux, puisque ces surfaces doivent être normales à la direction de la pesanteur. La surface libre est donc un plan horizontal, et le fond du vase est une surface de niveau.

Nous choisirons pour plan des xy la surface libre du liquide, et pour axe des z positifs une droite verticale menée au-dessous de ce plan; de sorte que les z positifs soient comptés de haut en bas, et que par suite la pesanteur, qui agit dans le même sens, figure dans les formules avec le signe *plus*.

On obtiendra sans peine la pression, rappelée à l'unité de

surface, qui a lieu sur un plan horizontal quelconque A′B′ mené dans le liquide. On sait, en effet, d'une manière générale, que cette pression est exprimée par

$$p = k + \int \rho(\mathrm{X}\,dx + \mathrm{Y}\,dy + \mathrm{Z}\,dz),$$

k étant la pression connue, en un point déterminé du fluide.

Dans le cas spécial qui nous occupe, on aura X=o, Y=o, Z=g.

D'ailleurs ρ est constant, puisque le liquide est supposé homogène : donc

$$(1) \qquad p = k + \rho g z,$$

la quantité k est déterminée par la condition qu'à la surface supérieure du liquide, c'est-à-dire pour z=o, la pression p ne soit autre que celle de l'atmosphère. Mais, comme cette pression constante se transmet intégralement à tous les points du fluide, et qu'il sera toujours très-facile d'en tenir compte quand on le voudra, nous ne la ferons pas figurer explicitement désormais; de sorte que l'équation qui exprime la pression recevra la forme plus simple

$$p = \rho g z.$$

Nous pouvons en conclure sur-le-champ que la pression supportée par une tranche horizontale quelconque est proportionnelle à la profondeur au-dessous de la surface libre; et que pour des liquides différents elle varie en raison directe des densités respectives, — conséquences évidentes d'ailleurs *a priori*. —

La pression sur le fond du vase sera donc, par unité de superficie, égale à $\rho g h$, h désignant la hauteur totale du liquide; et la pression sur la surface entière de ce fond sera exprimée par

$$\mathrm{P} = ap = a\rho g h,$$

en représentant par a le nombre d'unités de superficie de la base C D.

276. — Ce résultat fort simple, dont la démonstration semble presque superflue, est pourtant éminemment remarquable, en ce qu'il nous montre que la pression sur le fond est indépendante de la forme du vase, et par conséquent de la masse totale du liquide qu'il peut contenir; mais qu'elle est invariablement égale au poids d'une colonne de liquide, ayant pour base le fond même du vase, et pour hauteur celle du liquide. D'où il suit que pour des vases de formes et de contenances très-diverses, qui iraient en s'élargissant ou en se rétrécissant vers le haut, et qui seraient remplis de liquide à la même hauteur, le fond serait exactement pressé de la même manière que s'il s'agissait d'un cylindre vertical. C'est ce que vérifie l'expérience; et l'on a pu observer, par exemple, qu'en surmontant une enveloppe fermée, pleine de liquide, d'une simple paille creuse de grande hauteur et débouchant dans l'enveloppe, on déterminait la rupture de cette dernière en remplissant la paille jusqu'à un niveau convenable.

Cette pression ne doit pas être confondue avec le poids même du liquide. Ces deux effets ne sont identiques que lorsque le vase a effectivement la forme d'un cylindre à parois parfaitement verticales. Dans tous les autres cas, la pression diffère du poids, et est plus grande ou plus petite que ce dernier, selon que le volume du fluide est, par suite de la forme du vase, inférieur ou supérieur au volume du cylindre dont nous parlons. On s'en rend compte sans peine, car le poids, ou la force nécessaire pour empêcher la masse fluide de tomber vers la terre, est évidemment égal à la résultante générale de toutes les pressions que le fluide exerce sur les parois qui le contiennent. Lorque le vase est, par exemple, un vase droit, on conçoit bien que les pressions latérales s'équilibrent comme symétriques; et, puisqu'il n'y a pas de pression sur le haut, il ne reste plus que la pression sur le fond, laquelle se trouve exactement égale au poids du fluide, ainsi que nous l'avons reconnu par le calcul tout à l'heure. Mais si le vase se rétrécit par le haut, c'est-à-dire si les parois sont obliques, une partie des pressions exercées sur le fond est équilibrée par les composantes verticales, dirigées toutes de bas en haut, que fournissent les pressions de ces parois obliques; de sorte que le poids, qui n'est que la résultante finale de l'ensemble, est moindre que la somme des pressions du fond, prises isolément. Au contraire, si le vase s'élargit, les composantes verticales fournies par les pressions obliques sont dirigées de haut en bas, et viennent s'ajouter à celles qui ont lieu sur le fond; si bien que le poids surpasse ces dernières, prises isolément. En un mot, suivant la forme du vase, il y a toujours une certaine quantité de pressions de sens contraires ou de même sens, fournies par les parois, qui se retranchent ou s'ajoutent aux pressions sur le fond, pour former le poids observé du liquide.

Il paraît inutile d'ajouter que tout ce que nous venons de dire relativement à la pression du fond s'applique intégralement à un plan de niveau mené à une hauteur quelconque dans le liquide.

277. — **Fluides mélangés.** Si l'on verse dans un même vase des fluides d'inégales densités, nous savons qu'ils se superposeront selon l'ordre décroissant des densités, et que toutes les surfaces de séparation seront des plans horizontaux.

Théoriquement, l'équilibre peut encore exister si les couches de niveau se superposent dans l'ordre croissant des densités; car la position la plus basse possible du centre de gravité n'est point indispensable (n° 149). Seulement, dans ce cas, l'équilibre est tout à fait instable, et le moindre ébranlement suffit pour le rompre. C'est pourquoi, lorsqu'on verse, avec de grandes précautions, un liquide plus lourd au-dessus d'un autre, on reconnaît que la plus légère secousse donnée au vase trouble cette disposition artificielle.

Quant à la pression sur un plan horizontal mené dans la masse des liquides superposés, il est facile de montrer, d'après les formules précédentes, qu'elle est égale au poids d'une colonne ayant pour base la section horizontale considérée, et composée de tranches successives des divers liquides, ayant pour épaisseurs celles qu'ils possèdent effectivement dans le vase. En d'autres termes, on peut dire que cette pression est égale au poids des divers liquides interceptés dans le vase par le cylindre vertical placé sur le plan en question.

Fluides hétérogènes. — Les conséquences qu'on vient de formuler, ayant lieu quel que soit le nombre des fluides superposés et quelles que soient les épaisseurs des tranches, doivent s'appliquer encore à la limite, c'est-à-dire lorsqu'il s'agit d'un seul fluide hétérogène. On voit que la densité est constante sur un même plan horizontal, et variable d'un plan à l'autre. Quant à la pression, elle est égale à

$$g\int_0^{z_1}\rho dz,$$

et il suffira de connaître la loi de variation de la densité en fonction de la profondeur.

Si la pesanteur elle-même variait d'une tranche à l'autre, — ce qui aurait lieu pour des points très-inégalement distants du centre de la terre, — il faudrait faire entrer g sous le signe de l'intégration, et connaître la loi suivant laquelle la pesanteur varie avec la distance.

Quand on considère des surfaces liquides très-étendues, comme celles des mers, les surfaces de niveau ne sont plus planes, puisque la pesanteur n'a pas la même direction pour tous les points; mais ces surfaces, n'en étant pas moins normales, en chaque point, à la direction de la gravité, ont une forme très-sensiblement sphérique, — si l'on ne tient pas compte, bien entendu, de la rotation du globe et de quelques autres circonstances. — La pression développée en un point quelconque de ces couches croît d'une manière sensiblement proportionnelle à la profondeur, en sorte que, pour certains points situés à plusieurs kilomètres au-dessous de la surface libre, la pression est égale à plusieurs centaines de fois celle de l'atmosphère. Sous des forces aussi énormes, les eaux sont nécessairement comprimées de manière à ce que la densité ne puisse pas être envisagée comme constante.

Mais des changements bien plus importants encore peuvent être déterminés par ces mêmes causes : il est possible, par exemple, que la loi de transmission ne se vérifie plus et que les liquides perdent en partie leur fluidité. Dans ce cas, les lois de l'équilibre nous échappent, et nous n'avons plus que des approximations incertaines.

Remarque. — Tout ce que nous venons de dire au sujet de la pression, rapportée à l'unité de surface, qui s'exerce sur un plan horizontal mené dans le liquide, s'applique évidemment a un plan ayant une direction quelconque, puisqu'on sait que, autour d'un point, la pression est la même dans tous les sens. La seule chose qui différencie la pression sur un plan oblique de celle qui a lieu sur un plan horizontal, c'est que, pour le premier, la pression varie d'un point à un autre, tandis qu'elle est constante pour le second. Cela tient à ce que les divers points du plan oblique, n'étant pas à la même profondeur dans le liquide, correspondent à des plans de niveau différents. La pression n'y peut donc être constante que le long d'une même ligne horizontale tracée dans ce plan oblique. Il faut donc concevoir ce dernier comme décomposé en une infinité de petites bandes horizontales,pour chacune desquelles la pression est constante et égale à celle qui a lieu sur toute la couche de niveau correspondante. Nous reviendrons plus tard sur ce point, quand il s'agira d'apprécier la pression totale produite sur une surface quelconque plongée dans le liquide.

278. — **Vases communiquants.** Nous considérerons d'abord un liquide homogène, contenu à la fois dans deux vases qui communiquent ensemble par leur partie inférieure.

Il est visible, sans démonstration spéciale, que les surfaces libres du liquide dans les deux vases seront situées sur un même plan horizontal. En effet, ces vases communiquant ensemble n'en constituent en réalité qu'un seul, d'une forme particulière. Mais l'on sait que la pression exercée sur une surface de niveau ne dépend en aucune sorte de la forme du vase. Donc, un même plan horizontal, mené à volonté dans le liquide, est également pressé, dans un vase et dans l'autre, par le fluide superposé; ce qui exige nécessairement que la hauteur du liquide au-dessus de ce plan soit partout la même.

Actuellement imaginons que dans l'un des vases on verse, au-dessus de la surface libre, un nouveau liquide, de densité quelconque ρ, et qui occupe une hauteur h. Il produira sur cette surface libre une pression égale à ρgh, par chaque unité de superficie. Mais, en vertu de la loi de transmission, cette pression se propagera intégralement dans toute la masse du fluide, et en particulier sur la surface libre de l'autre vase, où elle s'exercera de bas en haut. Pour que l'équilibre général ne soit pas troublé, il faudra que, dans ce second vase, ladite pression additionnelle soit neutralisée; ce qui pourra avoir lieu, soit en recouvrant la surface libre d'une paroi fixe horizontale, soit en superposant une quantité de liquide susceptible de produire exactement la même pression ρgh, par unité superficielle. Si donc on se sert d'un liquide différent, de densité ρ', il faudra que la hauteur h' soit telle que la pression $\rho' g' h'$ qu'il engendre soit égale à ρgh; d'où l'on déduit la relation simple :

$$\rho h = \rho' h', \qquad \text{ou} \qquad h : h' :: \rho' : \rho;$$

C'est ce qu'on énonce ordinairement en disant que, lorsque deux liquides différents se font équilibre dans des vases communiquants, leurs hauteurs respectives sont en raison inverse des densités.

Un tel équilibre est, de sa nature, éminemment instable, en ce sens que, le liquide le plus dense tendant toujours à gagner le fond du vase, l'échange se fera à la longue dans les deux vases, de telle sorte que dans l'un et dans l'autre on finira par avoir deux liquides à la fois, superposés dans l'ordre décroissant des densités, et ayant leurs surfaces de séparation dans le même plan horizontal. Pour conserver le premier équilibre, il sera nécessaire de s'opposer à ce mélange par un moyen quelconque, soit avec un diaphragme, mobile dans le canal de communication et le fermant exactement, soit en rendant la section de ce canal assez petite pour que le double mouvement des liquides ne s'y produise plus. On a reconnu, en effet, dans la pratique, qu'au-dessous de certaines limites de grandeur le mélange ne s'effectue plus; et, de là, l'origine des tubes dits capillaires, dont on fait usage dans un grand nombre d'instruments de physique, où il s'agit précisément d'empêcher le mélange des fluides en communication. Toutefois, cet obstacle n'est jamais absolu, et est d'autant moins efficace que la différence des densités est plus considérable.

Pressions exercées par un liquide sur une surface quelconque.

279. — Nous avons déjà vu, dans la remarque du n° 277, que la pression produite par un liquide sur un élément superficiel reste la même, quelle que soit la direction de cet élément, pourvu que sa distance à la surface libre ne change pas. Au moyen de ce théorème, nous allons calculer la valeur

de la pression totale qui s'exerce sur une surface finie quelconque.

1° — *Surfaces planes.* La pression produite par un liquide homogène sur un plan est égale au poids d'un prisme de ce liquide, qui aurait pour base la surface plane considérée et pour hauteur la distance de son centre de gravité à la surface libre du liquide. — D'où résulte que cette pression demeure la même quelle que soit la position du plan, pourvu que le centre de gravité reste à la même hauteur.

En effet, soit ω un élément quelconque de la figure plane considérée, p la pression, rapportée à l'unité de surface, qui s'exerce sur cet élément, z sa distance au niveau du liquide, et ρ la densité de ce dernier. La pression élémentaire $p\omega$ sera exprimée par $\rho g z \omega$. Pour avoir la pression totale de la figure plane, il faudra prendre l'intégrale de $\rho g z \omega$, étendue à tous les éléments de cette figure, c'est-à-dire l'intégrale de $z\omega$ seulement, puisque $g\rho$ est une quantité constante. Or, l'intégrale de $z\omega$ est précisément celle qu'on doit former quand on veut trouver le *moment* de tous les éléments de la surface par rapport à un même plan, qui est ici le plan de niveau. On sait, d'après la théorie des centres de gravité, que cette quantité est égale à l'étendue de la surface, multipliée par la distance du centre de gravité au même plan (n° 185). Donc, si l'on désigne par A la surface en question, et par z_1 la distance de son centre de gravit au plan de niveau, l'intégrale ci-dessus sera égale à Az_1 ; et, par suite, la pression totale cherchée aura pour expression :

$$\Pi = \rho g A . z_1 ,$$

ce qui est justement le théorème énoncé.

Remarque. — On ne doit pas confondre le centre de gravité avec le point d'application de la résultante des pressions qui s'exercent sur tous les éléments du plan considéré.

Ces deux points ne coïncident pas entre eux. En effet, le centre de gravité satisfait à la condition d'être le *centre des forces parallèles,* c'est-à-dire le point d'application de la résultante de forces qui s'exerceraient avec une égale intensité et suivant la même direction sur chaque élément égal de la surface. Au contraire, le second point dont nous parlons, que nous nommerons *centre de pression,* se déterminerait en cherchant la résultante de forces, parallèles comme précédemment, mais inégales pour des éléments égaux de surface, puisque ceux-ci sont à des profondeurs différentes dans le liquide. Le centre de gravité et le centre de pression ne coïncideraient que si les pressions partielles avaient toutes la même valeur, circonstance qui n'a lieu que dans le cas très-particulier où le plan considéré est horizontal, comme, par exemple, pour le fond du vase.

2° — *Surfaces courbes.* Lorsque la surface n'est pas plane, on ne peut plus évidemment, pour obtenir la pression totale, prendre l'intégrale de $\rho g z \omega$, étendue à tous les points de la surface. Car les pressions élémentaires cessent d'être parallèles, pour demeurer respectivement normales aux éléments sur lesquels elles s'exercent. La méthode générale consiste à décomposer chaque pression suivant les trois axes de coordonnées, et à former ensuite les intégrales correspondant à ces trois séries de composantes. De la sorte, on obtient trois résultantes parallèles aux axes, dont les points d'application respectifs dépendent de la forme de la surface, et qui ne coïncident pas entre eux. Les pressions ne sont donc pas réductibles à une force unique; on peut les ramener seulement au système de deux forces, ou, ce qui revient au même, au système d'une force unique et d'un couple. D'après cela, une portion courbe quelconque d'une paroi, ou cette paroi courbe tout entière, éprouve à la fois une *poussée* et une *torsion.* Si les effets n'en sont pas rendus visibles, c'est parce que les deux efforts sont neutralisés par la jonction de cette surface avec les autres parties de l'enveloppe.

Les pressions ne se réduisent à une force unique que lorsqu'il s'agit de la surface entière d'un corps plongé dans le liquide. Dans ce cas, la résultante est toujours verticale. C'est ce qui fera l'objet du paragraphe suivant.

Pressions exercées sur un corps solide plongé dans un liquide.

THÉORÈME D'ARCHIMÈDE.

280. — Considérons un corps entièrement plongé dans un liquide. En chaque point de la surface du corps, le liquide exerce une pression normale, dont l'intensité est précisément celle de la pression en tous sens qui a lieu en ce point même du fluide.

Imaginons que toutes les pressions, produites sur les divers éléments superficiels du corps, soient décomposées parallèlement à trois axes de coordonnées rectangulaires, dont l'un est, selon l'usage, choisi vertical.

Le fluide est sollicité seulement par la pesanteur. Nous allons prouver que toutes les composantes parallèles aux axes des x et des y, se détruisent deux à deux, et que le système des autres composantes, exclusivement verticales, donne une résultante unique, qui n'est jamais nulle, et qui a la direction commune de la pesanteur.

Prenons un point quelconque de la surface du solide, et décomposons parallèlement aux axes la pression qui s'exerce sur l'élément superficiel du corps. On pourra toujours trouver sur le contour du solide un autre élément dont la pression fournisse, suivant l'axe des x, une composante égale et directement opposée à celle qui provient du premier élément. En effet, la composante due au premier élément choisi est évidemment égale à la pression, rapportée à l'unité de surface, qui a lieu en ce point du fluide, multipliée par la projection de l'élément sur le plan des yz. Or, si, par l'élément en question, nous menons une parallèle à l'axe des x, cette droite ira percer le solide en un second point, et y déterminera un nouvel élément qui aura, sur le plan des yz, la même projection que le premier; car tous deux pourront être considérés comme des sections faites dans un même cylindre infiniment mince, qui est perpendiculaire au plan des yz. La composante, suivant l'axe des x, de la pression exercée sur ce second élément, sera pareillement égale à ladite projection, multipliée par la pression du fluide en ce point. Or, la pression est la même que tout à l'heure, puisque les deux points sont situés sur une même horizontale, et par suite sont à une même profondeur dans le liquide. Donc les deux composantes sont numériquement égales. D'ailleurs, elles agissent en sens inverses, puisque, les pressions s'exerçant toutes deux normalement à la surface du corps, et de dehors en dedans, il est visible que, si l'une des composantes pousse de la gauche vers la droite, l'autre poussera de la droite vers la gauche. Donc leurs effets se détruisent, puisque le corps est supposé solide. On ferait exactement le même raisonnement pour l'axe des y, en menant, par le premier point choisi, une parallèle à cet axe, et on reconnaîtrait que cette seconde série de composantes se réduit à zéro.

Il ne reste donc plus que les composantes verticales. Or, le fond même de notre argumentation montre que ces composantes ne se détruisent pas; car nous nous sommes appuyé sur ce que les deux points du corps, déterminés par une parallèle à l'axe des x, ou par une parallèle à l'axe des y, sont à la même profondeur dans le liquide. Mais si nous voulons déterminer encore deux nouveaux points, par une parallèle à l'axe des z, ils ne seront plus à la même profondeur, et par suite ne subiront pas les mêmes pressions. Donc les composantes verticales des pressions ne s'entre-détruiront pas. Il ressort même de là que ces deux composantes, qui agissent, comme précédemment, en sens contraires l'une de l'autre, ont une résultante égale à leur différence. Et quant à cette différence, on en voit tout de suite la valeur. Car chacune des deux composantes est égale à la projection horizontale commune des deux éléments, multipliée par la pression au point considéré ; or, si z et z' sont les deux ordonnées verticales, ρ la densité du liquide et γ la projection commune, les pressions seront respectivement égales à $\rho g z \gamma$ et $\rho g z' \gamma$. La résultante aura pour expression $\rho g(z'-z)\gamma = \rho g l \gamma$, en désignant par l la longueur du cylindre vertical infiniment mince qui joint les deux points, et qui a pour base la projection γ. Cette résultante est donc égale au poids du liquide qui remplirait le volume du cylindre. Nous pouvons continuer la même opération pour les autres éléments du corps, c'est-à-dire les envisager comme appartenant deux à deux à un même cylindre infinitésimal ; tous ces filets verticaux, ainsi tracés dans le corps, constituent le volume de ce corps lui-même ; en sorte que la résultante totale des pressions, qui est égale au poids du liquide qui remplirait l'ensemble des cylindres élémentaires, est égale aussi au poids du liquide qui remplirait le volume qu'occupe le corps. Quant au point d'application de la résultante, il est nécessairement placé au centre de gravité de ce volume liquide ; et le sens d'action de la force est opposé à celui de la pesanteur, ou dirigé de bas en haut, puisque les points inférieurs des corps sont ceux qui donnent les pressions excédantes.

Lorsque le corps n'est qu'en partie plongé dans le liquide, la même démonstration s'applique à la portion immergée. Il suffit, en effet, de concevoir que le corps soit divisé par le plan libre du liquide. La partie au-dessous représente un corps entièrement plongé, dont les points supérieurs supportent des pressions nulles. Le petit cylindre dont le poids exprime la résultante des pressions de deux éléments, situés sur la même verticale, est égal simplement à $\rho g z' \gamma$, puisque l'ordonnée z du point correspondant supérieur est nulle ; et rien n'est changé dans le raisonnement. Quant à la partie émergée du corps, c'est-à-dire celle qui est située au-dessus du plan libre, elle demeure tout à fait étrangère à l'évaluation des pressions. La résultante est donc représentée par le poids d'un volume égal au volume de la partie immergée, et agissant en sens contraire de la pesanteur.

281. — Le théorème qui précède est souvent établi par des considérations *a priori*, extrêmement simples, mais qui ont le tort, à notre avis, de ne pas rendre compte de la cause du phénomène. On raisonne ainsi :

Prenons un liquide en équilibre, et imaginons qu'une portion quelconque en soit tout à coup solidifiée, ce qui ne détruira pas l'équilibre primitif. Puisque cet état de choses subsiste après la solidification, il faut bien que l'ensemble des pressions exercées sur cette portion par le liquide ambiant soit précisément employé à en détruire le poids. Donc, la résultante de ces pressions équivaut à une force verticale, dirigée de bas en haut, et égale au poids du fluide solidifié. Le nouveau corps introduit subira les mêmes pressions, et par suite sera soumis à la même résultante verticale dont nous parlons.

C'est sous cette forme qu'Archimède paraît avoir produit le théorème qui a reçu son nom. Il ne faut pas oublier que ce grand homme était privé du calcul infinitésimal, en sorte que sa démonstration, quoique insuffisante aujourd'hui, n'en est pas moins, pour l'époque, une œuvre très-remarquable.

282. — *Remarque.* Si le liquide n'était pas homogène, mais était composé de couches de niveau superposées, de différentes densités, le même résultat subsisterait toujours,

et la force unique, provenant des pressions, continuerait à être égale au poids du liquide occupé par le corps, ce poids étant évalué en tenant compte des densités des diverses couches que le corps traverse.

On peut donc étendre le théorème à tous les liquides pour lesquels les surfaces de niveau sont très-sensiblement des plans horizontaux.

Si le centre de gravité du corps immergé, en totalité ou en partie dans un liquide quelconque, est situé sur la même verticale que le centre du volume du fluide déplacé, le poids du corps et celui de ce volume de fluide, agissant en ligne droite et en sens contraires, auront une résultante égale à leur différence numérique. C'est pour cela que le principe d'Archimède est souvent énoncé ainsi. Tout corps plongé dans un liquide perd une partie de son poids égale au poids du volume de fluide qu'il déplace.

Si les pressions exercées par le fluide, au lieu de varier avec la profondeur, — comme cela a lieu lorsqu'elles sont dues à l'action de la gravité, — étaient au contraire parfaitement égales en tous les points, l'argumentation produite au n° 280, pour les composantes parallèles aux axes des x et des y, subsisterait avec la même justesse pour l'axe des z; en sorte que l'ensemble de toutes les composantes se réduirait à zéro. Lors donc qu'on sollicite uniformément un corps par des actions normales sur toute la surface, on ne détermine dans ce corps ni une translation ni une rotation. Les plus grandes pressions exercées sur la surface d'un liquide ne feraient pas bouger un corps en équilibre au sein de ce liquide.

Équilibre d'un corps plongé dans un liquide ou flottant à sa surface.

283. — Quand un corps est entièrement plongé dans un

liquide, il est évident que, pour qu'il demeure en équilibre, il faut : 1° que le centre de gravité du corps et le centre de gravité du volume déplacé soient situés sur la même verticale; 2° que le poids du corps soit exactement égal à celui du liquide déplacé, ou que sa densité moyenne soit égale à la densité du fluide.

Si la densité du corps est plus grande que celle du liquide, le corps tombera jusqu'au fond du vase, en vertu de l'excès du poids sur la résultante des pressions. Cette chute ne s'arrêterait que si le solide atteignait des couches fluides d'une densité supérieure à la sienne.

Si, au contraire, le poids du corps est moindre que le poids du liquide déplacé, le corps sera poussé de bas en haut, et émergera en partie, jusqu'à ce que le volume occupé par la partie immergée corresponde à un poids de liquide exactement égal au poids total du corps. C'est ce dernier cas qui est le plus intéressant, en ce qu'il est la base de toute la théorie de la navigation. Le problème fondamental qui s'y rapporte est celui-ci :

Étant donné un corps quelconque, de densité moyenne inférieure à celle du liquide, déterminer la portion de ce corps qui doit être immergée pour que celui-ci reste en équilibre à la surface.

Si le corps et le fluide sont homogènes, il est clair que c'est là une pure question de géométrie qu'on peut énoncer ainsi : Diviser, par un plan, un volume en deux parties, telles que les centres de gravité des deux segments soient situés sur une même verticale, et que le volume d'un segment soit dans un rapport donné avec le volume total.

Ce rapport donné sera, pour l'équilibre d'un corps flottant, le rapport de la densité connue du corps à la densité également connue du liquide. En immergeant le segment qui satisfait à la double condition indiquée, le poids du fluide déplacé se trouvera égal au poids du corps, et comme, en outre, les deux forces agiront suivant la même droite, l'équilibre sera réalisé nécessairement.

284. — On n'a pas de démonstration bien satisfaisante pour établir que, quelle que soit la forme du corps, il y aura toujours une position d'équilibre; mais ce résultat n'est pas douteux, puisque l'expérience le confirme à tout moment. Dans une foule de cas on voit aisément *a priori* que cette position d'équilibre doit exister en effet. Si, par exemple, le corps est symétrique relativement à un axe passant par le centre de gravité, on n'aura qu'à immerger le corps de manière à ce que cet axe soit vertical. Alors les centres de gravité du segment et du corps total seront placés sur la même verticale, quel que soit le degré d'immersion. En enfonçant le corps plus ou moins, on fera varier comme on voudra le rapport du segment à celui du corps, et par conséquent on pourra l'amener à avoir la valeur assignée d'avance. Certains corps doivent même avoir une infinité de positions d'équilibre. Nous citerons entre autres la sphère et le cylindre circulaire. Le premier de ces corps peut évidemment être tourné dans tous les sens autour de son centre : pourvu que ce dernier reste à la même hauteur au-dessus du liquide, l'équilibre subsistera toujours. Le second pourra être tourné d'un angle quelconque autour de son axe placé horizontalement et maintenu à la même hauteur. La parfaite symétrie de la figure montre la permanence de l'équilibre. D'autres corps, sans offrir ces positions en nombre illimité, en auront plusieurs à la fois, qui dépendront de leur forme particulière.

285.— Nous en donnerons un exemple qu'on est en usage de présenter dans tous les traités. C'est celui du prisme droit, à base triangulaire, immergé de façon à ce que ses arêtes soient horizontales. Comme nous savons *a priori* que le centre de gravité du segment sera, aussi bien que celui du prisme entier, contenu dans une section perpendiculaire sur le milieu des arêtes, le problème se trouve ramené à la simple immersion de cette section ou à l'immersion d'une des bases.

Soit ABC la base triangulaire du prisme.

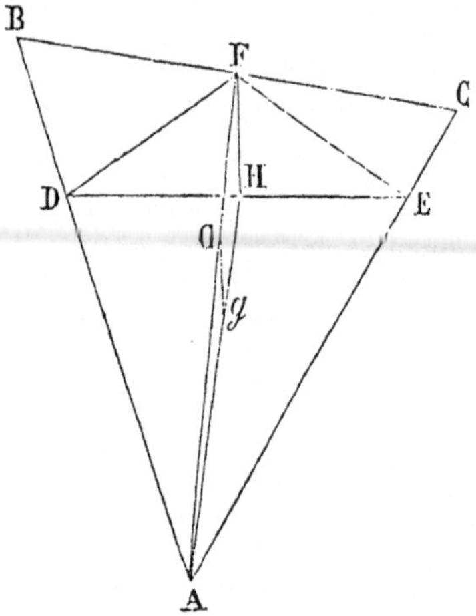

Fig. 80.

Deux cas se présentent, suivant qu'on veut immerger le prisme par une seule arête, ou par deux arêtes à la fois.

Supposons d'abord le premier cas, et soit DE la ligne d'intersection de la base triangulaire avec la surface du liquide. Pour simplifier le langage et nous conformer d'ailleurs aux usages reçus, nous nommerons cette intersection *ligne de flottaison*. De même, quand nous aurons à considérer l'intersection d'un volume en équilibre avec la surface du liquide, nous l'appellerons *plan de flottaison*.

Si nous joignons le point A aux points F et H, milieux de BC et de DE, et que nous prenions respectivement les points G et g, au tiers des longueurs à partir de BC et de DE, ces points seront les centres de gravité respectifs de la base totale ABC et du triangle immergé ADE. Puisque l'équilibre existe, ces centres de gravité satisfont à la condition que la droite Gg qui les joint est verticale, ou, ce qui revient au même, que la droite FH, qui lui est parallèle, est perpendiculaire à l'horizontale DE; d'où il suit que DF est égal à FE. Il faut en outre que le rapport du triangle ADE au triangle ABC ait une valeur assignée n, moindre que l'unité. Ces deux conditions, exprimées par des équations, vont nous permettre de déterminer les distances inconnues x et y, auxquelles les points D et E se trouvent placés, par rapport au sommet A, sur les côtés AB et AC.

Désignons respectivement par a, b, c les côtés opposés aux angles A, B, C, dans la base donnée; par l la longueur AF, également connue; et par β et γ les angles BAF, CAF, qui sont aussi connus.

Exprimons d'abord que DF doit être égal à FE.

On sait que, dans le triangle ADF, on a :

$$\overline{DF}^2 = x^2 + l^2 - 2xl\cos\beta,$$

$$\overline{FE}^2 = y^2 + l^2 - 2yl\cos\gamma;$$

d'où :

$$x^2 - 2lx\cos\beta = y^2 - 2ly\cos\gamma. \quad (1)$$

Exprimons ensuite que le rapport du triangle ADE au triangle ABC est égal à n :

$$ABC = \tfrac{1}{2} AB.AC \sin(\text{angle } BAC) = \tfrac{1}{2} bc \sin A,$$

$$ADE = \tfrac{1}{2} AD.AE \sin(\text{angle } DAE) = \tfrac{1}{2} xy \sin A,$$

donc,

$$\frac{xy}{bc} = n. \quad (2)$$

Si l'on élimine y entre les équations (1) et (2), on obtient l'équation suivante, en x, du quatrième degré :

$$x^4 - 2lx^3\cos\beta + 2\,lnbcx\cos\gamma - n^2b^2c^2 = 0 \quad (3).$$

Le dernier terme étant négatif, il y a au moins deux racines réelles, l'une positive, l'autre négative. Quant aux deux autres, elles sont à la fois positives ou à la fois imaginaires : c'est ce qu'indique la règle des signes de Descartes, puisque le premier membre offre trois *variations* et une *permanence*, quel que soit le signe avec lequel on rétablisse le terme du deuxième degré, qui y manque. Comme les solutions qui conviennent véritablement à la question sont essentiellement positives, il s'ensuit que le nombre des positions d'équilibre est :

Au moins égal à un;

Au plus égal à trois.

Si l'on voulait examiner le second cas, c'est-à-dire celui où l'on suppose que le prisme est immergé à la fois par deux arêtes B et C, il est visible que l'on obtiendrait l'équation (3) ci-dessus, dans laquelle n se trouverait remplacé par $1-n$. En effet, l'équation (1) ne changerait pas, puisque le centre de gravité de la base entière, et ceux de chacune des parties formées par la ligne de flottaison, sont sur une même droite : donc, la relation qui exprime que le centre d'une des parties et le centre du triangle total occupent une verticale exprime en même temps que le centre de l'autre partie est sur cette verticale. Par conséquent, il n'y a rien à changer à la relation (1). Quant à la relation (2), il y faut remplacer la surface d'une partie par celle de l'autre; mais cela revient à écrire qu'au lieu de $\frac{xy}{bc}=n$, on doit avoir $\frac{bc-xy}{bc}=n$; car $bc-xy$ correspond à la seconde partie comme xy correspond à la première. Or, $\frac{bc-xy}{bc}=n$ peut s'écrire $\frac{xy}{bc}=1-n$; donc enfin, on est conduit à substituer $1-n$ à n dans l'équation finale (3). Ainsi, pour ce second cas, on a encore une position d'équilibre au moins, et trois au plus.

En somme, la considération d'un sommet A et du côté opposé BC, donne lieu :

à 2 positions au moins;

à 6 positions au plus.

Comme on pourrait reproduire les mêmes raisonnements pour chacun des deux autres sommets et son côté opposé, on déterminerait :

6 positions au moins,

18 positions au plus,

qui satisfont à la condition d'équilibre.

A ces positions diverses on doit en ajouter deux autres, qui correspondent à l'immersion du prisme, par un bout ou par l'autre, de façon à ce que les arêtes soient verticales.

Comme discussion intéressante de formules, on peut supposer que le triangle est isocèle ou équilatéral. Nous croyons inutile de nous y arrêter ici.

Stabilité de l'équilibre. — Métacentre.

286. — Nous avons vu que la condition fondamentale de l'équilibre d'un corps flottant, c'est que le centre de gravité de ce corps et celui du volume de liquide déplacé par la partie immergée soient situés sur la même verticale.

Mais cet équilibre peut être stable ou instable, suivant que le corps, étant un peu écarté de sa position primitive, les forces agissent pour l'y ramener ou pour l'en éloigner au contraire de plus en plus jusqu'à ce que, selon l'expression adoptée, elles le fassent chavirer.

La recherche des conditions de stabilité forme une partie très-importante de l'art nautique : car c'est dans la navigation qu'elles trouvent leurs principales applications. Sans entrer ici dans les détails de cette théorie, nous croyons utile néanmoins de présenter quelques considérations à ce sujet.

Nous prendrons, pour plus de simplicité, un corps symétrique de forme et de densité par rapport à une section verticale contenant le centre de gravité, et nous supposerons que les mouvements du corps s'effectuent autour d'axes perpendiculaires à cette section. D'après ces hypothèses le centre de gravité du liquide déplacé demeurera constamment dans ce plan vertical, pendant les écarts du corps.

Choisissons le plan de la section pour celui de la figure. Soit SS la ligne de niveau du liquide, A B la verticale, qui, dans l'état d'équilibre, contient à la fois le centre de gravité G du corps, et le centre H du volume de liquide déplacé; et soit B le point où cette verticale perce la surface inférieure du corps.

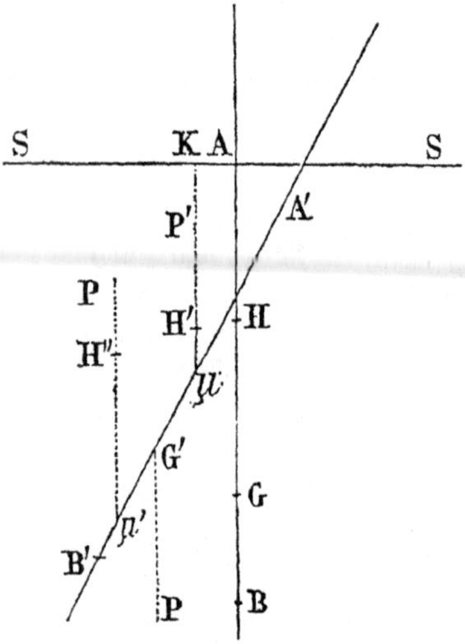

Fig. 81.

Supposons qu'on vienne à écarter le corps de son équilibre actuel, de façon à ce que la droite A B, conçue comme appartenant au corps, et se déplaçant avec lui, occupe la position A′B′, qui fait un angle quelconque avec la précédente. Le point G se trouvera porté en G′, distant de B′ comme G l'est du point B. Quant au point H, il quittera généralement la ligne A′B′, et se trouvera placé à droite ou à gauche, en H′, par exemple.

Il s'agit de savoir si les forces qui sollicitent actuellement le solide, dans la position qu'on vient de lui donner, tendent à ramener la ligne A′B′, et, par suite, la section du corps et ce corps tout entier dans la position primitive de l'équilibre, ou, si elles tendent, au contraire, à renverser de plus en plus cette verticale de manière à faire chavirer finalement le solide.

Les forces qui agissent sur le corps sont : 1° son poids P, appliqué en G′, et tirant de haut en bas ; 2° le poids du liquide déplacé, appliqué en H′, et poussant de bas en haut : poids qui est plus grand ou plus petit que l'ancien. Soit, pour fixer les idées, $P' < P$. Le système des deux forces P et P′, qui sont toutes deux verticales et, par suite, parallèles, équivaut à une force égale à leur différence $P - P'$, appliquée au centre de gravité G′, et agissant de haut en bas; plus un couple de forces P′, et de bras de levier oblique G′μ, en désignant par μ la rencontre de H′K′ avec A′B′. La résultante P — P′ a évidemment pour effet d'abaisser le centre de gravité, c'est-à-dire de faire descendre tout le corps parallèlement à lui-même, jusqu'à ce que le nouveau volume de liquide déplacé ait pour poids la valeur P; car, à ce moment, P — P′ devient nul. Quant au couple, il agira pour faire tourner le corps autour d'un axe perpendiculaire au plan de la figure et passant par le centre de gravité; ce qui changera la position actuelle A′B′ de l'ancienne verticale AB. C'est du sens d'action de ce couple que dépendra la stabilité ou l'instabilité de l'équilibre.

Si les centres de gravité ont la disposition relative que nous avons adoptée sur la figure, il est clair que le couple agira pour redresser l'axe A′B′ et le remettre dans sa situation verticale; en sorte que l'équilibre tend naturellement à se rétablir. C'est le cas de la stabilité. Elle tient, comme on voit, à ce que le point H′ est à droite du point G′, ou à ce que l'intersection μ de AB′ avec la verticale du nouveau centre H′ tombe au-dessus de G′ sur la ligne A′B′. Car, si, pour une cause quelconque, le point H s'était trouvé reporté en H″, à gauche du centre G′, ou si le point μ était tombé au-dessous de G′, en μ', il est évident que le couple agirait pour renverser de plus en plus l'axe A′B′, et que, par suite, l'équilibre primitif serait éminemment instable.

Ainsi, la stabilité aura lieu si le point μ est au-dessus de G′, et l'instabilité, s'il est au-dessous. Ce point, dont la considération est si intéressante dans l'art nautique, et qui est déterminé, dans le cas actuel, par l'intersection de l'axe d'équilibre, dans sa nouvelle position, avec la verticale menée par le nouveau centre de gravité du liquide déplacé, a reçu des géomètres le nom de *métacentre*.

On démontre par le calcul infinitésimal que le métacentre

tombe au-dessus du centre de gravité du corps, dans sa nouvelle position, — et que, par suite, l'équilibre est stable, — lorsque le centre de gravité du corps, dans sa position primitive, est situé, sur l'axe vertical, au-dessous du centre de gravité du liquide déplacé. C'est précisément le cas supposé dans la figure précédente. La stabilité peut encore être obtenue, même quand le centre de gravité du corps est au-dessus de celui du liquide, moyennant certaines conditions auxquelles doivent satisfaire la surface de flottaison, le grand axe du corps, — en le supposant symétrique, — le volume déplacé, et la distance des centres de gravité du corps et du liquide. Mais ces considérations rentrent trop dans les traités spéciaux pour que nous devions les présenter ici.

Pressions dans un fluide élastique pesant.

287. — Considérons actuellement un fluide élastique, soumis à la seule action de la gravité, et contenu dans un vase placé sur un support horizontal.

Si ce vase était ouvert à sa partie supérieure, on sait que le gaz, en vertu de la force d'expansion qui lui est propre, se disperserait immédiatement dans l'espace. Pour qu'il n'en soit pas ainsi, et pour que le fluide occupe réellement un volume limité, il est nécessaire de fermer cette ouverture, ou, ce qui revient au même, d'exercer sur la surface extérieure du gaz une pression précisément égale et contraire à la force élastique qu'il possède en ce même endroit. On sait aussi que cette pression se transmet intégralement dans toutes les parties du fluide, quelles que puissent être d'ailleurs les forces extérieures qui en sollicitent directement les diverses molécules. De là résulte que la pression effective en un point quelconque représente l'effet combiné de la pression superficielle transmise et de la pression engendrée par les forces extérieures directes.

Dans le cas dont il s'agit maintenant, d'un gaz soumis à l'action de la seule pesanteur, il ressort des considérations précédentes que la pression en un point quelconque représente à la fois la pression verticale, qu'on suppose appliquée à la surface supérieure du gaz pour combattre la tendance expansive, ajoutée à celle qui provient des actions directes de la gravité sur les molécules fluides. C'est la somme de ces deux pressions que fournit la pression observée.

Nous nous proposons de trouver la formule qui exprime la loi des variations des pressions, et qui, par suite, permet de déterminer la valeur de la pression en un point quelconque.

Cette formule découle immédiatement de la théorie générale présentée au n° 274, où l'on a vu que la valeur de la pression est fournie par la relation logarithmique

$$p = p_1 e^{\frac{1}{k}(\varphi - \varphi_1)},$$

en y désignant par φ la fonction générale des x, y, z, qui a pour différentielle exacte $Zdx + Ydy + Zdz$, et par p_1 la pression connue qui a lieu en un certain point x_1, y_1, z_1, pour lequel la fonction φ prend la valeur particulière φ_1.

Prenons pour plan des xy le fond du vase, et pour axe des z une verticale au-dessus[1] de ce plan ; en sorte que les z positifs soient comptés de bas en haut. L'action de la gravité devra être affectée du signe *moins*, puisqu'elle est diri-

[1] Dans l'équilibre des liquides, nous avons pris l'axe des z *au-dessous* du plan horizontal. Ici, où il s'agit de gaz, nous prenons cet axe *au-dessus*. De tels choix sont naturels, puisque, dans l'étude de la plupart des phénomènes terrestres, nous adoptons, pour plan horizontal de coordonnées, le plan même de l'horizon qui laisse les eaux au-dessous et l'atmosphère au-dessus.

gée de haut en bas, ou en sens contraire des ordonnées verticales. La fonction générale φ deviendra donc égale à $-gz$. Quant à la valeur particulière φ_1, elle sera nulle, si nous supposons que la pression connue p_1 est celle qui a lieu sur le plan même des xy. La formule ci-dessus prendra la forme :

$$(1) \qquad p = p_1 e^{-\frac{gz}{k}},$$

qu'on peut aussi écrire :

$$(2) \qquad z = \frac{k}{g} \log \text{nép.} \frac{p_1}{p}.$$

On a de même pour la densité :

$$(3) \qquad \rho = \frac{p_1}{k} e^{-\frac{gz}{k}}, \text{ ou } \rho = \rho_1 e^{-\frac{gz}{k}}.$$

Les surfaces de niveau du fluide seront toutes des plans horizontaux, puisque la fonction φ se réduit à $-gz$, et que par conséquent une surface de niveau quelconque a pour équation $z = C$, C étant une constante arbitraire dont les différentes valeurs correspondent à tous les plans de niveau possibles. Si la partie supérieure du vase n'est pas fermée, mais que le fluide soit maintenu au moyen d'un piston sur lequel on exerce, de dehors en dedans, une pression uniforme, la surface du gaz, adjacente à ce piston, sera nécessairement une surface de niveau, c'est-à-dire un plan horizontal.

Les formules ci-dessus, qui fournissent la pression et la densité à une hauteur donnée, ou, réciproquement, la hauteur correspondant à une pression donnée, permettent en même temps de trouver la différence des pressions qui existe entre deux niveaux quelconques, ou, réciproquement, la différence de niveau qui correspond à une différence de pression ou de densité. Il suffira de retrancher l'une de l'autre les formules relatives à chacun des deux niveaux.

288. — Ainsi que nous l'avons déjà dit, la quantité p qui figure dans les équations précédentes est la pression totale ; elle représente en chaque point la pression qui règne à la partie supérieure du fluide, accrue des actions de la gravité sur toute la hauteur de gaz superposé. Pour déterminer en un point quelconque l'accroissement de pression dû à la pesanteur, il suffira de donner successivement à z, dans la formule (1), les valeurs qui correspondent à la position de ce point et à la surface supérieure du fluide ; la différence des deux valeurs de p ainsi obtenues représentera l'accroissement en question. Cette recherche montre en même temps que la pression superficielle du fluide a une valeur déterminée lorsque la hauteur du gaz, c'est-à-dire son volume, est assigné *a priori;* ou que, réciproquement, une pression déterminée, exercée sur le fluide, correspond à un certain volume de gaz ; résultat évident, d'après la proportionnalité entre la pression et la densité dans les fluides élastiques.

Il est facile de voir que la différence de pression qui existe entre deux niveaux est égale au poids du gaz intercepté. En effet, soit z et z' les deux niveaux considérés, p et p' les pressions correspondantes ; on a :

$$p = p_1 e^{-\frac{gz}{k}},$$

$$p' = p_1 e^{-\frac{gz'}{k}},$$

d'où (4) $$p - p' = p_1 \left(e^{-\frac{gz}{k}} - e^{-\frac{gz'}{k}} \right).$$

D'un autre côté, le poids du gaz superposé à l'unité de surface, entre les deux niveaux considérés, a pour valeur $\int \rho g dz$,

ρ représentant la densité à une hauteur quelconque, et l'intégrale étant prise depuis la hauteur z jusqu'à la hauteur z'.

Or, remplaçons ρ par sa valeur $\frac{p_1}{k} e^{-\frac{gz}{k}}$; on a donc à intégrer

$\frac{p_1 g}{k} \int e^{-\frac{gz}{k}} dz$. Mais l'intégrale indéfinie de $e^{-\frac{gz}{k}} dz$

est égale, comme on sait, à $\frac{k}{g} e^{-\frac{gz}{k}}$. L'intégrale définie, entre les deux limites sus-indiquées, a donc pour valeur

$$\frac{p_1 g}{k} \left(\frac{k}{g} e^{-\frac{gz}{k}} - \frac{k}{g} e^{-\frac{gz'}{k}} \right),$$

quantité qui se réduit évidemment à l'expression déjà trouvée pour $p - p'$.

Cette propriété est indiquée à celle que nous avions signalée pour les fluides incompressibles (n° 275).

Pressions supportées par un corps plongé dans un gaz. — Les raisonnements présentés à l'occasion des liquides subsistent ici pour montrer que les pressions exercées par un fluide élastique sur un corps immergé se réduisent à des actions parallèles, égales, pour chaque filet vertical imaginé dans le corps, à la différence des pressions qui ont lieu aux deux extrémités de ce filet, ou au poids du volume de fluide qu'il occupe. La résultante générale est donc une force unique, dirigée de bas en haut, et qui a pour valeur le poids d'un volume de fluide égal au volume du corps. On peut également arriver à cette conclusion en imaginant qu'une portion quelconque du gaz soit solidifiée et remplacée par un solide de forme identique.

289. — *Influence de la température.* La relation $p = k\rho$,

que nous avons admise, suppose que la température est constante, car ce rapport simple entre la densité et la pression d'une certaine masse de fluide élastique ne se vérifie que si la température ne change pas. Lorsqu'elle varie, au contraire, la pression change, quoique le volume total et par suite la densité moyenne de la masse demeurent les mêmes. Pour tenir compte de cette circonstance, il faut remplacer la relation $p = k\rho$ par une autre, qui soit fonction de la température. L'observation directe a montré que sa loi de variation peut, pour chaque gaz, être représentée assez exactement par la formule suivante :

$$p = k\rho(1 + \alpha t),$$

dans laquelle k et α désignent deux quantités constantes indépendantes de la température, et t cette température.

L'équation différentielle des pressions devient

$$(1) \qquad \frac{dp}{p} = \frac{-g dz}{k(1 + \alpha t)}.$$

Pour passer de là à l'intégrale, on éprouve une difficulté qu'on n'avait pas eue jusqu'ici, et qui tient à ce que le dénominateur du second membre n'est plus une simple quantité constante. En effet, la température variant d'un point à un autre, on doit regarder t comme étant, de la manière la plus générale, une certaine fonction de trois coordonnées x, y, z ; en sorte que nous sommes obligés d'indiquer seulement l'intégration du second membre. L'équation des pressions prend donc la forme

$$(2) \qquad p = Ce^{-\frac{g}{k}\int \frac{dz}{1 + \alpha t}}.$$

La constante C est d'ailleurs éliminée, comme on l'a déjà vu, par la connaissance de la pression p_1 qui a lieu en un certain point. Nous aurons donc :

$$(3) \qquad p = p_1 e^{-\frac{g}{k}\int_0^z \frac{dz}{1+\alpha t}}.$$

Si l'on supposait, par exemple, que la température varie proportionnellement à la hauteur, l'équation (1) s'intégrerait fort simplement. En effet, si $t = 6z$, elle devient :

$$\frac{dp}{p} = -\frac{g}{k}\,\frac{dz}{1+\alpha 6z},$$

ou

$$\frac{dp}{p} = -\frac{g}{\alpha 6 k}\,\frac{d(1+\alpha 6z)}{1+\alpha 6z}.$$

On en déduit immédiatement :

$$p = \mathrm{C} - \frac{g}{\alpha 6 k}(1+\alpha 6z) = \mathrm{H} - \frac{g}{k}z,$$

en désignant par H la quantité constante $\mathrm{C} - \frac{g}{\alpha 6 k}$. Par suite, il vient :

$$p = p_1 - \frac{g}{k}z;$$

c'est-à-dire que la différence de pression, entre deux niveaux quelconques, est, dans cette hypothèse, proportionnelle à la hauteur qui les sépare.

Mais le plus souvent la température ne varie pas d'une manière aussi simple que nous venons de l'imaginer. Ces résultats ne sauraient donc convenir. Un artifice qu'on emploie alors, pour éviter la difficulté d'intégration, consiste à supposer qu'entre les deux niveaux considérés la température du fluide est constante et égale à la moyenne des températures des deux niveaux. D'après cela, l'équateur (3) peut s'écrire, en prenant le niveau inférieur pour plan des xy,

$$p = p_1 e^{\frac{gz}{k[1+\frac{\alpha}{2}(t+t_1)]}},$$

e tpar suite :

$$z = \frac{k}{g}\left\{1 + \frac{\alpha}{2}(t+t_1)\right\}\text{log nép. }\frac{p_1}{p}.$$

290. — *Pressions dans l'air atmosphérique.* Nous avons dit plusieurs fois qu'un gaz doit toujours être contenu dans un vase fermé de toutes parts, et que sans cette précaution le fluide, en vertu de sa force élastique, tend indéfiniment à se disperser dans l'espace. Or, l'atmosphère gazeuse qui entoure notre globe ne satisfait point à cette condition; car, si l'espace est limité en dessous par le globe lui-même, il ne l'est point en dessus, où aucune paroi solide ne s'oppose à l'expansion du fluide. Quelques explications semblent donc nécessaires.

L'existence d'une atmosphère limitée, dans un espace qui lui-même est sans limites, serait un phénomène impossible, si l'élasticité du fluide n'était pas détruite par certaines circonstances naturelles. Or, à mesure qu'on s'élève au-dessus du sol, on constate que la température s'abaisse d'une manière continue. D'un autre côté, la force élastique des fluides diminue en même temps que la température. Il doit donc régner à une certaine hauteur une température telle que la couche gazeuse qui s'y trouve soit absolument dépourvue d'élasticité, et voisine sans doute de son point de liquéfaction. Cette couche inerte n'est soumise qu'à l'action de la gravité et doit, en vertu de son poids, exercer une pression sur les couches faiblement élastiques qui lui sont subordonnées. Celles-ci, à leur tour, s'appuient sur les suivantes, qui sont un peu plus élastiques, et ainsi de suite jusqu'à la base même de l'atmosphère. En un mot, chaque couche se trouve placée dans une région telle que l'élasticité qu'elle y conserve correspond précisément à la température dont elle y jouit et à la pression qu'elle y supporte, de manière que cette couche ne peut se disperser dans l'espace en se dilatant vers les régions supérieures : car, aussitôt, sa température et par suite sa force élastique diminueraient, et elle serait refoulée vers le bas par la pression des couches superposées. Tandis que, au contraire, si la température était constante dans toute l'étendue de l'atmosphère, les couches extrêmes, douées d'une élasticité qui ne serait combattue par rien, se dilateraient indéfiniment par le haut, et finalement se disperseraient dans les espaces célestes. La décroissance des températures était donc nécessaire, dans l'état actuel des gaz, pour que la terre pût conserver autour d'elle une atmosphère quelconque.

Il résulte de ces considérations, rapprochées de celles qui concernent les gaz contenus dans des vases fermés, plusieurs conséquences importantes que nous examinerons successivement.

1° La pression exercée par l'atmosphère sur un plan horizontal quelconque est égale au poids de l'air superposé à ce plan. Car, d'une manière générale, cette pression est égale au poids, augmenté de la pression supérieure ; or, ici cette pression supérieure se réduit à zéro, ou plutôt elle n'est autre que le poids des dernières couches inertes. Donc la pression en un point quelconque représente le poids des couches élastiques ajouté à celui des couches inertes, c'est-à-dire le poids total de l'atmosphère.

2° La valeur de la pression correspondante à une hauteur z, comptée à partir de la surface terrestre, est donnée par la formule

$$(1) \qquad p = \pi e^{-\frac{gz}{k\left[1 + \frac{1}{2}\alpha(t + t_1)\right]}},$$

en appelant π la pression exercée sur l'unité de surface, ou le poids total de la colonne gazeuse située au-dessus du sol, t_1 la température observée dans cette couche voisine du sol, et t celle du point considéré.

Réciproquement, on en déduit la hauteur qui correspond à une pression déterminée ; puisqu'on a la relation

$$(2) \qquad z = \frac{k[1 + \frac{1}{2}\alpha\,(+\,t_1)]}{g} \log.\, \frac{\pi}{p}.$$

Ces résultats s'appliquent naturellement à des hauteurs mesurées entre des plans horizontaux quelconques. Il suffit de faire la différence des valeurs correspondant à chacun des deux niveaux considérés.

3° D'après la théorie des fluides contenus dans des vases communiquants, on peut mesurer facilement le poids de l'atmosphère à une hauteur quelconque. Les instruments qui ont cette mesure pour objet, et qu'on nomme, comme on sait, *baromètres,* consistent essentiellement en un tube à deux branches dans lequel est placé du mercure. L'une des branches, préalablement privée d'air, est fermée à son extrémité supérieure ; l'autre branche, au contraire, communique librement au dehors. Il est clair que, lorsque l'équilibre est établi, la hauteur du mercure dans la branche fermée, prise au-dessus du niveau qu'il garde dans l'autre branche, donne la mesure exacte du poids de l'atmosphère : car rien n'empêche de concevoir cette branche ouverte prolongée jusqu'aux limites supérieures de l'atmosphère. On a alors deux fluides, uniquement sollicités par la gravité, et dont les poids, au-dessus de l'unité de surface, doivent être égaux, puisqu'ils se font équilibre.

4° Au moyen de la connaissance des poids ou des *hauteurs barométriques,* directement observées en divers lieux, on peut déduire les différences de niveau de ces mêmes lieux. On se sert pour cela de la formule (2), qui nécessite aussi la connaissance des températures. Il est superflu d'ajouter que cette mesure des hauteurs par le baromètre, déduite de la formule précitée, n'est pas parfaitement exacte, puisqu'on y a fait une supposition consistant à regarder la température comme constante dans toute l'étendue du fluide intermédiaire, et égale à la moyenne des températures observées. On y néglige aussi une foule d'autres éléments, tels que la présence de la vapeur d'eau, qui font varier la pression et l'éloignent plus ou moins de sa valeur théorique. Mais de telles considérations rentrent spécialement dans la physique, et nous ne devons pas nous y arrêter.

5° Les pressions supportées par un corps plongé dans l'air, — ce qui est le cas de tous les corps à notre portée, — se réduisent à une force verticale, dont la valeur est égale au poids du volume d'air déplacé par le corps, et qui est appliquée au centre de gravité de ce volume. Ainsi tous les corps subissent une perte de poids dont il faut tenir compte, quand on veut les peser d'une manière rigoureusement exacte.

6° Toutes les fois que la densité moyenne d'un corps est inférieure à celle de l'air, la résultante des pressions l'emporte sur le poids, et le corps tend à s'élever. C'est sur ce principe que sont fondés les aérostats. Ces appareils consistent, comme on sait, en une enveloppe fermée et remplie d'un gaz assez léger pour que la densité moyenne de l'ensemble soit moindre que celle de l'atmosphère. C'est en vertu du même principe que les gaz échauffés, et par suite dilatés et rendus moins denses, comme ceux de la combustion, s'élèvent avec plus ou moins de rapidité et donnent lieu au phénomène du *tirage* ou de *l'aérage*. Dans toutes ces circonstances, la force ascensionnelle est constamment représentée par le poids du volume d'air déplacé, diminué du poids du corps lui-même.

CHAPITRE III.

MOUVEMENT DES FLUIDES OU HYDRODYNAMIQUE.

291. — Nous considérerons dans ce chapitre des fluides en mouvement sous l'action de forces quelconques, et nous établirons les équations générales de ce mouvement, au point de vue indiqué à la fin du chapitre premier; c'est-à-dire que nous chercherons les relations qui permettent de résoudre ce problème général : étant connues la nature d'un fluide et les forces qui agissent sur lui en un lieu déterminé de l'espace, trouver la vitesse et la densité que prendront les molécules du fluide en passant par ce lieu, et la pression qui s'y établira.

Ce problème une fois résolu, nous en ferons l'application à certaines questions particulières, qui répondent aux cas les plus importants du monde extérieur.

Équations générales du mouvement.

Prenons trois axes de coordonnées rectangulaires, et concevons que le fluide, compressible ou élastique, soit décomposé en parallélipipèdes rectangles élémentaires, suivant les trois plans coordonnés.

Soit M un point quelconque de l'espace, ayant pour coordonnées x, y, z, et $Mabc$ le parallélipipède élémentaire de fluide qui y passe actuellement. Soit v, u, w les trois composantes, parallèles aux axes, de la vitesse de cet élément; X, Y, Z les trois composantes de la force extérieure, rapportée à l'unité de masse, qui le sollicite; ρ la densité et p la pression rapportée à l'unité de surface qui règnent en tous sens autour du point M, au moment du passage de l'élément de fluide que nous considérons.

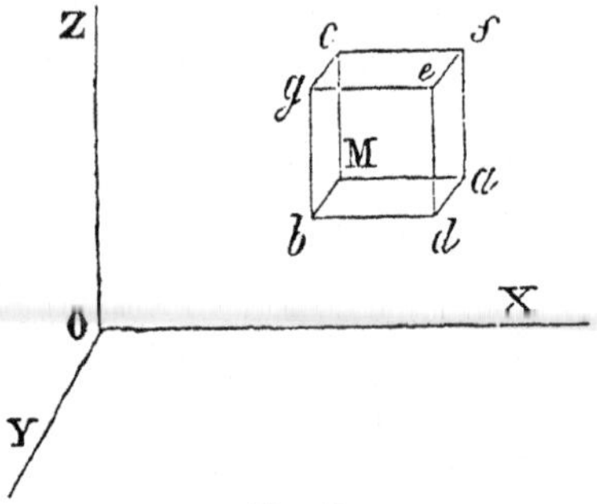

Fig. 82.

On suppose connues les coordonnées et les forces : il s'agit de trouver la vitesse, la densité et la pression.

Avant de poursuivre, nous ferons quelques remarques sur la nature des diverses quantités qui figurent dans le problème.

1° Les composantes v, u, w, qui se rapportent à la vitesse qui a lieu, à un certain moment, en un certain point fixe de l'espace, dépendent à la fois du temps et des trois coordonnées x, y, z. En effet, pour un même instant, la vitesse du fluide au passage varie, suivant qu'on prend ce passage dans un lieu ou dans un autre : au sein de cette masse continue, dont toutes les parties ont leur mouvement propre, il est clair que la vitesse ne peut être la même, au même moment, en tous les points de la région occupée actuellement par l'ensemble du fluide. D'un autre côté, si l'on s'arrête à un même endroit fixe, et qu'on y envisage la vitesse avec laquelle y passent successivement les diverses molécules, il n'est pas moins évident qu'on y observera une vitesse différente, selon le temps écoulé depuis l'origine du mouvement. Donc, quand on considère les changements qu'amènent à la fois l'espace parcouru et le temps dans la vitesse d'une même molécule, c'est-à-dire quand on considère les variations de vitesse que subit cette molécule en passant effectivement d'un point de l'espace à un autre, il faut regarder les quantités v, u, w comme fonction des quatre variables simultanées t, x, y et z, et comme se ressentant par conséquent des variations de chacune d'elles.

2° La densité ρ et la pression p sont, pour la même raison, fonction également de ces quatre variables.

3° Les forces X, Y, Z sont en général aussi fonction du temps et des coordonnées du point fixe considéré : car on peut admettre, d'une part, que les forces varient d'un moment à l'autre pour le même lieu, et, d'autre part, que celles qui s'exercent en un lieu de l'espace n'ont pas les mêmes valeurs que celles des autres lieux. Nous savons seulement que, dans la plupart des cas, on peut les regarder comme ne dépendant que des coordonnées, puisque généralement les actions naturelles ne varient pas avec le temps. — Nous ferons remarquer que X, Y, Z représentent les composantes des forces rapportées à l'unité de masse. Par conséquent, les forces motrices de l'élément $Mabc$ auront pour expression Xdm, Ydm, Zdm ; et, comme dm est égal à $\rho dx dy dz$, elles auront pour valeurs $\rho X dx dy dz$, $\rho Y dx dy dz$, $\rho Z dx dy dz$.

Cela posé, nous établirons les équations du mouvement en employant la méthode exposée dans la mécanique générale, c'est-à-dire en exprimant que la somme des composantes, suivant chacun des axes, de toutes les forces qui sollicitent l'élément $Mabc$ est égale à la masse de cet élément, multipliée par l'accélération de la projection de la vitesse sur le même axe.

Occupons-nous d'abord de l'axe des x.

Les forces, estimées suivant cette direction, sont les suivantes :

1° La force extérieure Xdm ou $\rho X dx\,dy\,dz$.

2° La pression exercée par le fluide environnant sur la face $Mbgc$ du parallélipipède $Mabc$: cette force agit de dehors en dedans, et, par suite, est positive. Puisqu'on a représenté par p la pression rapportée à l'unité de surface, la force dont il s'agit a pour valeur $p\,dy\,dz$.

3° La pression exercée par le fluide environnant sur la face opposée $adef$: elle agit de dehors en dedans, et, par suite, est négative. Cette force, d'après ce qu'on a expliqué au n° 270, sera représentée par $-\left(p+\frac{dp}{dx}dx\right)dy\,dz$.

Pour avoir l'accélération de la vitesse v, accélération qu'on écrit en général $\frac{dv}{dt}$, il ne faut pas perdre de vue que cette vitesse v est fonction à la fois des quatre variables t, x, y, z; et que, lorsque l'élément mobile passe de sa position actuelle à la position voisine, la vitesse varie, non-seulement parce que le temps a varié, mais aussi parce que les coordonnées de cette position effective ont varié avec lui; or on vient de voir que la vitesse du fluide en chaque point de l'espace dépend des coordonnées de ce point. Donc l'expes sion générale $\frac{dv}{dt}$ de l'accélération correspond à une différentiation de v, prise, non-seulement par rapport au temps considéré comme variable indépendante, mais encore par rapport à x, y, z considérées, non plus comme les coordonnées constantes d'un point fixe, mais comme les coordonnées d'une position qui change avec le temps, et, par suite, comme des fonctions implicites du temps. Par conséquent, la véritable expression de l'accélération $\frac{dv}{dt}$ est, d'après les règles connues de l'analyse :

$$\frac{dv}{dt}+\frac{dv}{dx}\frac{dx}{dt}+\frac{dv}{dy}\frac{dy}{dt}+\frac{dv}{dz}\frac{dz}{dt}.$$

Or $\frac{dx}{dt}$, où x est l'abscisse de la position mobile avec le temps, pendant le déplacement effectif de l'élément $Mabc$, n'est autre chose que la mesure de sa vitesse actuelle v suivant l'axe des x; de même $\frac{dy}{dt}$ et $\frac{dz}{dt}$ ne sont autres respectivement que u et w. Finalement donc l'expression de l'accélération est celle-ci :

$$\frac{dv}{dt} + v\frac{dv}{dx} + u\frac{dv}{dy} + w\frac{dv}{dz}.$$

Dès lors l'équation du mouvement, relative à l'axe des x, s'écrit sans difficulté :

$$\rho X\, dx\, dy\, dz + p\, dy dz - \left(p + \frac{dp}{dx}dx\right) dy\, dz =$$

$$\rho\, dx dy\, dz \left(\frac{dv}{dt} + v\frac{dv}{dx} + u\frac{dv}{dy} + w\frac{dv}{dz}\right).$$

En supprimant $+p$ et $-p$, qui se détruisent, et effaçant le facteur commun $dx dy dz$, cette relation prend une forme plus simple, qu'on est dans l'usage de présenter ainsi :

$$\frac{1}{\rho}\frac{dp}{dx} = X - \frac{dv}{dt} - v\frac{dv}{dx} - u\frac{dv}{dy} - w\frac{dv}{dz}.$$

Nous pouvons raisonner de la même manière par rapport à chacun des deux autres axes : nous obtiendrons deux nouvelles relations analogues, où la pression qui figurera sera la même que précédemment, puisque, en vertu de la loi de transmission, cette pression est constante dans tous les sens autour du point M. Les trois équations différentielles du mouvement seront donc les suivantes :

$$
(1)\quad \left\{
\begin{aligned}
\frac{1}{\rho}\frac{dp}{dx} &= \mathrm{X} - \frac{dv}{dt} - v\frac{dv}{dx} - u\frac{dv}{dy} - w\frac{dv}{dz},\\
\frac{1}{\rho}\frac{dp}{dy} &= \mathrm{Y} - \frac{du}{dt} - v\frac{du}{dx} - u\frac{du}{dy} - w\frac{du}{dz},\\
\frac{1}{\rho}\frac{dp}{dz} &= \mathrm{Z} - \frac{dw}{dt} - v\frac{dw}{dx} - u\frac{dw}{dy} - w\frac{dw}{dz}.
\end{aligned}
\right.
$$

292. — Les relations que nous venons d'obtenir ne résolvent pas entièrement le problème. En effet, nous avons cinq inconnues, savoir v, u, w, ρ et p, qui doivent toutes être exprimées en fonction du temps et des coordonnées; et, pour y faire face, nous n'avons que trois équations entre ces quantités. Mais, pour peu qu'on y réfléchisse, on ne tardera pas à s'apercevoir que cette indétermination tient uniquement à ce que nous n'avons pas exprimé, dans le calcul, toutes les conditions de la question. En effet, nous avons bien écrit que la pression est la même dans tous les sens autour du point M, ce qui est le propre des fluides; nous avons bien écrit aussi que le mouvement a lieu en vertu des forces directes et des expressions exercées par le milieu environnant; mais nous n'avons nullement exprimé que la succession des éléments mobiles forme une masse fluide continue, ou que ces éléments ne se séparent pas les uns des autres pendant toute la durée du mouvement. C'est là évidemment une particularité importante que nous avons tacitement en vue quand nous parlons de l'écoulement d'un fluide, et de laquelle il est indispensable de tenir compte quand nous voulons établir les relations mathématiques qui concernent ce système matériel spécial.

Nous y parviendrons d'une manière fort simple.

Supposons d'abord que la densité du fluide au point fixe ne varie pas pendant que les molécules s'y succèdent en vertu du mouvement général. Pour exprimer cette circonstance, il suffira d'écrire que le petit parallélipipède que nous avons tracé dans l'espace, et par lequel viennent passer à leur tour les diverses parties du fluide, contient toujours la même quantité de matière ; et que, par conséquent, les trois faces qui se trouvent à l'encontre du courant livrent passage à autant de matière exactement qu'il en sort par les trois faces opposées. Mais, si maintenant, pour plus de généralité, nous venons à supposer que la densité se modifie sans cesse en ce même point fixe, qu'elle augmente, par exemple, la condition de continuité deviendra plus complexe dans sa forme, et, pour l'exprimer dès lors convenablement, il faudra établir que l'accroissement de matière qui, par suite de l'accroissement de densité, se trouve retenu dans le petit parallélipipède dont nous parlons, pendant un instant quelconque, est exactement égal à l'excès de la quantité de fluide entrée par les trois faces sur la quantité de fluide qui est sortie dans le même instant par les trois autres. C'est cette condition générale que nous allons exprimer : elle contiendra la première comme cas particulier.

Il est clair que le gain fait par le parallélipipède pendant le temps dt est représenté par son volume $dxdydz$, multiplié par l'accroissement de densité, et que cet accroissement n'est autre chose que la différentielle de ρ, prise par rapport à t seulement, et en y regardant x, y, z, comme constantes, puisque nous envisageons le passage à travers un volume fixe dans l'espace. Le gain en question a donc pour valeur :

$$dxdydz \cdot \frac{d\rho}{dt} dt .$$

D'un autre côté, la masse de fluide entrée par la face Mbgc est exprimée par la densité et par l'espace parcouru : elle est donc

$$dydz \cdot \rho \cdot vdt .$$

Pareillement les masses entrées par les deux autres faces $Mafc$ et $Madh$ ont respectivement pour valeurs :

$$dxdz.\,\rho.\,udt, \qquad dxdy.\,\rho.\,wdt.$$

Reste à évaluer la masse sortie par les faces opposées. Prenons, par exemple, la face $adef$, symétrique de $Mbgc$. La sortie se fait en même temps que l'entrée : le fluide y a donc une densité et une vitesse dont les variations dépendent uniquement de x, et nullement de t : quant à y et z, elles sont les mêmes pour les deux faces. Cette densité et cette vitesse à la sortie sont donc respectivement représentées par $\rho + \frac{d\rho}{dx}dx$ et $v + \frac{dv}{dx}dx$. La masse sortie par la face $adef$ aura ainsi pour valeur :

$$dydz\left(\rho + \frac{d\rho}{dx}dx\right)\left(v + \frac{dv}{dx}dx\right)dt = dy\,dz\left(\rho v + \frac{d\rho v}{dx}dx\right)dt.$$

Nous verrions que les masses sorties par les deux autres faces sont exprimées par

$$dxdz\left(\rho u + \frac{d\rho u}{dy}dy\right)dt, \quad dxdy\left(\rho w + \frac{d\rho w}{dz}dz\right)dt.$$

Formons maintenant l'excès du fluide entré sur le fluide sorti, et égalons-le au fluide gagné : on aura, après des simplifications évidentes, la relation

$$(2) \qquad \frac{d\rho}{dt} + \frac{d.\rho v}{dx} + \frac{d.\rho u}{dg} + \frac{d.\rho w}{dz} = 0.$$

Cette équation est nommée avec raison *équation de continuité :* elle exprime en effet, d'après la manière même dont on l'a établie, que les parties fluides se suivent sans se disjoindre. Car ce que nous avons dit pour un point particulier peut se dire également pour tout autre point où l'on envisagera le passage du fluide à travers le parallélipipède tracé en ce point. L'équation (2) sera nécessairement satisfaite par ces nouvelles valeurs de ρ, v, u et w en fonction de t et de x, y, z. En sorte que c'est bien dans la masse tout entière du fluide que la continuité est supposée exister, en vertu de la relation ci-dessus.

293. — Nous n'avons jusqu'à présent que quatre équations tandis que, selon notre première remarque, le nombre des inconnues s'élève à cinq. C'est qu'il nous reste encore une condition à exprimer par le calcul. Nous avons, en effet, introduit dans nos relations la densité ρ ; mais nous n'avons pas fait mention de la nature du fluide auquel on a spécialement affaire; — circonstance qui influe évidemment sur la loi des variations de ρ. Cette loi n'est pas la même, selon qu'on a, par exemple, un liquide ou un gaz homogènes. Or, pour que le problème soit complétement déterminé dans chaque cas, il faut qu'on sache s'il s'agit d'un liquide ou d'un gaz, et si ces fluides sont homogènes ou hétérogènes, etc. De là une relation nouvelle qui complétera le nombre d'équations nécessaires.

1° *Fluide incompressible et homogène.* — Dans ce cas, la densité est constante, et ne peut dépendre ni du temps ni de la position du point. Donc $\rho =$ const. est la dernière relation demandée, ou plutôt il n'y a plus que quatre inconnues, v, u, w et p, ainsi que quatre équations, savoir (1) et (2).

Il est à remarquer que l'équation de continuité (2) subit une simplification notable par suite de la constance de ρ. Elle devient, en effet,

$$(2\ bis)\qquad \frac{dv}{dx}+\frac{du}{dy}+\frac{dw}{dz}=0.$$

Pour en avoir la signification, il faut se reporter aux trois derniers termes de l'équation (2) primitive, d'où elle dérive. Ces trois termes représentent l'excès du fluide entré dans le petit parallélipipède sur le fluide sorti : donc, on exprime que cet excès est nul, et, comme la densité est constante, cela revient à dire que le volume à l'entrée est égal au volume à la sortie, ou que le volume d'une partie quelconque de fluide ne change pas pendant qu'elle se déplace d'un point à un autre. Telle est, en effet, la signification de l'équation (2 bis), qu'on peut appeler *équation d'incompressibilité*.

2° *Fluide incompressible et hétérogène.* — L'hétérogénéité du fluide a pour résultat que les parties qui passent successivement par le même lieu, ou celles qu'on observe au même moment dans des régions différentes, n'ont pas la même densité : en sorte que ρ varie avec t, x, y et z, comme on l'a supposé dans le cas le plus général. Mais ici l'incompressibilité admise introduit une circonstance particulière : c'est que le volume d'une partie quelconque de fluide ne variera pas pendant toute la suite du mouvement de cette même partie. En sorte que l'équation (2) qui exprime la première condition, qui est l'hétérogénéité, et l'équation (2 *bis*), qui exprime l'incompressibilité, doivent exister simultanément. L'équation (2) est d'ailleurs simplifiée, en tenant compte de l'équation (2 *bis*). On a ainsi, pour le cas actuel, les deux relations suivantes :

$$(2\,bis)\qquad \frac{dv}{dx}+\frac{du}{dy}+\frac{dw}{dz}=0,$$

$$(2\,ter)\qquad \frac{d\rho}{dt}+v\,\frac{d\rho}{dx}+u\,\frac{d\rho}{dy}+w\,\frac{d\rho}{dz}=0;$$

et ce groupe, réuni aux trois équations (1), permet désormais de trouver les cinq inconnues.

3° *Fluide élastique.* — On sait que la densité satisfait alors à une nouvelle relation

$$(2)\qquad p=k\rho.$$

Cette équation, combinée avec les équations (1) et l'équation (2), permettra encore de déterminer les cinq inconnues.

Ainsi nous voyons que, dans tous les cas, on obtient un nombre d'équations exactement égal à celui des inconnues. Il ne restera plus qu'à effectuer les intégrations pour résoudre le problème. Généralement cette opération surpassera toutes nos ressources mathématiques, mais il n'en est pas moins très-intéressant d'avoir pu ramener la question mécanique à une pure question de calcul.

294. — L'intégration, quand on pourra l'effectuer, introduira dans les équations certaines constantes et aussi certaines fonctions arbitraires qu'on déterminera, comme on le fait ordinairement, en tenant compte des circonstances connues du mouvement à un instant et à un point assignés d'avance, ainsi que des conditions auxquelles le fluide peut se trouver assujetti, telles que de s'appuyer contre une ou plusieurs parois fixes, ou de supporter une certaine pression sur une surface libre, etc., etc. En un mot, il faudra chaque fois rechercher quelles sont les particularités, connues *a priori*, qui peuvent fixer la valeur de ces quantités auxiliaires introduites par le calcul.

Lorsqu'on veut tenir compte de ce que le fluide appuie sur une surface, on admet que les molécules, qui, à une époque quelconque, se trouvent en contact avec cette surface, ne l'abandonnent pas dans toute la suite du mouvement, c'est-à-dire se meuvent sur cette surface même.

Pour exprimer, par exemple, que le fluide glisse contre une paroi fixe, il faudra écrire que le déplacement des molécules qui touchent la paroi à un certain moment sera tout entier contenu dans cette paroi, ou que les coordonnées x, x, y, z et $x+dx$, $y+dy$, $z+dz$, de deux points voisins de la surface satisfont à la condition d'être des positions successives d'une molécule qui se meut avec la vitesse v, u, w. Si donc

$$f(x, y, z) = 0$$

est l'équation de la surface fixe, il faudra que les coordonnées $x + dx, y + dy, z + dz$, qui sont supposées satisfaire à cette équation, y satisfassent encore quand on y remplacera dx, dy, dz respectivement par vdt, udt, wdt, ce qui fournira la relation

$$(m) \qquad v\frac{df}{dx} + u\frac{df}{dy} + w\frac{df}{dz} = 0$$

Si la paroi est mobile elle-même, son équation sera fonction du temps aussi bien que des coordonnées : elle sera de la forme

$$f(t, x, y, z,) = 0.$$

Il faudra, comme précédemment, qu'on puisse, dans sa différentielle, remplacer dx, dy, dz par vdt, udt, wdt. Le seul changement qu'apporte la mobilité supposée de la paroi, c'est que la différentielle totale contiendra un terme de plus, $\frac{df}{dt}$. La relation (m) deviendra :

$$(n) \qquad \frac{df}{dt} + v\frac{df}{dx} + u\frac{df}{dy} + w\frac{df}{dz} = 0.$$

En dernier lieu si nous voulons exprimer que la surface libre du fluide supporte une certaine pression déterminée π, constante ou variable, nous admettrons que les molécules appartenant à la surface libre continuent à y demeurer par la suite, — ce qui revient à négliger les particularités telles que les tourbillonnements, les intumescences du fluide, etc., qui ont pour résultat de faire passer les points matériels alternativement de la surface à l'intérieur. Dans l'hypothèse où nous nous plaçons, nous devons exprimer que les molécules glissent, sans s'en détacher, le long d'une surface idéale mobile dont l'équation est $p=\pi$, ou

$$p-\pi=0.$$

Il faudra donc, dans la relation (n), remplacer f par $p-\pi$. Si, pour plus de simplicité, il s'agit d'une pression π uniforme et constante, la relation (n) deviendra

$$(q)\quad \frac{dp}{dt}+v\frac{dp}{dx}+u\frac{dp}{dy}+w\frac{dp}{dz}=0.$$

Nous n'insisterons pas davantage sur ces considérations qui font suffisamment ressortir de quelle manière on tient compte des particularités de la question pour déterminer les constantes et les fonctions arbitraires introduites par les intégrations.

295. — *Remarque sur les équations générales.* Au moyen de ces trois équations, complétées suivant les cas par celles du n° 293, on résoud toujours le problème, c'est-à-dire qu'on exprime v, u, w, ρ et p en fonction de t et de x, y, z. Si l'on considère ces trois dernières quantités comme des variables indépendantes, elles désignent les coordonnées d'un certain point fixe de l'espace; par suite, les valeurs obtenues pour la vitesse, la densité et la pression font connaître ce qui a lieu en ce point déterminé, pendant toute la succession du fluide en ce même point. Tel est effectivement l'ordre d'idées dans lequel nous avons raisonné en résolvant le problème. Mais rien n'empêche d'attacher à ces variables x, y, z une autre signification, et de les regarder comme des fonctions implicites du temps : elles désignent ainsi les coordonnées d'une certaine molécule du fluide, dont la position, éminemment variable, coïncide actuellement avec le point fixe que nous considérions tout à l'heure. En d'autres termes x, y, z sont à chaque instant les coordonnées d'une certaine molécule dans la suite de son mouvement effectif.

Ces coordonnées se trouvent alors liées à la vitesse par les trois équations fondamentales connues :

$$v = \frac{dx}{dt}, \qquad u = \frac{dy}{dt}, \qquad z = \frac{dw}{dt},$$

d'où l'on tire :

$$(3) \quad x = x_0 + \int_0^t v dt, \; y = y_0 + \int_0^t u dt, \; z = z_0 + \int_0^t w dt,$$

x_0, y_0, z_0 désignant la position initiale de la molécule considérée, et x, y, z, sa position effective au bout du temps t. Puisque, au moyen des équations (1) et (2) des n°s 291 et 293, nous avons trouvé v, u et w en fonction de x, y, z et t, il nous est facile de substituer ces valeurs dans les relations (3), et alors nous obtiendrons chacune des trois quantités x, y, z en fonction du temps seulement. Ainsi nous connaîtrons la position d'une molécule, choisie *a priori*, au bout d'un temps quelconque, et subsidiairement nous évaluerons la pression et la densité qui règnent autour d'elle dans sa position actuelle.

Cette remarque, qui n'a aucun intérêt réel en ce sens qu'on n'est jamais conduit, dans la pratique, à s'occuper d'une molécule spéciale et à la suivre dans toutes ses péripéties, est seulement destinée à montrer l'identité de nos recherches sur les fluides avec celles de la mécanique générale, et par suite à justifier l'observation par laquelle nous terminions le chapitre premier du présent livre.

296. — *Autre remarque, sur la subordination de l'hydrostatique à l'hydrodynamique.* Nous avons également fait observer, au même endroit de notre ouvrage, que l'hydrodynamique est absolument indépendante de l'hydrostatique, et que, si dans l'ordre de l'exposition on fait passer celle-ci avant celle-là, c'est uniquement comme méthode didactique, afin de mieux familiariser l'esprit avec l'usage

de la loi de transmission. Effectivement il n'est pas difficile de voir, en examinant les pages précédentes, que les lois du mouvement des fluides ne s'appuyent en aucune façon sur celles de l'équilibre. Je dis en outre que ces dernières peuvent être déduites très-simplement des autres. Car, si nous reprenons les équations (1) ci-dessus, et que nous supposions que le fluide est en repos, il en résulte immédiatement que toutes les dérivées de la vitesse, par rapport au temps ou par rapport aux coordonnées, sont nulles; et en conséquence on retrouve les relations connues de l'équilibre :

$$\frac{dp}{dx} = \rho X, \quad \frac{dp}{dy} = \rho Y, \quad \frac{dp}{dz} = \rho Z.$$

On voit même que ces relations n'ont pas besoin du repos pour exister, mais qu'il suffit que la vitesse du fluide soit uniforme à la fois dans le temps et dans l'espace : tel serait, par exemple, un liquide qui, soumis à des pressions quelconques, s'écoulerait uniformément à travers un tuyau de section constante.

Écoulement permanent des fluides.

297. — On dit qu'un fluide a atteint un *régime permanent d'écoulement* lorsque le mouvement des particules qui passent successivement par un même point fixe de l'espace demeure identique à lui-même. Ainsi les cinq quantités v, u, w, ρ et p sont supposées constantes pour un même point, mais peuvent différer d'un point à un autre. Il faut regarder chacune d'elles comme étant fonction seulement des trois coordonnées x, y, z, et comme ne renfermant plus la quatrième variable t. La nature nous offre un grand nombre d'exemples de permanence, sinon absolue, du moins assez

voisine de la rigueur mathématique pour qu'on n'ait pas à se préoccuper des écarts qui s'y produisent. Le régime d'une rivière n'est jamais rigoureusement permanent, et l'on conçoit au contraire que, d'après la multitude de causes, indépendantes l'une de l'autre, qui coopèrent au mouvement, il est impossible que l'état des choses, en un point quelconque, ne subisse pas de modifications d'un instant à l'autre : et même, quand la durée observée est suffisamment longue, de plusieurs jours en temps ordinaire, et de quelques heures dans les périodes de débordements, le régime varie d'une manière très-considérable. Mais il n'en est pas moins vrai qu'en bornant ses déductions à des durées assez courtes le régime nous apparaît comme tout à fait permanent, surtout dans les époques de calme. Pareillement, quand on envisage l'écoulement, par un orifice, d'un liquide contenu dans un vase où l'on entretient le niveau constant, le mouvement de la veine fluide atteint bientôt un état de permanence où il serait difficile de saisir la moindre variation. Ces exemples, pris au hasard, montrent assez que les écoulements de fluide qu'on peut considérer comme permanents se rencontrent très-fréquemment dans la nature. On peut même dire que ce sont ceux qui offrent le plus d'intérêt.

L'hypothèse de la permanence introduit une simplification notable dans les équations générales (1) que nous avons trouvées ci-dessus. En effet, le second terme du second membre disparaît, puisque les différentielles des inconnues, par rapport au temps, sont toutes nulles. Mais c'est surtout dans le cours des calculs que l'importance de cette simplification est appréciable. Quand la question particulière qu'on étudie ne comporte, je suppose, que deux variables indépendantes, une coordonnée et le temps, on est immédiatement ramené à n'avoir plus qu'une seule nature de différentielles, ce qui est d'un immense avantage pour les intégrations.

Dans les cas de permanence que nous allons examiner, nous supposerons que les forces motrices du fluide se réduisent à la seule action de la gravité, et à des pressions constantes exercées sur les surfaces libres.

Nous laisserons de côté les écoulements variables, parce que les difficultés de calcul sont toujours très-grandes, et que les résultats appartiennent aux traités spéciaux.

298. — **Écoulement permanent d'un liquide homogène par un orifice.** Soit un vase quelconque $BbcC$, rempli de liquide jusqu'à un certain niveau B C. A la partie inférieure est pratiqué un orifice par lequel le liquide s'échappe.

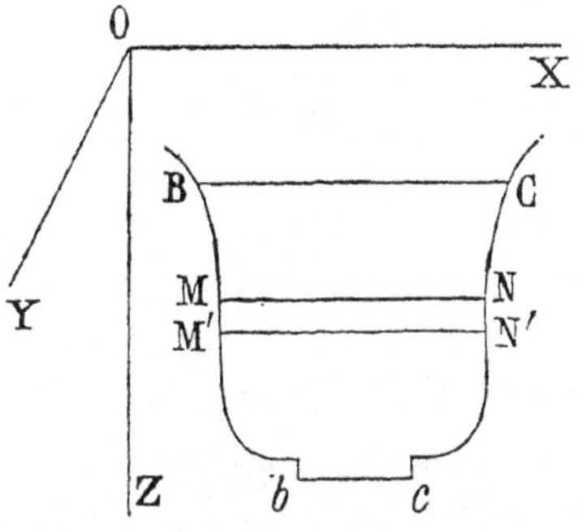

Fig. 83.

On suppose que le fluide est continuellement remplacé par le haut, de sorte que le niveau BC ne change pas pendant toute la durée de l'écoulement.

Les seules forces motrices sont la pesanteur et les pressions constantes exercées de dehors en dedans sur BC et bc.

Dans ces conditions, le régime du fluide est permanent, et il s'agit de trouver les inconnues habituelles v, u, w, ρ et p, c'est-à-dire de déterminer quelles sont en un point quelconque la vitesse, la densité et la pression.

Je remarque tout d'abord que nous n'avons pas à nous occuper de la densité, puisque, le liquide étant homogène, cette densité est égale à une constante connue. Restent donc seulement v, u, w, et p.

Quelque simple que ce problème paraisse, il n'a pu être résolu qu'au moyen d'une hypothèse particulière, connue sous le nom *d'hypothèse du parallélisme des tran-*

ches, due à Daniel Bernouilli. Elle consiste à admettre que, pendant le mouvement général de descente de la masse, les tranches horizontales très-minces, dans lesquelles on peut concevoir le liquide décomposé, se remplacent successivement, de telle sorte que, si l'on imagine deux tranches d'égal volume, à des hauteurs quelconques, la plus élevée devra, à un certain moment, occuper exactement la place de la plus basse, et, pendant cette descente, elle aura conservé toutes les mêmes molécules qui la constituent à l'origine du mouvement, sans les échanger en route avec celles des tranches voisines. Cela revient à admettre que les vitesses horizontales sont nulles, et que les points du fluide se meuvent seulement dans le sens vertical.

Cette supposition, qui semble assez naturelle lorsque le vase a ses parois verticales et offre par conséquent une section constante sur toute la hauteur, ne peut évidemment être vraie lorsque la section varie. Car il faut bien, de toute nécessité, pour qu'une tranche en remplace une autre, plus large ou plus étroite, que certaines des molécules situées sur un même plan horizontal se détachent obliquement pour aller se placer un peu au-dessus ou un peu au-dessous ; de telle sorte que la nouvelle hauteur de la tranche s'établisse en raison inverse de la surface de la section. Mais ces mouvements obliques paraissent être assez petits, au moins quand le mouvement général n'est pas rapide et que la section du vase ne varie pas brusquement, pour qu'on puisse, à bon droit, négliger les composantes horizontales des vitesses.

Grâce à cette supposition, le problème se trouve grandement simplifié, puisque v et u sont nuls, et qu'il ne reste plus que les deux inconnues w et p.

Pour les déterminer, recourons aux équations (1).

Les composantes X et Y de la force motrice sont nulles : $Z = g$. (Nous laissons Z positif, parce que nous supposons que l'axe vertical des z soit mené de haut en bas.)

Les deux premières des équations (1) disparaissent, et la troisième se réduit à

$$\frac{1}{\rho}\frac{dp}{dz} = g - w\frac{dw}{dz};$$

dans cette équation, ρ représente la valeur constante de la densité du liquide ; z l'ordonnée verticale d'une tranche horizontale infiniment mince M N M′ N′, arbitrairement choisie dans le fluide ; w la vitesse verticale de cette tranche, c'est-à-dire la vitesse de descente que prennent successivement toutes les parties du fluide en traversant le plan fixe M N ; et p la pression, rapportée à l'unité de surface, qui règne dans la susdite tranche.

Intégrons cette équation par rapport à z, seule variable indépendante ; il vient, en remarquant que $wdw = d\frac{1}{2}w^2$:

$$(2) \quad p = \rho g z - \tfrac{1}{2}\rho w^2 + \text{const}.$$

La valeur de cette constante, introduite par l'intégration, se détermine, comme on sait, d'après les particularités connues du mouvement. Ici, il faut qu'à la surface libre B C, c'est-à-dire pour $z = 0$, la pression p soit précisément égale à la pression superficielle donnée, que je désignerai par π ; il faut aussi que w représente la vitesse de descente en ce même niveau BC, vitesse qui, d'après la continuité du fluide, est égale à w multipliée par le rapport inverse des sections BC et MN ; de sorte que si A et α désignent ces deux sections, la vitesse dont il s'agit sera représentée par $w\frac{\alpha}{A}$. Par conséquent, la valeur de la constante se trouvera déterminée par la relation

$$\pi = -\tfrac{1}{2}\rho w^2\frac{\alpha^2}{A^2} + \text{const}.$$

d'où const. $= \pi + \frac{1}{2}\rho w^2 \frac{\alpha^2}{A^2}$.

Substituons dans l'équation (2); celle-ci deviendra :

$$(3) \qquad p = \pi + \rho g z - \tfrac{1}{2}\rho w^2 \left(1 - \frac{\alpha^2}{A^2}\right).$$

Telle est la relation qui existe entre la pression et la vitesse, pour une hauteur quelconque z.

Nous n'avons pas encore tenu compte de la pression extérieure de dehors en dedans sur l'orifice bc, pression qui fait partie de l'ensemble des forces motrices du liquide, et que je désignerai par π'. Pour introduire cette donnée, il suffit d'appliquer la relation (3) à l'orifice lui-même. On a alors

$$(4) \qquad \pi' = \pi + \rho g h - \tfrac{1}{2}\rho V^2 \left(1 - \frac{a^2}{A^2}\right);$$

h représente la hauteur du liquide au-dessus de l'orifice, a la surface de cet orifice, et V la vitesse correspondante du fluide, vitesse qui est précisément la vitesse de sortie.

De là, on déduit :

$$(5) \qquad V = \frac{1}{\sqrt{1 - \frac{a^2}{A^2}}} \sqrt{2\left(gh - \frac{\pi' - \pi}{\rho}\right)}.$$

Cette vitesse à l'orifice étant ainsi déterminée, on obtient aisément celle qui règne dans une tranche quelconque, laquelle est égale à V multipliée par le rapport inverse des sections. Dans la plupart des cas pratiques, les pressions superficielles exercées sur BC et bc se réduisent à la pression atmosphérique. La différence entre les deux est égale au poids d'une colonne d'air, de même hauteur que le liquide. Ce poids est négligeable en présence de celui du liquide lui-même, en sorte que $\pi' - \pi$ est supprimé dans la valeur ci-dessus. On a alors simplement pour la vitesse à l'orifice

$$(6) \qquad V = \frac{1}{\sqrt{1 - \frac{a^2}{A^2}}} \sqrt{2gh};$$

et pour la vitesse à une section quelconque, de surface α,

$$(7) \qquad w = \frac{a}{\alpha} \cdot \frac{1}{\sqrt{1 - \frac{a^2}{A^2}}} \sqrt{2gh}.$$

La grandeur de la pression p, en une section du liquide, peut maintenant être déterminée ; il suffit de remplacer w par sa valeur dans la relation (3). On obtient alors, après les réductions de calcul :

$$(8) \qquad p = \pi + \rho g z - \rho g h \frac{\frac{1}{\alpha^2} - \frac{1}{A^2}}{\frac{1}{a^2} - \frac{1}{A^2}}$$

Dans l'état d'équilibre, cette pression serait $\pi + \rho g z$; donc, dans l'état de mouvement, elle est diminuée ou augmentée d'une quantité dont le signe et la grandeur dépendent des rapports entre a, A et α. Cette valeur générale de la pression se vérifie immédiatement pour l'orifice lui-même, puisqu'on a alors $z = h$, $\alpha = a$; par suite le multiplicateur fractionnaire du dernier terme devient l'unité, et p est égal à π ; ce qui est justement l'hypothèse.

299. — Si l'on suppose que l'orifice a est très-petit par rapport à la surface supérieure A, on pourra négliger $\frac{a}{A}$ dans les formules ; ainsi que $\frac{1}{A}$ devant $\frac{1}{a}$.

Les relations (6), (7) et (8) se simplifient, et se changent dans les suivantes :

$$(6\ bis)\qquad V=\sqrt{2gh},\quad (7\ bis)\quad w=\frac{a}{\alpha}\sqrt{2gh},$$

$$(8\ bis)\qquad p=\pi+\rho gz-\rho gh\,a^2\left(\frac{1}{\alpha^2}-\frac{1}{A^2}\right).$$

La première nous montre que la vitesse des molécules fluides à la sortie est égale à celle qu'elles acquerraient si elles tombaient librement dans le vide d'une hauteur précisément égale à celle du liquide au-dessus de l'orifice. C'est ce que vérifie l'expérience ; car, si on adapte à l'orifice un tuyau, et qu'on le recourbe de manière à ce que les molécules en sortent avec des vitesses verticales, de bas en haut, on observe que la veine fluide remonte sensiblement au niveau de la surface libre du vase.

La seconde formule fait voir que la vitesse, à une section quelconque, est indépendante de sa profondeur dans le liquide, et ne dépend que de la surface de cette section, ce qui résulte d'ailleurs immédiatement du principe déjà invoqué de la continuité du fluide. D'après cela, la vitesse est la même pour toutes les sections égales ; et, si le vase était un cylindre vertical, percé à sa base inférieure, la masse tout entière du fluide descendrait avec une vitesse égale en tous les points. Cette vitesse w est d'ailleurs, quelle que soit la forme du vase, toujours moindre que la vitesse de sortie ; car, pour qu'il en fût autrement, il faudrait que la section considérée fût plus petite que l'orifice lui-même. Mais alors ce serait, à proprement parler, cette section qui serait l'orifice de la portion du vase s tué au-dessus.

Enfin, la troisième expression nous apprend que la pression statistique $\pi+\rho gz$ est toujours diminuée ou augmentée, dans le mouvement, suivant le signe du multiplicateur $\frac{1}{\alpha^2}-\frac{1}{A^2}$, c'est-à-dire suivant que α est plus petit ou plus grand que A. Ainsi, là où le vase se rétrécit de haut en bas, la pression est diminuée ; là où il s'élargit, elle est augmentée. Pour tous les points où la section est égale à la surface libre, la pression reste la même que dans l'état d'équilibre. Si le vase est à parois verticales, la pression, un peu au-dessus de l'orifice, ainsi que sur toute la hauteur, est précisément celle qui s'établirait dans le fluide en repos.

Jusqu'ici, nous avons supposé l'orifice percé dans le fond horizontal du vase. S'il était pratiqué dans une paroi latérale, l'hypothèse du parallélisme des tranches, sans être aussi rigoureuse, est néanmoins assez voisine de la vérité pour qu'on continue à s'en servir utilement. Nous admettrons donc que les résultats précédents conviennent à toutes sortes d'orifices, pourvu qu'ils soient suffisamment petits par rapport à la surface libre du liquide dans le vase.

300. — Les recherches auxquelles nous venons de nous livrer permettent de résoudre un problème accessoire, qui n'est pas le moins intéressant dans la pratique. Il s'agit du débit ou de la quantité de liquide sorti par l'orifice dans un temps donné. Pour évaluer ce débit, il faut évidemment multiplier la section de l'orifice par la vitesse à la sortie et par le temps considéré. Ainsi, pour une durée T, le volume de liquide débité sera égal à aVT, ou à $a\mathrm{T}\sqrt{2gh}$, et le poids de ce même liquide sera exprimé par $\rho g a\mathrm{T}\sqrt{2gh}$. L'expérience montre que le débit ou la dépense de liquide n'est guère que les quatre cinquièmes de la quantité que nous venons de calculer. Cette différence tient, non pas à ce que la vitesse de sortie est inexacte, mais à ce que nous avons admis tacitement que la veine fluide sortait du vase en affectant la forme d'un cylindre ayant pour base la section de l'orifice. Cette supposition n'est pas fondée, et l'observation directe des phénomènes montre que les molécules fluides, au lieu d'avoir des vitesses perpendiculaires au plan

de l'orifice, ont au contraire, — du moins certaines d'entre elles, — des vitesses obliques, en sorte qu'elles convergent à la sortie. La section réelle par laquelle passe la dépense n'est point celle de l'orifice, mais bien cette section contractée aux quatre cinquièmes environ, qui existe un peu au delà.

Il demeure entendu que l'hypothèse du parallélisme des tranches, sur laquelle se fonde le calcul de la vitesse d'écoulement, ne subit pas d'atteinte en cette circonstance, et que c'est uniquement cette autre hypothèse de la perpendicularité des vitesses au plan de l'orifice, qui se trouve considérablement en défaut. Nous ne devons pas en être surpris, puisque nous ne nous sommes nullement enquis de ce qui peut se passer aux environs de la sortie, où le changement brusque des sections traversées doit apporter des perturbations inconnues dans les mouvements individuels des molécules.

301. — La solution que nous avons déduite des équations générales du mouvement des fluides peut être obtenue directement, à l'aide du principe des forces vives.

En effet, laissant aux notations déjà employées leurs mêmes significations, nous voyons que la masse fluide écoulée par l'orifice pendant l'instant dt est égale à $\rho a V dt$, et que sa force vive a pour expression $\frac{1}{2} V^2 \rho a V dt$. Quant au liquide contenu dans le vase, il ne reçoit aucun gain ni perte de force vive, puisque le niveau est entretenu à la même hauteur, et que tout se passe dans le vase après comme avant. Le terme ci-dessus représente donc la totalité de la force vive produite pendant l'instant dt. Les forces motrices qui ont développé un travail correspondant se réduisent à la gravité et aux pressions exercées de dehors en dedans sur la surface libre et sur l'orifice. Or, si nous concevons le liquide décomposé en tranches horizontales ayant chacune le volume $aVdt$ du fluide sorti, l'action de la gravité consistera, en vertu de l'hypothèse du parallélisme, à faire remplacer chaque tranche par celle qui la surmonte immédiatement, ou, ce qui vient numériquement au même, à faire descendre une seule tranche depuis la surface libre jusqu'au niveau de l'orifice. Le poids d'une tranche étant $\rho g . a V dt$, le travail dont il s'agit sera mesuré par $\rho g . a V dt . h$. Quant au travail des pressions extérieures, si l'on admet que la pression est la même, par unité superficielle, sur le plan supérieur et sur l'orifice, les forces qui en résultent sont en raison inverse de ces sections; d'autre part, les parcours qu'elles effectuent sont représentés par les longueurs dont descend, pendant l'instant dt, la surface de niveau primitive, et dont s'avance la tête de la veine fluide; ces parcours sont inversement proportionnels aux sections correspondantes. Donc les travaux sont égaux numériquement; et, comme ils sont visiblement de signes contraires, leur somme est nulle. De là suit que l'équation des forces vives a cette forme simple :

$$\tfrac{1}{2} V^2 \rho a V dt = \rho g a V dt . h ,$$

qui se ramène à l'expression connue

$$V^2 = 2gh .$$

Quelque expéditive que soit cette méthode, il nous a paru préférable de recourir d'abord à la théorie générale, qui, entre autres avantages, a celui de mieux rendre compte du degré de rigueur qu'on doit attendre des résultats obtenus, dans chaque cas particulier.

302. — **Écoulement permanent d'un gaz par un orifice.** Nous voulons résoudre ici pour un fluide élastique le problème que nous venons de traiter pour un fluide incompressible. Nous considérons un gaz contenu dans un vase, d'où il s'échappe par un orifice, avec un régime permanent. Il s'agit de trouver la pression et la vitesse en une

section quelconque, et particulièrement à la section de sortie.

L'écoulement du gaz n'est pas ordinairement produit, comme celui des liquides, par une certaine charge de fluide au-dessus du plan de l'orifice; mais on le détermine au moyen d'une pression exercée sur la masse élastique, et maintenue constamment en excès sur celle qui règne dans le milieu où le gaz s'écoule. Les appareils connus sous le nom de gazomètres fournissent un fort bon exemple de ce genre de mouvement.

D'après cela, si l'on se reporte au problème précédent, et que, sans rien changer à la figure, on imagine seulement qu'il s'agit d'un gaz au lieu d'un liquide, nous voyons que les pressions désignées par π et π' seront ici essentiellement inégales, π surpassant toujours π', et qu'au contraire la force motrice négligeable sera la pesanteur, qui donne lieu dans les formules au terme $\rho g z$, quantité fort petite par suite de la faible valeur de la densité du gaz.

Du reste, la manière de raisonner sera absolument la même, et nous continuerons à faire usage de l'hypothèse du parallélisme des tranches.

Il y a lieu toutefois de remarquer que la densité ρ ne pourra plus être supposée constante en tous les points; mais, d'une section à l'autre, elle variera en raison directe de la pression, conformément à la formule fondamentale $p = k\rho$.

Ces préliminaires posés, la question n'offre plus aucune difficulté, et n'est que la reproduction de la précédente; nous allons l'exposer rapidement en conservant les mêmes notations.

L'équation générale du mouvement, convenable au présent cas, sera toujours la troisième,

$$(1) \qquad \frac{1}{\rho}\frac{dp}{dz} = g - w\frac{dw}{dz},$$

dans laquelle il faut tenir compte de ce que $\rho = \frac{p}{k}$ L'equation devient :

$$k \frac{dp}{p} = gdz - d\,\tfrac{1}{2}w^2,$$

d'où, en intégrant :

$$k \log p = gz - \tfrac{1}{2} w^2 + \text{const.} ;$$

et, en négligeant gz, qui est une quantité très-petite par rapport à $k \log p$ [1], on a simplement

$$(2) \qquad k \log p = - \tfrac{1}{2} w^2 + \text{const.}$$

Nous déterminerons la constante par la condition que sur la surface BC la pression p est égale à la pression motrice connue π ; quant à la vitesse en cette même section BC, elle est égale à w multipliée par le rapport inverse des produits des sections par les densités ou les pressions : c'est la conséquence de la continuité du fluide. La vitesse dont il s'agit est donc représentée par $w\,\frac{\alpha p}{A\pi}$. La constante est ainsi déterminée par la relation

$$k \log \pi = - \tfrac{1}{2} w^2 \frac{\alpha^2 p^2}{A^2\pi^2} + \text{const.} ;$$

d'où

$$\text{const} = k \log \pi + \tfrac{1}{2} w^2 \frac{\alpha^2 p^2}{A^2\pi^2}.$$

L'équation (2) devient conséquemment :

$$(3) \qquad k \log \frac{p}{\pi} = - \tfrac{1}{2} w^2 \left(1 - \frac{\alpha^2 p^2}{A^2\pi^2}\right).$$

[1] Le coefficient k est un nombre très-grand qui, pour l'air par exemple, n'est pas inférieur à 7,000 fois le nombre g.

Appliquons cette relation à l'orifice lui-même où la pression est égale à π' : nous aurons, en changeant le signe du second membre et en remplaçant en même temps $\log\frac{\pi'}{\pi}$ par $\log\frac{\pi}{\pi'}$, nous aurons, dis-je :

$$(4) \qquad k \log\frac{\pi}{\pi'} = \frac{1}{2}V^2\left(1 - \frac{a^2\pi'^2}{A^2\pi^2}\right),$$

$$\text{d'où} \quad (6) \quad V = \sqrt{\frac{2\,k\log\frac{\pi}{\pi'}}{1 - \frac{a^2\pi'^2}{A^2\pi^2}}}.$$

Par suite, la vitesse à une section quelconque aura pour valeur :

$$(7) \; w = \frac{a\pi'}{\alpha p}\sqrt{\frac{2\,k\log\frac{\pi}{\pi'}}{1 - \frac{a^2\pi'^2}{A^2\pi^2}}}$$

Cette expression contient la pression p, qui n'a pas encore été déterminée : il faut donc éliminer cette inconnue entre les équations (7) et (5). On trouvera ainsi w, et subséquemment p.

Nous n'insisterons pas davantage sur ce sujet. Nous nous bornerons à remarquer que généralement la quantité $\frac{a^2\pi'^2}{A^2\pi^2}$ peut être négligée, parce que l'orifice a est beaucoup moindre que la section A ; en sorte que les valeurs de V et de w prennent des formes plus simples :

$$(6\,bis) \; V = \sqrt{2\,k\log\frac{\pi}{\pi'}}, \qquad (7bis) \; w = \frac{a\pi'}{\alpha p}\sqrt{2\,k\log\frac{\pi}{\pi'}}$$

et, par suite, en substituant w dans l'équation (3), il vient, pour déterminer la pression :

$$(8) \qquad \frac{\log \frac{\pi}{p}}{\log \frac{\pi}{\pi'}} = a^2\pi'^2 \left(\frac{1}{\alpha^2 p^2} - \frac{1}{A^2 \pi^2}\right).$$

La dépense de gaz donne lieu aux mêmes observations que la dépense de liquide, en ce qui concerne la manière de la calculer et l'inexactitude due à la contraction de la veine à la sortie.

Il est à peine besoin d'ajouter que, si la direction de la pression motrice et, par suite, de l'axe des z a été supposée verticale, c'est uniquement pour ne pas changer la figure. Dans les liquides, cette direction était naturellement indiquée par la pesanteur; mais ici, où l'on néglige les actions de cette force, rien n'empêche de supposer aux parois du vase et à la pression superficielle une inclinaison tout à fait quelconque. L'axe des coordonnées sera, de son côté, incliné de la même manière; et les équations précédentes subsisteront toujours intégralement.

On présente fréquemment dans les traités quelques autres exemples, tels que ceux d'écoulements permanents à travers des tuyaux. Mais ces questions n'ont d'intérêt qu'autant qu'on y tient compte du frottement. On entre alors, d'une façon évidente, dans le domaine de la mécanique appliquée. Nous devons donc en renvoyer l'examen à la seconde partie de notre ouvrage, où leur place naturelle est marquée d'avance.

Nous terminerons ce chapitre par quelques considérations sur la résistance des fluides en mouvement.

Résistance des fluides.

303. — On nomme en général *résistance d'un fluide* un effort égal et contraire à celui qu'il faut développer pour maintenir immobile un corps solide placé dans le courant de ce fluide, ou pour lui faire prendre un mouvement quelconque, différent de celui du fluide. Ce second cas se ramène évidemment au premier ; car, quel que soit le mouvement qu'on fasse prendre au corps, rien n'empêche d'imaginer que le système entier du corps et du fluide reçoive un mouvement commun, égal et contraire à celui du corps. Ce dernier sera comme un corps maintenu immobile dans un courant fluide, dont le mouvement résulterait des deux autres, et en serait la somme ou la différence selon que le corps se mouvrait en sens contraire du fluide ou dans le même sens.

Nous ne nous occuperons donc que du cas où le corps est supposé immobile.

Ici deux questions se présentent, suivant que le corps reçoit simplement le choc d'une veine fluide, d'un diamètre notablement inférieur à sa propre section transversale, ou suivant qu'il est entièrement plongé dans un courant qui l'enveloppe de toutes parts.

La solution complète de ces questions ne peut pas être obtenue, parce qu'elle exigerait la connaissance parfaite du mouvement du fluide, connaissance qui dépend elle-même d'équations différentielles qu'on ne sait pas intégrer. Tout ce qu'on a pu faire jusqu'ici se résume à fort peu de chose, savoir : l'évaluation de l'effort exercé par une veine fluide qui jaillit, en s'évasant, contre un plan, dont l'étendue est assez grande pour que toutes les molécules puissent être considérées comme prenant, avant de quitter ce plan, des vitesses qui lui sont exactement tangentielles.

Pour l'immersion complète, on en est réduit, même dans les cas les plus simples, à une formule absolument arbitraire, qui n'a d'autre légitimité que celle que peuvent lui faire acquérir des observations directes.

304. — Nous traiterons exclusivement la question du choc de la veine fluide, dans les conditions très-restreintes que nous venons de spécifier.

1° Choc d'une veine horizontale contre un plan vertical. — Soit ABCD un tuyau évasé d'où s'échappe une veine, dont l'axe Ox est horizontal, et qui vient heurter contre un plan fixe vertical SS. On demande quelle est la valeur de la force P qu'il faut appliquer à ce plan, en sens contraire de la gerbe et à son centre, pour le maintenir immobile malgré la poussée de cette gerbe.

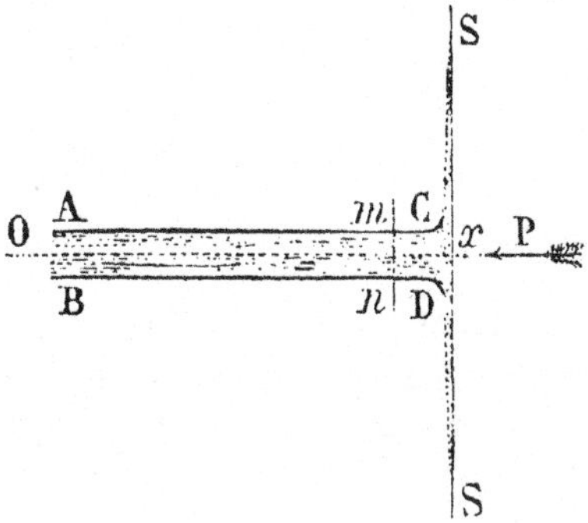

Fig. 84.

Soit mn la section normale du tuyau, avant l'évasement, section qu'on peut considérer comme le véritable orifice de sortie. Appelons a sa surface et V la vitesse du fluide.

On sait, d'après un théorème de mécanique générale, que, si l'on projette sur une même direction les forces et les vitesses du système, l'impulsion élémentaire des forces est égale à la variation élémentaire de la quantité totale de mouvement (n° 131). Or, si nous prenons l'axe Ox pour droite de projection, l'impulsion élémentaire de la force projetée sera Pdt, puisque P est parallèle à Ox. Quant à la variation de la quantité de mouvement, remarquons : 1° que, pendant l'instant dt, il jaillit une masse fluide égale à $\rho a V dt$, animée de la vitesse V parallèle à Ox; 2° que toutes les molécules se remplacent successivement sur le plan, et qu'après comme avant cet instant la nappe fluide étendue se trouve absolument dans les mêmes conditions; 3° qu'une masse fluide, égale à celle qui a jailli, a dû quitter le plan, et l'a quitté en effet, avec des vitesses tangentielles, c'est-à-dire perpendiculaires à Ox. Donc, il y a eu pour la totalité de la nappe fluide une perte de quantité de mouvement, représentée précisément par celle que possédait la masse qui a jailli. Or, cette dernière quantité de mouvement est exprimée par $\rho a V dt \times V$; en conséquence, on a la relation

$$P\,dt = \rho a V\,dt \times V,$$

ou, en effaçant le facteur commun dt,

$$(1) \qquad P = \rho a V^2.$$

Si la veine jaillissait verticalement, de haut en bas, il faudrait évidemment augmenter l'effort d'une quantité égale et contraire au poids de la nappe étendue sur le plan, actuellement horizontal, et l'on aurait

$$(2) \qquad P = \rho a V^2 + \Pi,$$

Π étant le poids de cette nappe.

Si la veine jaillissait, au contraire, de bas en haut, on aurait

$$(3) \qquad P = \rho a V^2 - \Pi;$$

2° Choc oblique d'une veine inclinée, contre un plan pareillement incliné.

Soit Ox la direction de la veine, et SS celle du plan. Soit ω l'angle de ces deux directions, et i l'angle du plan avec la verticale.

On peut concevoir la vitesse V de la veine décomposée en deux autres, l'une normale au plan et égale à $V \sin \omega$, l'autre parallèle au plan. La première produit seule l'effet du choc, et celui-ci a pour expression, d'après ce qu'on a vu plus haut, $\rho a V dt . V \sin \omega$. Mais en même temps, il faut tenir compte de ce que le poids Π de la nappe fournit une composante normale $\Pi . \cos i$, dont l'impulsion élémentaire est $\Pi \cos i . dt$. On a donc la relation

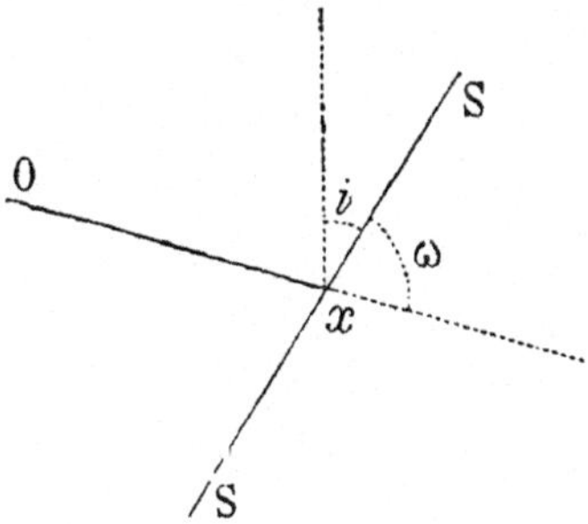

Fig. 85.

$$P\,dt = \rho a V dt . V \sin \omega + \Pi \cos i\, dt,$$

d'où (1) $P = \rho a \sin \omega V^2 + \Pi \cos i.$

Si le plan est vertical, l'effort se réduit à

$$(2) \qquad P = \rho a \sin \omega V^2 .$$

Tels sont les seuls résultats théoriques satisfaisants qu'on ait su obtenir dans ce genre de recherches.

Quand les molécules fluides quittent le plan avec des vitesses qui ne sont pas tangentielles, la difficulté consiste à déterminer la direction exacte de ces vitesses : car, cette direction une fois connue, il suffit de retrancher la quantité de mouvement, qui leur correspond, de celle qu'avaient les molécules à leur sortie du tuyau. On voit ainsi que toutes les molécules dont les vitesses reviennent en arrière ont pour résultat de diminuer l'effort que supporte le plan.

LIVRE SEPTIÈME.

MOUVEMENTS SPÉCIAUX

ET

MACHINES THÉORIQUES.

CHAPITRE PREMIER.

MOUVEMENT DES PROJECTILES.

Nous nous proposons dans ce chapitre d'étudier le mouvement d'un corps solide, doué d'une vitesse initiale, et sollicité par deux forces, dont l'une est constante en grandeur et en direction, et l'autre variable en raison directe du carré de la vitesse. Ce mouvement est, à peu de chose près, celui des projectiles, c'est-à-dire celui des corps solides physiques, lancés dans l'atmosphère sous une impulsion quelconque. La force constante est alors la pesanteur ou le propre poids du projectile, et la force variable la résistance de l'air, qui agit en sens contraire du mouvement, et dont l'intensité est sensiblement proportionnelle au carré de la vitesse. Le mouvement théorique que nous allons calculer n'est pas exactement celui qu'on observe dans la nature, mais il en diffère assez peu pour qu'on puisse le lui assimiler, lorsqu'on n'a pas besoin d'une très-grande approximation.

Nous examinerons deux cas, selon que la direction de l'impulsion initiale coïncidera avec celle de la force constante, ou qu'elle formera avec elle un angle quelconque. Quant à la force variable, nous supposerons toujours qu'elle a la même direction que la vitesse, et qu'elle agit en sens contraire, c'est-à-dire comme une résistance au mouvement.

Quels que soient les points d'application des forces sur le solide, on peut admettre qu'elles agissent directement au centre de gravité. Cette hypothèse revient à négliger une rotation autour de ce centre, qui n'en altère nullement la translation absolue. En d'autres termes, nous ne considérons que le mouvement du centre de gravité lui-même, sans nous préoccuper des mouvements individuels des divers points du corps.

PREMIER CAS.

L'impulsion a la même direction que la force constante.

305. — Le mouvement est nécessairement rectiligne, puisque la vitesse initiale et les deux forces ont, à l'origine, la même direction, et que rien, par la suite, ne vient changer cet état de choses.

Soit donc AX la direction commune, O l'origine du mouvement, et G la position du centre de gravité du corps au bout d'un temps quelconque. Soit x la distance parcourue OG, et v la vitesse du mobile.

Désignons par a la vitesse initiale, qui est dirigée de O vers X; supposons que la force constante agisse dans le même sens, et représentons-en la grandeur par P. Quant à la force variable, elle agira en sens contraire du mouvement, c'est-à-dire de X vers O, et nous en représenterons la grandeur par Hv^2, H étant une constante. Soit enfin m la masse du corps.

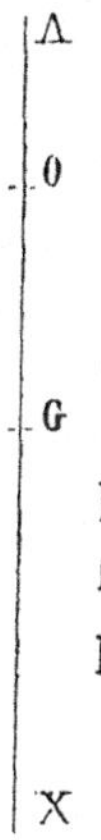

Fig. 86.

Cela posé, l'équation unique du mouvement s'établira sans peine, en exprimant que la différence des forces constante et variable est égale à la masse multipliée par l'accélération. On a donc

$$(1) \qquad P - Hv^2 = m\frac{dv}{dt}.$$

Avant de poursuivre, nous allons mettre la valeur de la constante H sous une forme qui convienne mieux à la symétrie du calcul. Cette quantité H désigne évidemment ce que devient la résistance pour une vitesse égale à l'unité. Or, soit k une vitesse telle que la résistance correspondante Hk^2 soit précisément égale à la force P : on pourra remplacer H par cette expression $\frac{P}{k^2}$, ce qui donnera à la relation ci-dessus la forme :

$$P - \frac{P}{k^2}v^2 = m\frac{dv}{dt}.$$

Divisons tous les termes par m, et représentons $\frac{P}{m}$ par p; la relation devient finalement :

$$(2) \qquad p - \frac{pv^2}{k^2} = \frac{dv}{dt}.$$

C'est de là qu'il faut déduire la vitesse, et par suite la longueur parcourue, au bout d'un temps quelconque.

On obtient, par des transformations faciles à suivre :

$$pdt = \frac{k^2 dv}{k^2 - v^2} = \frac{k}{2}\left(\frac{dv}{k+v} + \frac{dv}{k-v}\right),$$

et

$$pt = \tfrac{1}{2}\, k \text{ log nép } \frac{k+v}{k-v} + C;$$

C désignant une certaine constante que nous déterminerons par la condition qu'à l'origine du mouvement la vitesse v est précisément égale à la vitesse d'impulsion a : ce qui donne

$$(3) \qquad pt = \tfrac{1}{2}\, k \text{ log nép } \left(\frac{k-a}{k+a} \cdot \frac{k+v}{k-v}\right).$$

Supposons, pour plus de simplicité, qu'il n'y ait pas de vitesse initiale. Cette équation se réduira à la suivante :

$$(4) \qquad pt = \tfrac{1}{2}\, k \text{ log nép } \frac{k+v}{k-v}.$$

La valeur de v se met dès lors très-facilement en évidence :

$$(5) \qquad v = k\, \frac{e^{\frac{pt}{k}} - e^{-\frac{pt}{k}}}{e^{\frac{pt}{k}} + e^{-\frac{pt}{k}}}.$$

La longueur x s'en déduit, par la relation $dx = vdt$, d'où

$$(6) \quad x = \frac{k^2}{p} \text{ log. } \tfrac{1}{2}\left(e^{\frac{pt}{k}} + e^{-\frac{pt}{k}}\right).$$

On peut aussi conserver à x son expression en fonction de v, ce qui donne

$$(7) \qquad x = \frac{k^2}{2p} \log. \frac{k^2}{k^2 - v^2}.$$

Ces formules fournissent la solution complète de la question, puisqu'elles permettent de trouver la vitesse du mobile et la longueur parcourue au bout d'un temps quelconque.

306. — La conséquence la plus intéressante à signaler, c'est qu'à mesure que le temps écoulé augmente, le mouvement tend de plus en plus à devenir uniforme. Si nous reprenons en effet la formule (5) ci-dessus, nous voyons que, t croissant indéfiniment, le terme $e^{-\frac{pt}{k}}$ diminue lui-même au delà de toutes limites, et que v se réduit sensiblement à k : ce qui veut dire qu'à mesure que le temps augmente, la vitesse augmente aussi jusqu'à devenir égale à celle qui correspond à une résistance qui contre-balance précisément la force motrice constante. Il est bien certain qu'une fois l'équilibre établi entre ces deux forces contraires, la vitesse ne peut plus ni augmenter ni décroître, et que le mouvement doit demeurer uniforme. Cette uniformité s'établit approximativement dès que la valeur de pt est devenue suffisamment grande par rapport à k; mais l'uniformité mathématique n'a jamais lieu, puisqu'il faudrait pour cela que le terme $e^{-\frac{pt}{k}}$ fût rigoureusement nul, ou, ce qui revient au même, que le temps écoulé fût infini.

On se rend très-bien compte que, d'une part, l'uniformité doive se produire toutes les fois que la vitesse est égale à k ou que la résistance détruit exactement la force motrice, et que d'autre part un mouvement varié, qui s'effectue comme nous venons de le voir, ne puisse jamais atteindre cette uniformité parfaite. Car, à mesure que la résistance approche d'égaler la force motrice, par suite de l'augmentation continuelle de la vitesse, l'accélération ultérieure devient nécessairement de moins en moins sensible, à cause de l'affaiblissement de l'action qui la détermine : le temps employé par la vitesse pour franchir un degré de plus, si je puis ainsi dire, est d'autant plus grand qu'elle en a moins à franchir, et qu'elle est plus voisine de cette valeur k qui est la limite théorique.

Toutes choses égales d'ailleurs, l'uniformité est d'autant plus lente à s'établir que la quantité k est plus grande : et c'est ce qui doit être; car k désigne la vitesse qui correspond à une résistance égale à la force motrice. Si cette vitesse est très-grande, c'est que la résistance est relativement très-faible, et par conséquent il faut un temps très-long pour qu'elle arrive à neutraliser la force motrice.

A la limite, c'est-à-dire lorsque k est nul, la résistance disparaît, et le mouvement n'est plus produit en réalité que par la force motrice. On doit ainsi retomber sur les formules connues du mouvement uniformément accéléré. On le vérifie aisément, en développant les valeurs ci-dessus de v et de x en séries convergentes :

$$v = \frac{\frac{pt}{k} + \frac{p^3 t^3}{6k^2} + \ldots\ldots}{1 + \frac{p^2 t^2}{2k^2} + \ldots\ldots}$$

$$x = \frac{pt^2}{2} - \frac{p^3 t^4}{12 k^2} + \ldots\ldots$$

En y supposant k infini, on a simplement $v = pt$ et $x = \frac{1}{2} pt^2$.

307. Les résultats sont différents lorsque la force motrice agit en sens contraire de l'impulsion initiale.

Alors en effet on a :

$$(2) \qquad -p-\frac{pv^2}{k^2}=\frac{dv}{dt},$$

ce qui donne, par la même transformation que précédemment,

$$pdt=-\frac{k^2dv}{k^2+v^2},$$

d'où, en intégrant et désignant par a la vitesse initiale du mobile,

$$(3) \qquad \frac{pt}{k}=\text{arc tang}\,\frac{a}{k}-\text{arc tang}\,\frac{v}{k}.$$

Pour avoir la valeur de la vitesse en fonction du temps, posons

$$\text{arc tang}\,\frac{a}{k}=\text{A}, \quad \text{et} \quad \text{arc tang}\,\frac{v}{k}=\text{B},$$

il en résulte

$$\frac{pt}{k}=\text{A}-\text{B}, \quad \text{et} \quad \text{B}=\text{A}-\frac{pt}{k},$$

$$\text{tang B}=\frac{\text{tang A}-\text{tang}\,\frac{pt}{k}}{1+\text{tang A tang}\,\frac{pt}{k}}=\frac{\frac{a}{k}-\frac{\sin\frac{pt}{k}}{\cos\frac{pt}{k}}}{1+\frac{a}{k}\cdot\frac{\sin\frac{pt}{k}}{\cos\frac{pt}{k}}};$$

remplaçons tang B par sa valeur $\frac{v}{k}$; on obtient, après les réductions convenables,

$$(15) \qquad v=\frac{k\left(a\cos\frac{pt}{k}-k\sin\frac{pt}{k}\right)}{a\sin\frac{pt}{k}+k\cos\frac{pt}{k}}.$$

En multipliant par dt, intégrant de nouveau et exprimant que pour $t=0$ on doit avoir $x=0$, l'expression de la longueur parcourue devient :

$$(6) \qquad x = \frac{k^2}{p} \log \text{nép} \left(\frac{a}{k} \sin \frac{pt}{k} + \cos \frac{pt}{k} \right).$$

On trouverait aussi x en fonction de v, en remarquant que $-\left(p + \frac{pv^2}{k^2}\right) dx = v dv$; d'où

$$(7) \qquad x = \frac{k^2}{2p} \log \frac{k^2 + a^2}{k^2 + v^2}.$$

Avant de poursuivre, nous ferons remarquer immédiatement que ces formules s'appliquent au cas où il n'y a pas de résistance, et donnent alors les résultats connus du mouvement uniformément retardé. Reprenons en effet la valeur précédente de v, et écrivons-la :

$$v = \frac{a k \cos \frac{pt}{k}}{a \sin \frac{pt}{k} + k \cos \frac{pt}{k}} - \frac{k^2 \sin \frac{pt}{k}}{a \sin \frac{pt}{k} + k \cos \frac{pt}{k}}.$$

Si l'on y suppose k infini, ce qui correspond au cas où il n'y a pas de résistance, ces termes prennent une forme indéterminée. Mais divisons numérateurs et dénominateurs par k ; le premier terme se réduit à a, lorsque $k=\infty$; quant au second, il devient $k \sin \frac{pt}{k}$, ou $0 \times \infty$. Remarquons que, lorsque k est très-grand, $\frac{pt}{k}$ est très-petit ; par suite, on peut remplacer le sinus de cet arc par l'arc lui-même : dès lors $k \sin \frac{pt}{k}$ se change en $k \frac{pt}{k}$ ou simplement pt. La valeur de v devient donc en ce cas

$$v = a - pt,$$

ce qui est bien la formule du mouvement uniformément retardé.

On peut faire la même vérification pour la longueur parcourue. En effet, dans la valeur (6) ci-dessus de x, remplaçons $\sin \frac{pt}{k}$ et $\cos \frac{pt}{k}$ par leurs développements en séries,

$$\sin \frac{pt}{k} = \frac{pt}{k} - \frac{p^3t^3}{6k^3} - + \ldots .$$

$$\cos \frac{pt}{h} = 1 - \frac{p^2t^2}{2k^2} + \ldots .$$

La quantité entre parenthèses devient :

$$1 + \frac{apt}{k^2} - \frac{p^2t^2}{2k^2},$$

en négligeant tous les termes dont le dénominateur renferme k à une puissance supérieure à la deuxième. Le logarithme en question est donc celui de

$$1 + \frac{pt}{k^2}\left(a - \frac{pt}{2}\right).$$

Le second terme de cette quantité converge indéfiniment vers zéro, ce qui permet de développer le logarithme suivant les puissances ascendantes de ce second terme. La valeur de ce logarithme est représentée par

$$\frac{pt}{k^2}\left(a - \frac{pt}{2}\right) - \frac{p^2t^2}{2k^4}(a - pt)^2 + \ldots .$$

En multipliant par $\frac{k^2}{p}$, on a l'expression de x ; et, comme pour $k = \infty$ tous les termes, sauf le premier, disparaissent, il reste finalement,

$$x = at - \tfrac{1}{2} pt^2 ,$$

valeur connue de l'espace parcouru dans le mouvement uniformément retardé.

308. — Cela posé, reprenons l'étude des formules générales ci-dessus (5), (6) et (7).

On voit que le mouvement s'arrêtera forcément au bout d'une certaine durée, qui correspond à une valeur nulle de la vitesse. L'expression de cette durée s'obtient en égalant à zéro le numérateur de v ; on a donc

$$a \cos \frac{pt}{k} = k \sin \frac{pt}{k} ,$$

d'où

$$\operatorname{tang} \frac{pt}{k} = \frac{a}{k} , \qquad \text{et} \qquad t_1 = \frac{k}{p} \operatorname{arc\ tang} \frac{a}{k},$$

en désignant par t_1 la durée en question. L'espace parcouru, correspondant à cet arrêt, sera

$$x_1 = \frac{k^2}{2p} \text{ log nép } \frac{k^2 + a^2}{k^2} .$$

Ainsi, quand le mobile sera parvenu à cette distance de son point de départ, il cessera d'avancer, et reviendra au contraire en arrière, parce que la force motrice, qui a agi jusqu'ici avec la résistance pour detruire la vitesse initiale, et qui l'a détruite en effet, se trouve dès lors appliquée à un corps immobile, et par suite le meut dans le sens de son action. Quant à la résistance, elle a décru nécessairement depuis l'origine jusqu'au point d'arrêt ; là, elle est nulle un instant, et puis change aussitôt de sens, en reprenant des valeurs croissantes au fur et à mesure que le mouvement rétrograde s'accélère. Cette seconde période du phénomène n'est autre que le cas déjà examiné, d'un corps partant du repos sous l'influence d'une force motrice constante et d'une résistance qui varie en raison du carré de la vitesse.

Voyons la valeur de la vitesse de sens contraire qu'aura prise le mobile lorsqu'il repassera par son point de départ. Pour la déterminer, il suffit de reprendre la formule (7) du n° 305, qui donne, en fonction l'un de l'autre, la vitesse et l'espace parcouru, pour un mobile qui part du repos. Dans cette formule, remplaçons x par la valeur x_1 que nous venons de trouver tout à l'heure, laquelle représente la distance entre le point de départ et le point d'arrêt. Il vient

$$\frac{k^2}{2p} \log \text{nép} \frac{k^2+a^2}{k^2} = \frac{k^2}{2p} \log \text{nép} \frac{k^2}{k^2-v_1^2};$$

en appelant v_1 la vitesse cherchée.

De là on tire :

$$\frac{k^2+a^2}{k^2} = \frac{k^2}{k^2-v_1^2},$$

d'où

$$v_1 = \frac{ak}{\sqrt{a^2+k^2}}.$$

Ce résultat nous montre que la vitesse au retour n'est point égale, en valeur absolue, à la vitesse d'impulsion ; mais qu'elle lui est inférieure, puisque $\frac{k}{\sqrt{a^2+k^2}}$ est toujours moindre que l'unité. Elle se rapproche d'autant plus de l'égalité que la quantité k est plus grande ; car le coefficient $\frac{k}{\sqrt{a^2+k^2}}$ peut s'écrire $\frac{1}{\sqrt{1+\frac{a^2}{k^2}}}$; et, sous cette forme, on voit bien qu'à mesure que k augmente, le dénominateur diminue et converge vers l'unité. Il revient au même de dire que l'écart des deux vitesses est d'autant moindre que la résistance est plus faible ; et c'est pourquoi, dans le calcul de la chute des corps dans le vide, où la résistance n'existe pas, on trouve que la vitesse au retour est exactement égale et de sens contraire à la vitesse d'impulsion.

Puisque le corps rétrograde moins vite qu'il n'a avancé, il en résulte naturellement que le temps employé doit être plus considérable. C'est ce qu'on reconnaît aussi par les formules du n° 305 précité. Car, si dans la relation (4), qui exprime le temps en fonction de la vitesse, on substitue à v la valeur ci-dessus $\frac{ak}{\sqrt{a^2+k^2}}$, on obtient, en désignant par t_2 le temps cherché,

$$pt^2 = \tfrac{1}{2} k \log \left(\frac{k + \frac{ak}{\sqrt{a^2+k^2}}}{k - \frac{ak}{\sqrt{a^2+k^2}}} \right) = \frac{k}{2} \log \frac{\sqrt{a^2+k^2}+a}{\sqrt{a^2+k^2}-a}.$$

Multipliant le numérateur et le dénominateur de la fraction par $\sqrt{a^2+k^2}-a$, elle devient $\frac{k^2}{(\sqrt{a^2+k^2}-a)^2}$, quantité dont le logarithme est égal au double de celui de sa racine $\frac{k}{\sqrt{a^2+k^2}-a}$. Par conséquent on a pour valeur de t_2,

$$t_2 = \frac{k}{p} \log \frac{k}{\sqrt{a^2+k^2}-a}.$$

Cette valeur diffère de celle qu'on a trouvée pour le temps t_1, qui s'écoule depuis le départ jusqu'à l'arrêt. En développant l'une et l'autre en séries, on reconnaît sans peine que t_2 est toujours plus grand que t_1, et que ces deux temps deviennent égaux lorsque k est infini.

La somme des durées de l'aller et du retour, $t_1 + t_2$, sera donnée par la relation

$$\frac{p}{k}(t_1 + t_2) = \text{arc tang}\,\frac{a}{k} + \log.\,\frac{k}{\sqrt{a^2+k^2}-a}.$$

309. — Dans l'étude à laquelle nous venons de nous livrer, nous n'avons attribué aucune valeur particulière à la force motrice ni à la résistance ; nous nous sommes borné à supposer que l'une était constante, et l'autre variable en raison du carré de la vitesse, les deux forces ayant d'ailleurs la même direction que la vitesse initiale. Il résulte de là que les formules auxquelles nous sommes parvenu sont générales, c'est-à-dire conviennent à tous les phénomènes pour lesquels on constate que les forces satisfont effectivement à ces lois, quelles que soient d'ailleurs la grandeur absolue de leurs actions et les causes naturelles qui y donnent naissance.

La classe la plus intéressante de phénomènes auxquels ce mouvement théorique puisse servir de type, est la chute ou l'ascension verticale de corps solides au sein de l'atmosphère. La force constante est alors le poids du corps, et la force variable la résistance de l'air, l'une et l'autre s'exerçant suivant la verticale. Pour déterminer le mouvement, il suffira donc de prendre les formules précédentes, et d'y remplacer p par g ou $9^k,8088$, et k par le coefficient numérique que des expériences directes auront fait connaître pour la résistance de l'air. Le mouvement dans tout autre milieu s'obtiendra aussi aisément, pourvu qu'on connaisse de même le coefficient qui s'y rapporte.

Une remarque, qu'il est bon de signaler en passant, relativement à la chute des corps dans l'atmosphère, c'est que :

Toutes choses égales d'ailleurs, les corps les plus denses tombent le plus vite ;

Et, à densité égale, les corps de plus grand volume tombent aussi le plus vite.

Cette double conséquence, qui apporte, comme on voit, une différence radicale entre la chute dans l'air et la chute dans le vide, résulte immédiatement de cette propriété reconnue par l'observation, et facile du reste à prévoir :

Que la résistance du milieu est, toutes choses égales d'ailleurs, sensiblement proportionnelle à la plus grande section du corps prise normalement au sens de la vitesse.

Si donc nous prenons des corps de formes semblables, de forme sphérique, par exemple, la résistance de l'air sera pour chacun d'eux proportionnelle à la surface d'un grand cercle ou au carré du rayon. La relation (1) du n° 305 pourra s'écrire :

$$P - hr^2 v^2 = m \frac{dv}{dt},$$

P étant le poids du corps, m sa masse, r son rayon, et h un certain coefficient numérique.

Si l'on divise par m, le second terme du premier membre, qui représente la résistance de l'air, deviendra $\frac{hr^2}{m} v^2$; mais $m = \frac{4}{3} \pi r^3 \rho$, ρ étant la densité ; la résistance a donc pour valeur numérique

$$\frac{3h}{4\pi} v^2 \cdot \frac{1}{\rho r}.$$

Cette expression nous montre que la diminution de vitesse, due à la présence du second terme dans l'équation précédente, est d'autant plus considérable que la densité ou que le rayon est plus faible. La chute du corps est donc retardée en raison de sa légèreté spécifique et de la petitesse de ses dimensions.

Nous nous rendons ainsi compte de la différence, souvent très-considérable, qu'on observe dans la vitesse de chute des divers corps. Nous voyons pourquoi certains d'entre eux, même très-denses, tombent fort lentement, quand ils sont suffisamment ténus, comme le sable fin ou la poussière.

310. — Lorsque la vitesse est très-faible, le mouvement peut être assimilé exactement à celui qui aurait lieu en vertu d'une résistance variable en raison de la simple puissance de la vitesse. Les formules de ce nouveau type sont faciles à trouver, en suivant la même marche que précédemment. L'on a en effet

$$(2) \qquad p - \frac{p}{k} v = \frac{dv}{dt},$$

d'où

$$pdt = \frac{k\,dv}{k - v}.$$

Intégrant et déterminant la constante par la condition que la vitesse est nulle à l'origine du temps, il vient :

$$(4) \qquad pt = k \log \text{nép} \left(\frac{k}{k - v}\right),$$

et par suite :

$$(5) \qquad v = k\left(1 - e^{-\frac{pt}{k}}\right),$$

$$(6) \qquad x = kt - \frac{k^2}{p}\left(1 - e^{-\frac{pt}{k}}\right).$$

On peut voir, par le développement en série de $e^{-\frac{pt}{k}}$, que ces formules deviennent celles du mouvement uniformément accéléré, lorsque k est infini, c'est-à-dire quand la résistance du milieu diminue jusqu'à être absolument nulle. En effet, employons la série

$$e^{-\frac{pt}{k}} = 1 - \frac{pt}{k} + \frac{p^2t^2}{2k^2} - \ldots.$$

il vient :

$$v = k\left(1 - e^{-\frac{pt}{k}}\right) = pt - \frac{p^2t^2}{2k} + \ldots..$$

$$x = kt - \frac{k^2}{p}\left(1 - e^{-\frac{pt}{k}}\right) = \tfrac{1}{2}\,pt^2 - \frac{p^2t^3}{6k} + \ldots..$$

expressions qui, pour $k = \infty$, se réduisent à

$$v = pt, \quad \text{et} \quad x = \tfrac{1}{2}\,pt^2.$$

Les mouvements de cette espèce se produisent notamment lorsque la densité des corps qui tombent est peu supérieure à celle du milieu où la chute s'effectue. Ainsi la poussière tombant dans l'air ou des corps s'enfonçant lentement dans l'eau obéissent sensiblement à ces lois.

DEUXIÈME CAS.

L'impulsion est oblique à la direction de la force constante.

311. — Le mouvement sera alors curviligne, mais évidemment situé dans un même plan. Il y aura donc deux équations fondamentales.

Soit O le point de départ, OA la direction de la vitesse initiale a. Prenons pour axe des y une droite parallèle à la direction de la force constante, force que nous supposerons agir de haut en bas, par analogie aux phénomènes de la pesanteur; prenons pour axe des x une droite perpendiculaire à la précédente.

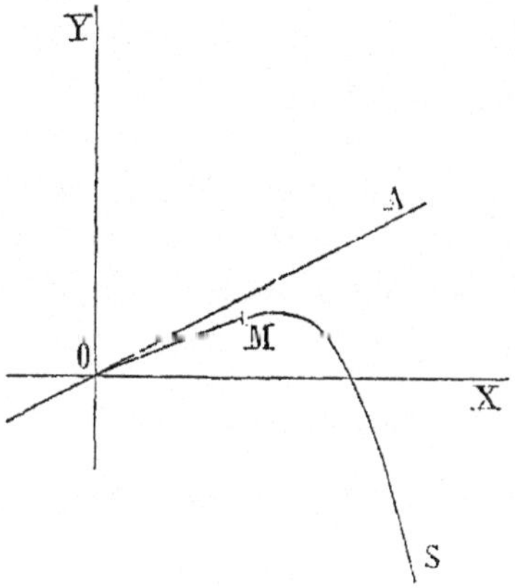

Fig. 87.

Soit OMS la courbe décrite par le centre de gravité du mobile, et M sa position au bout d'un certain temps.

Nous nous servirons d'ailleurs des mêmes notations que précédemment, c'est-à-dire que nous appellerons P la force constante, m la masse et k un coefficient numérique représentatif d'une vitesse telle que la résistance Hk^2 soit précisément égale à P.

Nous établirons les deux équations du mouvement en employant la méthode générale, c'est-à-dire en exprimant que suivant chacun des axes la somme algébrique des composantes des forces appliquées au mobile est égale à la masse multipliée par l'accélération de la projection de la vitesse.

La résistance étant dirigée suivant la tangente à la trajectoire, les cosinus des angles qu'elle forme avec les axes sont représentés par $\frac{dx}{ds}$ et $\frac{dy}{ds}$. Les deux équations seront donc :

$$(1) \begin{cases} -\frac{P}{k^2}\cdot\frac{dx}{ds}\cdot v^2 = m\frac{d^2x}{dt^2}, & \text{pour l'axe des } x; \\ P-\frac{P}{k^2}\cdot\frac{dy}{ds}\cdot v^2 = m\frac{d^2y}{dv}, & \text{pour l'axe des } y. \end{cases}$$

Remarquons que $v=\frac{ds}{dt}$; divisons tous les termes par m et désignons $\frac{P}{m}$ par p; il vient, après simplification :

$$(2)\quad \begin{cases} -\dfrac{p}{k^2}\dfrac{ds}{dt}\cdot\dfrac{dx}{dt}=\dfrac{d^2x}{dt^2}, \\[2ex] p-\dfrac{p}{k^2}\dfrac{ds}{dt}\cdot\dfrac{dy}{dt}=\dfrac{d^2y}{dt^2}. \end{cases}$$

Par des calculs que nous ne développerons pas ici, et qu'on retrouve d'ailleurs dans plusieurs traités de mécanique[1], on arrive à trois équations différentielles du premier degré, qui renferment les deux inconnues dx et dy, ainsi qu'une inconnue auxiliaire égale au rapport $\dfrac{dy}{dx}$ des deux autres. En désignant par q ce rapport, les trois équations différentielles sont :

$$(3)\quad \begin{cases} \dfrac{p}{k^2}\,dx=-\dfrac{dq}{U}, \\[2ex] \dfrac{p}{k^2}\,dy=-\dfrac{qdq}{U}, \\[2ex] \dfrac{p}{k}\,dt=-\dfrac{dq}{\sqrt{U}}\,; \end{cases}$$

dans laquelle U représente le polynome $q\sqrt{1+q^2}+$ $+\log\left(q+\sqrt{1+q^2}\right)-C$. La quantité C est une constante d'intégration, déterminée dans le cours du calcul par la condition qu'à l'origine du mouvement le rapport $\dfrac{dy}{dx}$ n'est autre que la valeur connue de la tangente trigonométrique de l'angle α formé par la vitesse initiale avec l'axe des x.

Les formules qui précèdent ne sont pas intégrables sous forme finie, et l'on en est réduit à construire la trajectoire par points.

[1] *Voir* le *Traité de la Mécanique* de M. Poisson, tome I, p. 402 et suivantes.

Quand l'angle α de la vitesse initiale avec l'axe des x est suffisamment petit, on peut obtenir l'équation de la trajectoire sous forme finie, avec une grande approximation.

Reprenons, en effet, les équations (2).

On peut d'abord intéger la première une fois, ce qui donne

$$(4) \qquad \frac{dx}{dt} = a \cos \alpha \, e^{-\frac{p}{k^2} s};$$

le coefficient $a \cos \alpha$ est introduit par l'intégration, en vertu de ce qu'à l'origine du mouvement, où l'arc s est nul, la composante de la vitesse v suivant l'axe des x n'est autre que la composante $a \cos \alpha$ de la vitesse initiale.

En opérant sur la deuxième équation du même groupe (2), et remarquant la symétrie qui existe entre elle et la première, on arrive facilement à la relation

$$(5) \qquad \frac{dq}{dx} = -\frac{p}{a^2 \cos^2 \alpha} e^{\frac{2p}{k^2} s},$$

où q désigne, comme nous avons dit, le rapport $\frac{dy}{dx}$.

C'est à ce point du calcul que l'hypothèse de l'angle α très-petit va nous permettre d'opérer une intégration qui, dans le cas général, est impossible.

En effet, on peut alors regarder la tangente à la trajectoire comme peu éloignée de l'horizontale, sur une assez grande longueur de la courbe; et, par suite, $\frac{ds}{dt}$ comme sensiblement égal à $\frac{dx}{dt}$: c'est ce qui ressort du développement en série,

$$\frac{ds}{dt} = \sqrt{\frac{dx^2}{dt^2} + \frac{dy^2}{dt^2}} = \frac{dx}{dt}\sqrt{1+q^2} = \frac{dx}{dt}\left(1 + \tfrac{1}{2} q^2 - \tfrac{1}{8} q^4 + \ldots\right),$$

où l'on peut négliger tous les termes affectés de q^2 et des puissances supérieures de q.

Il devient possible d'intégrer doublement l'équation (5) : car, dans le second membre, la variable x qui figure en différentielle, et la variable s qui figure en exponentielle, ne sont plus qu'une même inconnue. On obtient ainsi, en faisant figurer x exclusivement :

$$(6) \quad y = x \operatorname{tang} \alpha - \frac{k^4}{4pa^2 \cos^2 \alpha}\left(e^{\frac{2p}{k^2}x} - \frac{2p}{k^2}x - 1\right).$$

On vérifie aisément que, lorsque la résistance est nulle, on retombe sur la trajectoire parabolique due à une impulsion initiale et à une force constante (n° 93). Il suffit de développer $e^{\frac{2p}{k^2}x}$ en série :

$$e^{\frac{2p}{k^2}x} = 1 + \frac{2p}{k^2}x + \frac{2p^2}{k^4}x^2 + \frac{p^3}{3k^6}x^3 + \ldots\ldots$$

La parenthèse du second membre se réduit à $\frac{2p^2}{k^4}x^2 + \frac{p^3}{3k^6}x^3 + \ldots$; quantité qui, multipliée par le coefficient de cette parenthèse, devient $\frac{p}{2a^2\cos^2\alpha}x^2 + \frac{p^2}{12a^2\cos^2\alpha}\frac{1}{k^2}x^3 + \ldots$

Lorsque k est infini, tous les termes qui le renferment en dénominateur s'évanouissent, et la relation (6) se change finalement en la suivante :

$$y = x \operatorname{tang} \alpha - \frac{p}{2a^2 \cos^2 \alpha}x^2,$$

qui est bien celle du n° 93, en y remplaçant par p le rapport de la force P à la masse m du mobile.

Nous ne nous étendrons pas davantage sur les questions

relatives à ce genre de mouvement, qui ne présentent guère d'intérêt que pour la projection des corps lancés obliquement dans l'atmosphère. L'examen approfondi de ce problème forme une partie importante des traités spéciaux de balistique.

Remarque générale sur les mouvements réels des projectiles.

312. — Dans l'étude théorique à laquelle nous nous sommes livré sur le mouvement, soit rectiligne, soit curviligne, de corps soumis à une force constante et à une résistance variable, nous avons expressément supposé que la résistance, transportée au centre de gravité du corps, était toujours dirigée exactement suivant la tangente à la trajectoire.

En vertu de cette hypothèse, le mouvement est nécessairement rectiligne, dans un cas, et nécessairement plan, dans l'autre cas.

Il n'en est pas toujours ainsi dans les mouvements réels des solides au sein de l'atmosphère; et cette dérogation tient à ce que la force variable qui doit représenter la résistance du fluide, n'est pas constamment dirigée suivant la tangente à la trajectoire.

Trois circonstances y peuvent donner lieu :

1° Si le centre de gravité du corps n'en est pas en même temps le centre de figure ;

2° Si le corps n'est pas parfaitement symétrique autour de la tangente à la trajectoire du centre de figure ;

3° Si le corps possède un mouvement de rotation autour de son centre de gravité.

Je dis d'abord que, si aucune de ces trois circonstances n'a lieu, le mouvement du centre de gravité s'effectuera en ligne droite ou dans un plan, selon les cas, c'est-à-dire conformément au type théorique que nous avons étudié.

Car la force variable, qui, transportée au centre, représente la résistante totale du fluide, est la résultante de toutes les actions élémentaires exercées sur la surface, transportées parallèlement à elles-mêmes au centre de gravité. Or, il est bien évident, à cause de la parfaite symétrie de la figure, que ces forces élémentaires, ainsi transportées, ne peuvent donner lieu à aucun couple qui n'ait exactement son équivalent de sens contraire. Par conséquent, si le corps n'a pas une rotation initiale, il n'en prendra point par suite de la résistance du fluide; et si la résultante unique, qui représente cette résistance, a pour loi de se développer, à l'origine, exactement suivant la tangente, elle se développera de la même manière dans toute la succession du mouvement, et, par suite, déterminera le mouvement théorique que nous avons considéré.

Voyons maintenant ce qui doit advenir, lorsqu'une des trois circonstances précitées se présente, et commençons par l'examen de la troisième.

Prenons un corps qui satisfasse complétement aux deux premières conditions, par exemple un corps sphérique homogène, et supposons-le doué d'une rotation initiale. Je dis que le centre sera entraîné hors de la ligne droite ou du plan qu'il parcourrait, selon les cas, s'il était sollicité, sans rotation, par une force constante et par une résistance variable tangente à la trajectoire du centre de gravité.

Soit en effet A B C D un grand cercle de la sphère, perpendiculaire à l'axe de rotation. Supposons, pour plus de simplicité, que la translation du centre G s'effectue perpendiculairement à cet axe; et soit A B le diamètre tangent à la trajectoire. La translation et la rotation ont d'ailleurs lieu dans le sens des flèches.

La résistance du fluide, que nous avions précédemment en vue quand nous parlions d'une force proportionnelle au carré de la vitesse, donnera une résultante au centre, agissant exactement suivant G A; et cette résultante conservera une direction tangentielle à la trajectoire, à cause de la symétrie de la figure. De ce côté donc, il n'y aura aucune cause perturbatrice du mouvement. Mais, outre cette résistance, il se développe, par la rotation du corps, une autre force qui provient du frottement de la surface contre le fluide. Cette force de frottement est, en chaque point, tangentielle à la surface, dirigée en sens contraire de la rotation, et variable selon la densité du fluide qui est immédiatement en contact. Or cette densité change d'un point à l'autre, par suite du mouvement général du solide. On conçoit en effet que le fluide est refoulé en avant, dilaté en arrière, de sorte que la densité diffère depuis le point B, où elle est *maxima*, jusqu'au point A, où elle est *minima*, ayant d'ailleurs des valeurs symétriques au-dessus et au-dessous du diamètre A B. D'après cela, toutes les actions de frottement exercées sur l'hémisphère antérieur C B D, transportées parallèlement à elles-mêmes au centre de gravité, s'y composeront en une force unique, dirigée suivant G D; et pareillement les actions exercées sur l'hémisphère opposé donneront lieu à une force dirigée suivant G C, moindre que la précédente. La résultante totale sera donc une force dirigée suivant G D, c'est-à-dire dirigée suivant le rayon perpendiculaire à l'axe de rotation et dans la région où un spectateur placé sur l'axe verrait la rotation se faire de gauche à droite.

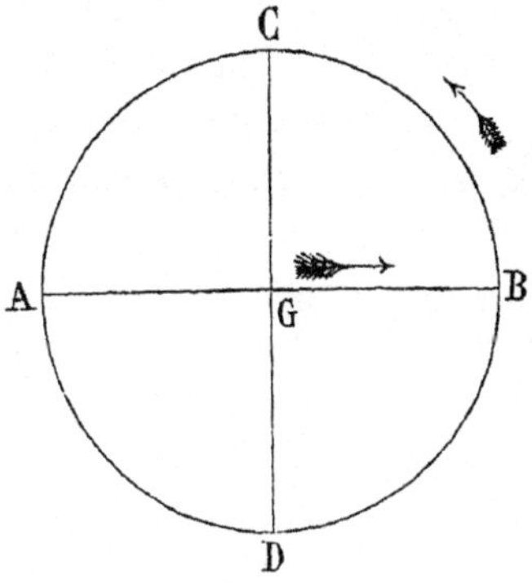

Fig. 88.

Il ressort de ces considérations que si l'axe est parfaitement perpendiculaire à la vitesse du centre de gravité, ainsi que nous l'avons admis sur la figure, la force de frottement dont il s'agit ne fera pas sortir le centre du plan qu'il parcourt; mais que si, au contraire, cet axe a une direction oblique, — ce qui est le cas général, — cette force interviendra pour amener le centre hors du plan.

C'est pourquoi, dans le tir des projectiles, le centre est toujours dévié par le mouvement de rotation que la balle peut avoir contracté avant de sortir du canon. On voit en même temps que, dans le cas particulier où l'axe de rotation est perpendiculaire au plan vertical qui contient le canon, la balle reste dans ce plan, mais que la force de frottement en augmente ou en diminue le poids, selon le sens de la rotation; et, dans cet autre cas où l'axe serait précisément le diamètre tangent à la trajectoire du centre, la force de frottement n'aurait plus d'effet sur la translation de ce centre. Aussi tous les soins doivent-ils tendre, non-seulement à rendre les balles sphériques et homogènes, mais aussi à leur imprimer un mouvement de rotation autour de l'un de ces deux axes spéciaux.

Si le corps n'a pas de rotation initiale, et qu'en outre ses parties soient symétriques, dans toutes les positions, autour de la tangente à la trajectoire du centre de figure, mais que ce centre ne coïncide pas avec le centre de gravité, — comme cela aurait lieu, par exemple, pour une sphère homogène, — je dis que le centre de gravité sera nécessairement dévié.

Car, la symétrie n'existant pas par rapport au centre de gravité, il est visible que toutes les actions élémentaires du fluide, transportées à ce centre, ne s'y réduiront pas à une force unique, mais donneront aussi naissance à un couple; en sorte qu'une rotation en résultera, et subséquemment tous les phénomènes de perturbation que nous venons de considérer.

Enfin, si le centre de gravité est en même temps centre de figure, et qu'il n'y ait pas de rotation initiale, mais que la symétrie n'ait pas constamment lieu autour de la tangente à la trajectoire centrale, — comme cela aurait lieu, par exemple, pour un cube homogène dont les faces seraient inégalement inclinées sur la direction de la translation, — on observera encore une déviation.

Car les diverses faces, coupant le milieu environnant, donneront lieu à des forces de frottement variables avec la densité du fluide en chaque point; et comme ces faces ne sont pas symétriquement disposées autour de la tangente centrale, il en résultera que les couples provenant de la translation des forces de frottement ne se détruiront pas deux à deux. Il y aura donc une rotation, avec toutes les conséquences déjà exposées.

La différence à signaler entre les deux derniers cas, c'est que, dans l'un, la rotation est déterminée par la résistance proprement dite du milieu (celle qui s'exerce en sens contraire de la translation), et que, dans l'autre cas, cette rotation est due aux forces tangentielles provenant du frottement de la surface qui glisse contre les molécules du fluide.

CHAPITRE II.

MOUVEMENTS OSCILLATOIRES.

313.— Nous considérerons le mouvement d'un corps, assujetti à demeurer sur une courbe donnée, et sollicité par une force alternative, c'est-à-dire par une force qui change de sens d'action en un certain point de la courbe, de telle sorte qu'ayant agi en deçà de ce point pour accélérer le mouvement, elle agit au delà pour le retarder.

Comme il n'y a pas de variation brusque dans les forces naturelles, il faut admettre que la force alternative dont il s'agit ici, qui passe de la valeur positive à la valeur négative, est nulle pour un certain point de la courbe, ou, ce qui revient au même, qu'elle est perpendiculaire à cette courbe; en deçà elle forme un angle aigu avec la tangente menée dans la direction de la vitesse, et au delà elle forme un angle obtus.

Le point pour lequel la force motrice est nulle ou perpendiculaire à la courbe est dit *position d'équilibre*, puisqu'en effet le corps y demeurerait immobile s'il s'y était placé sans aucune vitesse acquise.

Il est évident que, sous l'action d'une force alternative, un corps ne peut prendre qu'un mouvement de va-et-vient, à droite et à gauche de la position d'équilibre. Car supposons, pour fixer les idées, que le mobile soit placé à gauche de sa position d'équilibre, et que dans cette situation la direction de la force fasse un angle aigu avec la portion de tangente menée de gauche à droite. On pourra décomposer la force donnée en deux autres, l'une suivant la normale à la courbe, et l'autre suivant la tangente. La première sera détruite par la résistance de la courbe, et l'autre aura tout son effet pour entraîner le mobile vers sa position d'équilibre. Cette seconde composante, qui est en réalité la force motrice, varie de grandeur depuis le point de départ jusqu'à la position d'équilibre, où, par hypothèse, elle devient nulle. Le mobile arrive donc à ce point avec une certaine vitesse acquise, en vertu de laquelle il continue à aller au delà. Mais, la force étant alternative ou faisant un angle obtus dans la région de droite, la composante tangentielle agira dès lors pour ralentir peu à peu et finalement arrêter le mouvement en un certain lieu de la courbe. A partir de ce moment, le corps, dépourvu de vitesse acquise et toujours sollicité par une force qui agit de droite à gauche, commencera aussitôt à revenir en arrière, et repassera, en sens contraire, par la même position d'équilibre, pour être ensuite ralenti de nouveau et arrêté à gauche; et ainsi de suite indéfiniment.

Le mouvement du corps consiste donc, quelle que soit d'ailleurs la loi de variation de la force, à parcourir la courbe, tantôt dans un sens, tantôt dans l'autre, en repassant chaque fois par la position d'équilibre. Un tel mouvement est dit *oscillatoire* et chaque parcours se nomme *oscillation*.

Nous allons faire quelques remarques sur le mouvement oscillatoire en général, puis nous passerons à l'étude d'un mouvement oscillatoire particulier très-important.

Nous supposerons la force appliquée toujours au centre de gravité, et nous ne nous occuperons que du mouvement de ce point.

Mouvement oscillatoire en général.

314. — Quelle que soit la valeur de la force qui agit sur le mobile et la manière dont elle varie aux divers points de la courbe, il est clair que la loi du mouvement est exprimée par une seule équation, qui est celle de la force vive,

$$P ds \cos(P, ds) = d\,\tfrac{1}{2}mv^2\,;$$

cela résulte de ce que le système est à liaisons complètes. Quant à la force P et à l'angle qu'elle forme avec la tangente à la courbe, on doit les considérer comme donnés à chaque instant en fonction de la longueur de l'arc parcouru : cette longueur étant comptée à partir d'une certaine origine fixe.

L'équation de la force vive, jointe à l'équation ou aux équations de la courbe de liaison, permet théoriquement de trouver la vitesse en un point quelconque de la courbe et le temps employé à parcourir un arc déterminé.

Propriétés générales. — 1° La grandeur et la direction de la force motrice ne dépendant que de la position du mobile sur la courbe, toutes les oscillations successives se confondent rigoureusement, ou, en d'autres termes, le mobile circule indéfiniment entre les deux mêmes points extrêmes.

En effet, supposons d'abord que le mobile parte, sans vitesse initiale, d'un certain point A situé à gauche de la position d'équilibre E. En arrivant à cette position, il possède une force vive égale au travail effectué par la force motrice sur l'arc parcouru AE. Pour que le mobile s'arrête à droite, il faut évidemment qu'il parcoure un nouvel arc EB tel que le travail qui est développé le long de cet arc détruise la totalité de la force vive. Ce second travail sera donc égal et contraire au premier, — ce qui ne signifie pas, bien entendu, que les deux arcs correspondants seront égaux. — Le mobile revenant en arrière, la force motrice, qu'on suppose repasser identiquement par les mêmes valeurs, effectuera de B en E un troisième travail, égal et contraire à celui qu'elle avait effectué de E en B, et égal par conséquent à celui qu'elle avait produit tout d'abord de A en E. Donc le mobile repassera par la position d'équilibre avec la même vitesse qu'il y possédait la première fois. Sa force vive sera détruite, lorsqu'il aura parcouru précisément l'arc EA, de sorte qu'il se retrouvera au repos au point A.

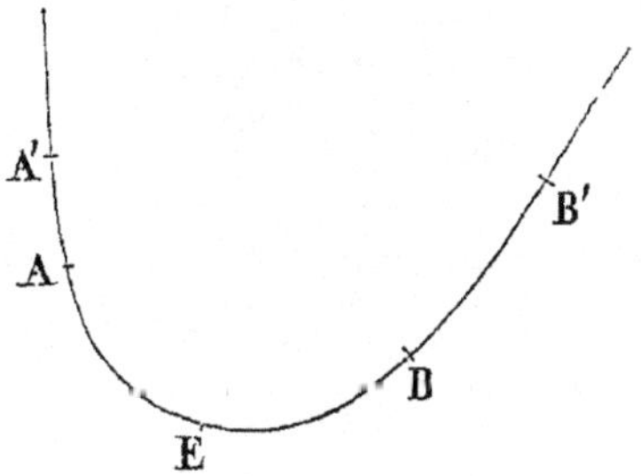

Fig. 89.

Si le mobile avait possédé en A une vitesse initiale, on pourrait faire des raisonnements analogues aux précédents, en imaginant que le mobile était d'abord au repos, et qu'il partait d'un certain point A′, plus éloigné de la position d'équilibre que le point A, et tel qu'en se mouvant de A′ en A sous l'influence de la force motrice, il acquît à son arrivée en A précisément la vitesse initiale qu'on lui a supposée. On en conclurait alors que le mobile arrive au point E avec la force vive déterminée par le travail de la force, depuis A′ jusqu'en E, et qu'il s'arrête à un point B′, plus éloigné que le point E, pour lequel le travail produit depuis E jusqu'en B′ est numériquement égal au précédent. En conséquence, le mobile effectuerait une série d'oscillations entre les limites extrêmes A′ et B′. Ce qui nous montre que le résultat d'une vitesse initiale est simplement d'accroître la longueur des oscillations.

Il paraît superflu d'ajouter que, dans un cas comme dans l'autre, les oscillations successives ont toutes lieu dans le même temps.

2° Réciproquement, lorsqu'un mobile exécute des oscillations entre les mêmes points extrêmes, sous l'influence d'une force continue, on en peut conclure qu'il y a entre ces deux points une certaine position d'équilibre, et que la force motrice ne dépend à chaque instant que de la situation du mobile sur la courbe.

Les causes du mouvement peuvent être complexes : c'est de leur résultante unique qu'il s'agit, et la position d'équilibre est le point pour lequel cette résultante est nulle ou normale à la trajectoire.

3° Si la courbe est symétrique de part et d'autre de la position d'équilibre, et que la force repasse par des valeurs également symétriques, les deux portions de l'arc parcouru sont égales, et les deux points extrêmes se trouvent situés sur une même perpendiculaire à la normale de la position d'équilibre. Les durées employées pour parcourir chacune des deux portions sont égales, et elles forment la moitié de la durée d'une oscillation totale.

4° Si la courbe n'est pas symétrique, mais que la force motrice soit constante en grandeur et en direction, les deux portions d'arc ne sont pas égales, mais les deux extrémités sont toujours situées à la même hauteur au-dessus de la position d'équilibre.

315. — Les mouvements oscillatoires sont très-fréquents dans la nature, et c'est ce qu'il est facile de prévoir. En effet, une foule de forces naturelles satisfont à la condition d'être nulles pour un certain écartement des molécules matérielles entre lesquelles elles s'exercent, et de changer de sens d'action selon que cet écartement augmente ou diminue. Dans un corps élastique, par exemple, toutes les forces moléculaires sont en équilibre pour une certaine forme du corps, qu'on désigne justement sous le nom de forme d'équilibre. Pour peu qu'on infléchisse le corps d'un côté ou de l'autre, il se développe des efforts intérieurs qui tendent à

le ramener à sa forme primitive. Lors donc qu'après avoir altéré sa forme on l'abandonne à lui-même, les molécules doivent toutes effectuer une série d'oscillations, qui se continueraient indéfiniment si aucun obstacle extérieur ne détruisait graduellement la force vive produite au bout de la première demi-oscillation. Les vibrations des lames élastiques encastrées par un bout, celles des cordes flexibles fixées par leurs deux extrémités, les mouvements de va-et-vient des ressorts à boudin comprimés ou distendus, les ébranlements des molécules dans les corps choqués, etc., etc., obéissent à la même loi générale, parce que ce sont des forces alternatives qui interviennent toujours dans ces phénomènes, et que l'assujettissement à parcourir une courbe déterminée est suppléé par certaines circonstances d'ensemble qui fixent les trajectoires des points matériels considérés. Aux nombreux phénomènes que nous venons de citer, on peut encore ajouter ceux du son, de la lumière, de la chaleur, etc., que les physiciens regardent aujourd'hui comme dus à des mouvements oscillatoires ou vibratoires qui se développent dans des milieux élastiques.

Nous allons maintenant étudier, d'une manière spéciale, une variété de mouvement oscillatoire qu'on observe dans l'appareil connu sous le nom de *pendule.*

Théorie du pendule.

316.— On appelle pendule un corps lié à l'extrémité d'une tige rigide et inflexible dont l'autre extrémité tourne autour d'un axe horizontal, et qui peut se mouvoir librement dans un plan vertical.

Il est clair qu'un semblable appareil ne fait que réaliser

un cas particulier de système à mouvement oscillatoire. Car la liaison du corps avec la tige l'assujettit à parcourir une courbe circulaire, et l'action de la gravité, qui s'exerce dans le même plan vertical, constitue une force alternative, puisque cette force, normale à la trajectoire quand la tige est verticale, fait un angle aigu avec la tangente si le corps est écarté à gauche, et fait ensuite un angle obtus dès que le corps passe à droite. Cette force alternative offre d'ailleurs la particularité d'être constante en grandeur et en direction, et d'avoir, pour chaque unité de masse du mobile, une valeur égale à g ou 9 kil. 808.

Les propriétés générales des mouvements oscillatoires s'appliquent naturellement à celui-ci. Ainsi on est certain, indépendamment de tout calcul spécial, que les oscillations se continueront indéfiniment avec la même durée; que la position d'équilibre sera le point le plus bas de la courbe; que les deux extrémités seront à la même hauteur au-dessus de ce point; et que les deux portions d'oscillations, à droite et à gauche, seront identiques en durée et en longueur parcourue.

On étudie deux sortes de pendules :

Premièrement, on suppose que le corps est réduit à un point matériel, de dimensions inappréciables, et que la tige de suspension est absolument dépourvue de masse. Le système porte alors le nom de *pendule simple.*

En second lieu, on restitue au corps des dimensions finies, et on ne néglige plus la masse réelle de la tige de suspension. C'est alors le *pendule composé.*

Nous commencerons par le pendule simple, qui n'est qu'une pure abstraction, mais auquel on peut ensuite ramener le pendule composé.

317. — **Pendule simple.** — Soit AOB le cercle vertical sur lequel le mobile est assujetti à se mouvoir en vertu de sa

suspension, et OE le diamètre vertical dont l'extrémité E détermine la position d'équilibre.

D'après ce que nous avons vu précédemment, il est inutile de nous préoccuper du cas où il y aurait une vitesse initiale. Supposons donc que le mobile, ayant été placé en un certain point A, à gauche, par exemple, de sa position d'équilibre, soit abandonné à lui-même, sous l'action de la gravité. Nous savons immédiatement qu'il décrira une série d'oscillations entre les points symétriques A et B. Ce que nous voulons déterminer, c'est sa vitesse en un point quelconque M, ainsi que le temps employé pour y parvenir.

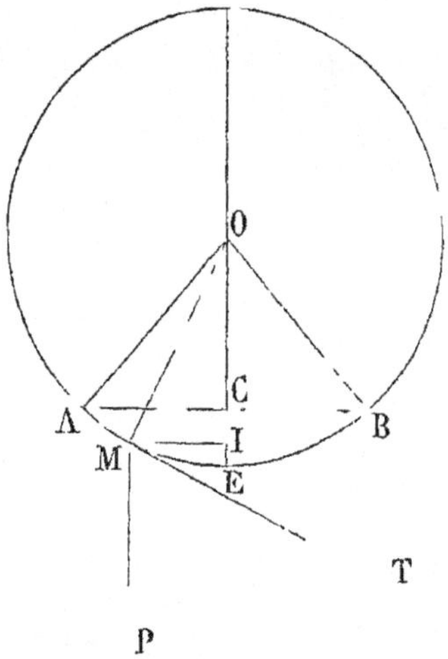

Fig. 90.

La loi du mouvement sera exprimée par l'équation de la force vive,

$$(1) \qquad P ds \cos(P, ds) = d\tfrac{1}{2}mv^2;$$

m étant la masse du mobile, P son poids, v sa vitesse au point m, s la longueur parcourue AM, et cos (P, ds) le cosinus de l'angle formé par la verticale MP avec la tangente MT.

Au lieu de prendre pour variable analytique la longueur de l'arc, il revient au même de prendre l'angle décrit, puisque le rapport de l'angle à l'arc est constant et égal au rayon du cercle. Si donc nous désignons par l la longueur du rayon, par θ l'angle inconnu MOE, et par α l'angle connu initial AOE, l'arc AM sera exprimé par $l(\alpha - \theta)$. On aura, avec ces notations :

$$ds = ld(\alpha - \theta) = -ld\theta,$$

$$\cos(P, ds) = \sin\theta,$$

$$v^2 = \frac{ds^2}{dt^2} = \frac{l^2 d\theta^2}{dt^2}.$$

En remarquant d'ailleurs que $P = mg$, ce qui fait disparaître la masse, l'équation de la force vive deviendra :

$$(2) \qquad -gl\sin\theta d\theta = \tfrac{1}{2} l^2 d\frac{d\theta^2}{dt^2}.$$

Effaçons le facteur commun l, et intégrons une première fois : on obtient :

$$C + 2g\cos\theta = l\frac{d\theta^2}{dt^2}.$$

La constante C se détermine par la condition que la vitesse, ou bien $\frac{d\theta}{dt}$, est égale à zéro, lorsque $\theta = \alpha$; donc $C = -2g\cos\alpha$. Par suite l'équation devient :

$$(3) \qquad \frac{2g}{l}(\cos\theta - \cos\alpha) = \frac{d\theta^2}{dt^2}.$$

On en tire :

$$(3\ bis) \qquad dt = -\sqrt{\frac{l}{2g}} \cdot \frac{d\theta}{\sqrt{\cos\theta - \cos\alpha}}.$$

Il faut prendre le signe *moins* du radical, puisque t augmente à mesure que θ diminue.

Telle est l'équation qu'il s'agit d'intégrer pour avoir la valeur de l'angle décrit, en fonction du temps, et par suite pour avoir la vitesse.

On ne connaît pas l'intégrale générale du second membre : on ne peut intégrer qu'approximativement, en développant la quantité sous le radical en serie. Les formules connues fournissent :

$$\cos\theta = 1 - \frac{\theta^2}{2} + \frac{\theta^4}{1.2.3.4} - \dots,$$

$$\cos\alpha = 1 - \frac{\alpha^2}{2} + \frac{\alpha^4}{1.2.3.4} - \dots.$$

chacune de ces séries est convergente, si l'on suppose que θ et α sont moindres que l'unité. C'est ce qui a toujours lieu en réalité, car on ne considère pas des oscillations s'écartant assez de la verticale pour que l'angle décrit soit supérieur à l'unité ou approche de deux tiers d'angle droit. On pourra donc en général remplacer les angles par leur développement en série, et arrêter la série à un terme d'un ordre suffisamment élevé pour que les puissances supérieures soient tout à fait négligeables.

Si θ et α sont assez petits pour que la quatrième puissance puisse être négligée devant la seconde, l'équation (3 bis) deviendra par la substitution de $1 - \frac{\theta^2}{2}$ et $1 - \frac{\alpha^2}{2}$ à la place de $\cos\theta$ et $\cos\alpha$:

$$dt = -\sqrt{\frac{l}{g}}\frac{d\theta}{\sqrt{\alpha^2 - \theta^2}} = -\sqrt{\frac{l}{g}}\frac{d\left(\frac{\theta}{\alpha}\right)}{\sqrt{1 - \frac{\theta^2}{\alpha^2}}}.$$

d'où l'on déduit, par les règles ordinaires,

$$(4) \qquad t = \sqrt{\frac{l}{g}} \operatorname{arc\,cos}\left(\frac{\theta}{\alpha}\right).$$

Il n'y a pas de constante à ajouter, puisqu'on doit avoir en même temps $t = 0$ et $\theta = \alpha$.

On obtient ensuite aisément :

$$(5)\quad \theta = \alpha \cos\left(t\sqrt{\frac{g}{l}}\right),\quad \frac{d\theta}{dt} = -\alpha\sqrt{\frac{g}{l}}\sin\left(t\sqrt{\frac{g}{l}}\right);$$

formules qui expriment, en fonction du temps, la valeur de l'angle décrit et de la vitesse angulaire. Il va sans dire que la vitesse est égale à $-\frac{d\theta}{dt}$ multiplié par l.

318. — Pour avoir le temps employé à décrire une oscillation entière, il suffit de remplacer θ par α dans la formule (4), car l'angle $-\alpha$ ou l'angle AOE, pris en sens contraire, correspond bien à la position B, extrémité de l'oscillation. La quantité $\frac{\theta}{\alpha}$ est alors égale à -1, et l'arc qui a -1 pour cosinus n'est autre que π, en sorte que la durée T de l'oscillation entière a pour valeur :

$$(6)\qquad T = \pi\sqrt{\frac{l}{g}}.$$

Ce résultat, extrêmement simple, nous apprend que la durée des oscillations est indépendante de α ou de la grandeur absolue de l'angle décrit, pourvu, bien entendu, que cet angle soit dans tous les cas fort petit. En d'autres termes, quelle que soit la position initiale du pendule, par rapport à la position d'équilibre, la durée de l'oscillation sera la même, si l'angle d'écartement est suffisamment petit.

On voit en même temps que cette durée est proportionnelle à la racine carrée de la longueur de la tige de suspension, et en raison inverse de la racine carrée de la force motrice.

On voit enfin que l'angle décrit au bout d'un nombre quelconque d'oscillations conserve la valeur primitive α. En effet, dans la valeur ci-dessus de θ, mettons, à la place de t, un nombre n de durées égales à T ; substitution qui a pour résultat de faire représenter à θ l'angle décrit au bout de ces

n oscillations. Le cosinus de $t\sqrt{\frac{g}{l}}$ se réduit alors à -1, et par conséquent l'angle $-\theta$ n'est autre que α : conséquence prévue d'après les considérations générales déjà exposées.

La durée d'une demi-oscillation, ou le temps employé pour aller de la position initiale à la position d'équilibre, est égale à $\frac{1}{2}\pi\sqrt{\frac{l}{g}}$. Si donc le pendule était écarté infiniment peu de la verticale, il emploierait un temps fini pour y revenir : et cela doit être, puisque la force motrice, qui se réduit toujours à la composante tangentielle, est alors infiniment petite, à cause de l'horizontalité presque absolue de la tangente.

La vitesse angulaire au point le plus bas de la courbe se déduit de la seconde des formules (5). Il suffit d'y remplacer par t la durée d'une demi-oscillation $\frac{1}{2}\pi\sqrt{\frac{l}{g}}$. On trouve ainsi :

$$\frac{d\theta}{dt} = -\alpha\sqrt{\frac{g}{l}};$$

et conséquemment la vitesse absolue a pour valeur

$$v = \alpha\sqrt{gl}.$$

Mais, si h désigne le sinus-verse de l'angle α ou la hauteur verticale du point A au-dessus de la position d'équilibre, on a $h = l(1-\cos\alpha) = \frac{1}{2}l\alpha^2$, en négligeant les puissances supérieures. Il en résulte, pour la vitesse en question,

$$v = \sqrt{2gh},$$

c'est-à-dire qu'elle est la même que si le corps était tombé librement de la hauteur h.

Si la durée T d'une oscillation est connue directement par

l'observation de la marche d'un pendule, on en peut déduire à volonté l ou g, ou le rapport $\frac{l}{g}$. Ce rapport, par exemple, est exprimé par la relation

$$\frac{l}{g} = \frac{T^2}{\pi^2}.$$

Au lieu d'évaluer directement la durée d'une seule oscillation, ce qui est impossible à cause de son extrême petitesse, on observe un très-grand nombre d'oscillations et la durée totale correspondante. Si n est ce nombre et τ cette durée, on aura $nT = \tau$, ou $T = \frac{\tau}{n}$. La relation ci-dessus devient

$$(7) \qquad \frac{l}{g} = \frac{\tau^2}{n^2 \pi^2}.$$

En général, si p désigne la force motrice quelconque, rapportée à l'unité de masse, qui sollicite le mobile, on aura :

$$(8) \qquad \frac{l}{p} = \frac{\tau^2}{n^2\pi^2} \text{ d'où } p = \frac{ln^2\pi^2}{\tau^2};$$

ce qui nous fait voir que l'intensité de la force est en raison inverse du carré du nombre d'oscillations effectuées par le pendule dans le même temps. Si donc on possède un pendule dans les conditions théoriques que nous avons supposées (et nous verrons bientôt comment on y parvient indirectement), on pourra comparer entre elles exactement les intensités des forces motrices successivement appliquées au mobile. En le faisant osciller, par exemple, dans un même lieu, à des époques diverses, sous l'influence de la gravité, on verra si cette force naturelle varie ou non avec le temps. C'est là un des moyens qui ont permis de constater que la pesanteur est constante en chaque lieu du globe. En le faisant osciller, au contraire, dans des stations diverses, on a pu constater que la gravité reste la même sur un même parallèle terrestre, mais varie d'un parallèle à l'autre : cette circonstance tient, d'une part, à ce que le globe n'est pas parfaitement sphérique, mais aplati aux pôles; et, d'autre part, à ce que sa rotation n'exerce pas la même influence aux divers points d'un méridien, puisque les rayons des cercles décrits diminuent depuis l'équateur jusqu'au pôle. Enfin, en prenant des pendules de même longueur, mais formés de toutes sortes de matières, avec des métaux, du bois, de la pierre, etc., on a reconnu que le nombre d'oscillations reste le même et que, par suite, g ne varie pas : d'où résulte que les masses des corps sont proportionnelles à leurs poids, propriété bien remarquable dont nous avons fait usage au commencement de cet ouvrage pour ramener la comparaison des masses à celle des poids.

319. — Reprenons actuellement l'équation (3)

$$dt = -\sqrt{\frac{l}{g}} \frac{d\theta}{\sqrt{2 \cos \theta - 2 \cos \alpha}},$$

que nous ne savons pas intégrer d'une manière générale, et dont nous n'avons trouvé qu'une solution approximative au moyen de séries convergentes dans lesquelles nous avons négligé les termes de quatrième puissance et au delà.

Cette méthode est basée sur la petitesse des angles d'oscillations, et elle cesse de fournir des résultats suffisamment exacts, lorsque leur amplitude dépasse certaines limites. Nous allons nous occuper de trouver la valeur de t sous une autre forme, qui convienne à toutes sortes de grandeurs d'angles.

A cet effet, nous recourrons à une inconnue auxiliaire, qui est le sinus-verse de l'angle θ. Posons donc :

$$1 - \cos \theta = x, \qquad 1 - \cos \alpha = 6;$$

il en résultera

$$d\theta = \frac{dx}{\sqrt{2x - x^2}},$$

et l'équation (3) deviendra

$$(4) \qquad dt = -\tfrac{1}{2}\sqrt{\frac{l}{g}}\,\frac{dx}{\sqrt{6x - x^2}\,\sqrt{1 - \frac{1}{2}x}}.$$

Par suite, la durée $\frac{1}{2}T$ d'une demi-oscillation sera égale à l'intégrale définie du second membre, prise depuis la limite $x = 6$, qui répond à l'angle initial α, jusqu'à la limite $x = 0$, qui répond à $\theta = 0$.

Comme on ne sait pas trouver l'intégrale générale dont il s'agit, nous remplacerons la fonction par une série convergente, dont chaque terme isolément pourra être intégré. Si l'on applique la formule du binome au facteur

$$\frac{1}{\sqrt{1 - \frac{1}{2}x}} \quad \text{ou} \quad \left(1 - \tfrac{1}{2}x\right)^{-\frac{1}{2}}, \text{ on trouve :}$$

$$\frac{1}{\sqrt{1 - \frac{1}{2}x}} = 1 + \frac{1}{2}\,\frac{x}{2} + \frac{1}{2}\,\frac{3}{4}\left(\frac{x}{2}\right)^2 + \frac{1}{2}\cdot\frac{3}{4}\cdot\frac{5}{6}\left(\frac{x}{2}\right)^3 + \ldots$$

et cette série est nécessairement convergente, puisque, x désignant un sinus-verse, $\frac{1}{2}x$ est toujours moindre que l'unité.

Le second membre de l'équation (4) sera donc égal à $-\frac{1}{2}\sqrt{\frac{l}{g}}\,\frac{dx}{\sqrt{6x - x^2}}$, successivement multiplié par chacun des termes de la série. Ce second membre constituera donc lui-même une série, dont tous les termes seront de la forme

$$-\tfrac{1}{2}\sqrt{\frac{l}{g}}\,\frac{1.3.5\ldots(2n-1)}{2.4.6\ldots\ldots 2n}\cdot\frac{x^n\,dx}{2^n\sqrt{6x - x^2}}.$$

Car il est évident qu'en faisant $n = 0$, $n = 1$, $n = 2\ldots$, on reproduit chaque terme à partir du premier. La valeur de

$\frac{1}{2}$T sera donc égale à une somme d'intégrales définies, prises entre les mêmes limites θ et o, qui seront toutes de la forme

$$-\frac{1}{2}\sqrt{\frac{l}{g}}\cdot\frac{1.3.5\ldots(2n-1)}{2.4.6\ldots\ldots 2n}\cdot\frac{1}{2^n}\int_{\theta}^{0}\frac{x^n dx}{\sqrt{\theta x-x^2}}.$$

On peut intervertir l'ordre de l'intégration, c'est-à-dire intégrer depuis la limite o jusqu'à la limite θ, pourvu qu'on change le signe de $\frac{1}{2}$T. Le terme général de la valeur de $\frac{1}{2}$T sera ainsi définitivement

$$\frac{1}{2}\sqrt{\frac{l}{g}}\,\frac{1.3.5\ldots(2n-1)}{2.4.6\ldots\ldots 2n}\cdot\frac{1}{2^n}\int_{0}^{\theta}\frac{x^n dx}{\sqrt{\theta x-x^2}}.$$

Représentons, pour abréger, par A_n l'intégrale définie indiquée; la durée T d'une oscillation entière aura pour expression la série convergente :

$$(5)\quad T=\sqrt{\frac{l}{g}}\left((A_0+\frac{1}{2}\cdot\frac{1}{2}A_1+\frac{1.3}{2.4}\cdot\frac{1}{2^2}A_2+\right.$$
$$\left.+\frac{1.3.5}{2.4.6}\cdot\frac{1}{2^3}A_3+\ldots\right.$$

A_0, A_1, A_2... représentant les intégrales définies semblables à A^n et relatives aux divers termes de la série, qui se déduisent du terme général en faisant successivement dans celui-ci $n=0$, $n=1$, $n=2$... La question se trouve ainsi ramenée à chercher la valeur de chacune de ces intégrales définies A_0, A_1, A_2.... Mais il est facile de voir qu'au lieu de les calculer l'une après l'autre, depuis la première, on peut n'en calculer qu'une seule, et puis les en déduire toutes par une loi très-simple. En effet, si l'on écrit l'intégrale générale $\int\frac{x^n dx}{\sqrt{\theta x-x^2}}$ sous la forme $\int\frac{(x-\frac{1}{2}\theta)x^{n-1}dx}{\sqrt{\theta x-x^2}}+\frac{\theta}{2}\int\frac{x^{n-1}dx}{\sqrt{\theta x-x^2}}$, on n'a pas de peine à en déduire :

$$\int \frac{x^n\,dx}{\sqrt{6x-x^2}} = -\frac{x^{n-1}}{n}\sqrt{6x-x^2} + \frac{(2n-1)6}{2n}\int \frac{x^{n-1}\,dx}{\sqrt{6x-x^2}}.$$

Et si l'on passe ensuite aux intégrales définies, en remarquant que $\sqrt{6x-x^2}$ est nul pour les deux limites o et 6, on trouve :

$$A_n = \frac{(2n-1)6}{2n} A_{n-1}.$$

Il suit de là, en faisant successivement $n=0$, $n=1$, $n=2$,...

$$A_1 = \frac{1}{2} 6 A_0,$$

$$A_2 = \frac{1.3}{2.4} 6^2 A_0,$$

$$A_3 = \frac{1.3.5}{2.4.6} 6^3 A_0,$$

. . . .

et ainsi de suite ; en sorte que nous n'avons plus qu'à trouver la valeur de l'intégrale définie A_0, c'est-à-dire

$$\int_0^6 \frac{dx}{\sqrt{6x-x^2}},$$

quantité évidemment égale à π.

L'expression de la durée T d'une oscillation entière devient alors, en mettant π en facteur commun,

$$(6) \quad T = \pi\sqrt{\frac{l}{g}}\left[1 + \left(\frac{1}{2}\right)^2 \frac{6}{2} + \left(\frac{1.3}{2.4}\right)^2 \left(\frac{6}{2}\right)^2 + \right.$$

$$\left. + \left(\frac{1.3.5}{2.4.6}\right)^2 \left(\frac{6}{2}\right)^3 + \ldots\ldots \right].$$

Cette série est nécessairement convergente, puisque $\frac{\beta}{2}$ est toujours moindre que l'unité. Elle permet donc d'obtenir, avec une approximation indéfinie, la durée d'une oscillation dont l'amplitude est tout à fait quelconque.

Si l'angle α est très-petit, β est sensiblement nul : en négligeant tous les termes qui en sont affectés, on retrouve la formule connue $T = \pi\sqrt{\frac{l}{g}}$.

Si l'on veut tenir compte de la première puissance de β, la durée T a alors pour valeur

$$T = \pi\sqrt{\frac{l}{g}}\left(1 + \frac{\beta}{8}\right).$$

On apprécie mieux le terme de correction $\frac{\beta}{8}$, en exprimant le sinus-verse en fonction de l'arc. On sait qu'on a :

$$\beta = 1 - \cos\alpha = \frac{\alpha^2}{2} - \frac{\alpha^4}{1.2.3.4} + \ldots.$$

Négligeant toutes les puissances de α supérieures à la seconde, la durée T devient

$$T = \pi\sqrt{\frac{l}{g}}\left(1 + \frac{\alpha^2}{16}\right).$$

En désignant donc par T la durée calculée par la première méthode, et par T_1 la durée plus exacte que nous venons d'obtenir, on obtient :

$$\frac{T_1}{T} = 1 + \frac{\alpha^2}{16}.$$

Ainsi, la durée réelle surpasse la durée usuelle $\pi\sqrt{\frac{l}{g}}$ d'une fraction sensiblement égale à $\frac{\alpha^2}{16}$. Pour les oscillations dont l'amplitude atteint jusqu'à 9°, le terme $\frac{\alpha^2}{16}$ représente une fraction moindre que $\frac{1}{700}$; et, pour des angles de 4 à 5 degrés, ce terme est égal environ à $\frac{1}{3000}$. Cela signifie que sur trois mille oscillations, d'une amplitude de 4 à 5 degrés à droite et à gauche de la verticale, on commettrait une erreur égale à la durée de l'une d'elles.

320. — *Pendule simple se mouvant dans un milieu résistant.* — Cherchons maintenant ce que devient le mouvement du pendule, lorsqu'au lieu d'être soumis à la seule pesanteur il subit aussi l'influence d'une certaine résistance développée par un milieu tel que l'air ou l'eau.

Cette seconde force n'est point constante comme la pesanteur, et il est tout à fait impossible d'assigner exactement la loi de ses variations. Mais l'expérience démontre que, eu égard à la faible vitesse du pendule, il est permis de regarder la résistance du milieu comme sensiblement proportionnelle à cette vitesse.

En nous servant des notations employées dans la théorie du mouvement des projectiles (n° 310), nous représenterons la force variable en question par $-\frac{g}{k}v$ ou par $l\frac{g}{k}\frac{d\theta}{dt}$.

Nous aurons à ajouter, dans l'équation (2) du n° 317, un terme représentant le travail dû à cette seconde force. L'équation (2) deviendra donc pour le cas actuel

$$(2) \qquad -gl\sin\theta d\theta - l^2\frac{g}{k}\frac{d\theta}{dt}d\theta = \tfrac{1}{2}l^2 d\frac{d\theta^2}{dt^2} = l^2 d\theta\frac{d^2\theta}{dt^2}.$$

Divisons les termes par $l^2 d\theta$, faisons tout passer dans un seul membre, et remplaçons sin θ par θ, à cause de la petitesse de l'angle ; l'équation du mouvement se réduit à

$$(3) \qquad \frac{d^2\theta}{dt^2} + \frac{g}{k}\frac{d\theta}{dt} + \frac{g}{l}\theta = 0.$$

On remarquera que nous avons suivi une marche un peu différente de celle du n° 317, puisqu'au lieu de chercher directement la valeur de $\frac{d\theta^2}{dt^2}$, après une première intégration, nous avons préféré remplacer tout d'abord $d\frac{d\theta^2}{dt^2}$ par $2\,d\theta\,\frac{d^2\theta}{dt^2}$. Nous sommes amenés à opérer ainsi, par la présence du terme $\frac{g}{k}\frac{d\theta}{dt}$, lequel introduirait la différentielle de θ sous un radical.

On sait obtenir l'intégrale complète de l'équation (3) ci-dessus. Elle est, d'après les résultats connus de l'analyse,

$$(4) \qquad \theta = \left\{c \cos\left(th\sqrt{\frac{g}{l}}\right) + c' \sin\left(th\sqrt{\frac{g}{l}}\right)\right\} e^{-\frac{gt}{2k}}.$$

où c et c' représentent les deux constantes introduites par la double intégration, et où l'on a désigné abréviativement par h la quantité $\sqrt{1 - \frac{gl}{4k^2}}$ [1].

On détermine les deux constantes arbitraires par la condition qu'à l'origine du temps l'angle θ est égal à α, et la vitesse angulaire $\frac{d\theta}{dt}$ est nulle.

Par suite, les valeurs de l'angle θ et de la vitesse $\frac{d\theta}{dt}$, à un moment quelconque, sont fournies par les formules

[1] C'est une circonstance assez digne d'intérêt, qu'on sache intégrer exactement les formules, quand on tient compte de la résistance de l'air, et qu'on ne le sache pas, quand on la néglige. Ainsi la complication du problème dynamique correspond à une simplification du problème analytique.

$$(5)\quad \theta=\alpha\left\{\cos\left(th\sqrt{\frac{g}{l}}\right)+\frac{\sqrt{gl}}{2hk}\sin\left(th\sqrt{\frac{g}{l}}\right)\right\}e^{-\frac{gt}{2k}}.$$

$$(6)\quad \frac{d\theta}{dt}=-\frac{\alpha}{h}\sqrt{\frac{g}{l}}\sin\left(th\sqrt{\frac{g}{l}}\right)e^{-\frac{gt}{2k}}.$$

La durée T d'une oscillation entière s'obtient en remarquant qu'à la fin de l'oscillation la vitesse doit être nulle, et que par conséquent, d'après la relation (6), l'arc $th\sqrt{\frac{g}{l}}$ doit être égal π. Donc, le temps qui correspond à une oscillation entière est celui qui satisfait à la condition

$$th\sqrt{\frac{g}{l}}=\pi,$$

d'où, en désignant par T cette durée particulière :

$$(7)\qquad T=\frac{\pi}{h}\sqrt{\frac{l}{g}}.$$

Elle surpasse la durée de l'oscillation dans le vide, puisque h est moindre que l'unité. On voit d'ailleurs que la différence est d'autant moindre que la résistance du milieu diminue, puisque k augmente en proportion, et que par suite h se rapproche de l'unité. A la limite, c'est-à-dire quand la résistance est nulle, k est infini et h est rigoureusement égal à 1. On retrouve ainsi la formule connue pour l'oscillation dans le vide.

La relation (7) nous apprend que, quelle que soit la résistance, les oscillations, dans un même milieu, sont toujours isochrones. Quant à l'amplitude des oscillations successives, elle décroît nécessairement avec le temps, puisque t figure en exponentielle dans la valeur de θ. On reconnaît sans difficulté que ces amplitudes forment une progression géométrique décroissante dont la raison est $e^{-\frac{\pi\sqrt{gl}}{2hk}}$.

Lorsque les oscillations sont très-petites, ainsi que nous l'avons admis pour pouvoir substituer θ à sin θ, l'observation directe prouve que dans l'air le décroissement de l'amplitude a lieu effectivement suivant une progression géométrique, dont la raison $e^{-\frac{\pi\sqrt{gl}}{2hk}}$ est extrêmement faible. Il résulte des expériences de Borda, citées par M. Poisson, qu'au bout de 1,800 oscillations, dont l'angle primitif α avait été d'environ un tiers de degré, l'amplitude n'était guère réduite qu'aux deux tiers. Cette circonstance permet d'apprécier la valeur du coefficient h, puisqu'on a la relation

$$e^{-\frac{1800\,\pi\sqrt{lg}}{2hk}} = \frac{2}{3}\ .$$

d'où l'on déduit que h ne surpasse l'unité que d'environ un quart de cent millionnième. On a donc le droit de négliger la résistance de l'air dans le calcul de la durée T.

321. — M. Poisson ajoute que, lorsque les amplitudes sont un peu considérables, la décroissance n'a plus lieu en progression géométrique, ou que l'air n'agit plus comme une résistance proportionnelle à la vitesse.

Il est naturel d'adopter alors l'hypothèse qui paraît convenir aux mouvements plus rapides, et dont nous nous sommes déjà servis à l'occasion des projectiles. Nous admettrons donc que la résistance du milieu est actuellement proportionnelle au carré de la vitesse.

L'équation du mouvement deviendra

$$(3) \qquad \frac{d^2\theta}{dt^2} - \frac{lg}{k^2}\frac{d\theta^2}{dt} + \frac{g}{l}\sin\theta = 0\,,$$

relation dans laquelle on ne peut plus substituer, comme précédemment, l'angle à son sinus, à cause de l'amplitude des oscillations.

L'intégrale première, sous forme finie de cette équation, est

$$(4)\quad \frac{d\theta^2}{dt} = \frac{2g}{(1+\mu^2)l}\Big[\cos\theta + \mu\sin\theta - (\cos\alpha + \\ + \mu\sin\alpha)\, e^{-\mu(\alpha-\theta)}\Big];$$

μ représente abréviativement la quantité $\frac{2lg}{k^2}$.

On trouve, par un calcul approximatif où l'on néglige les quatrièmes puissances de α, que l'amplitude des oscillations successives décroît encore, mais non selon une progression géométrique ; et qu'en général si l'on désigne par α_{n-1} et α_n deux amplitudes successives, elles sont liées entre elles par la formule

$$(5)\qquad \alpha_n = \alpha_{n-1} - \frac{2\mu\alpha_{n-1}^2}{3}.$$

On trouve également que la vitesse, à un moment quelconque, a l'expression suivante :

$$(6)\quad v = -l\frac{d\theta}{dt} = \alpha\sqrt{gl}\sin\left(t\sqrt{\frac{g}{l}}\right)\left\{1 - \frac{\alpha\mu}{3} + \\ + \frac{\alpha\mu}{3}\cos\left(t\sqrt{\frac{g}{l}}\right)\right\}.$$

La valeur de t qui annule le second membre n'est autre que la durée d'une oscillation entière, puisqu'à l'extrémité de l'oscillation la vitesse est effectivement égale à zéro. Or, l'angle α et le coefficient μ sont trop petits pour que la quantité entre parenthèses puisse être nulle. La valeur convenable de t est donc celle qui annule le facteur de cette parenthèse, c'est-à-dire celle qui satisfait à la relation

$$\sin\left(t\sqrt{\frac{g}{l}}\right) = 0,\quad \text{d'ou}\quad t\sqrt{\frac{g}{l}} = \pi.$$

La durée de l'oscillation est donc :

$$T = \pi \sqrt{\frac{l}{g}};$$

en sorte qu'elle est la même que dans le vide. Ainsi, un milieu dont la résistance est proportionnelle au carré de la vitesse n'influe pas sur la durée des oscillations.

Mais, comme il est bien visible que le temps employé par le pendule pour effectuer sa première demi-oscillation, c'est-à-dire pour atteindre sa position d'équilibre, doit être augmenté par la résistance du milieu (puisque ce mouvement descendant est retardé par toute force de sens contraire à la vitesse), il faut nécessairement que le temps employé dans la deuxième demi-oscillation soit diminué d'une quantité correspondante, afin que la durée totale demeure la même. Cette circonstance tient à ce que dans la première demi-oscillation la résistance du milieu agit en sens contraire de la pesanteur, et par suite diminue la vitesse que cette dernière force lui ferait acquérir, et qu'au contraire, dans la demi-oscillation suivante, la résistance du milieu agit dans le même sens que la pesanteur pour amortir cette vitesse ; il y a donc un double motif pour que dans la seconde demi-oscillation la vitesse acquise au point d'équilibre soit plus tôt détruite, et conséquemment pour que la seconde partie du parcours soit plus tôt terminée.

« Il est inutile, ajoute M. Poisson dans la théorie com-
« plète qu'il a présentée sur ce sujet, d'examiner l'hypothèse
« d'une résistance proportionnelle au cube ou à une puis-
« sance supérieure de la vitesse, car il n'en pourrait résul-
« ter, dans les valeurs de θ et de v, que des termes dépen-
« dants des puissances de α supérieures au carré, que l'on a
« regardés comme négligeables dans les calculs précédents.
« En rapprochant ce qu'on vient de trouver de ce qui a été
« dit plus haut (sur l'extrême petitesse du coefficient h), on

« en conclut que la résistance de l'air n'influe pas sur la « durée des très-petites oscillations du pendule, pour les- « quelles on néglige la correction relative à la grandeur de « l'amplitude. Quand on tient compte de cette correction, la « résistance a une petite influence, à cause qu'elle fait varier « les amplitudes pendant la durée du mouvement. »

322. — On doit remarquer que, dans les calculs que nous avons faits sur l'influence du milieu, nous nous sommes occupé seulement de la résistance qu'il faisait naître, et nous avons supposé que la valeur de g demeurait la même. Mais il n'en est pas ainsi en réalité, et les fluides ont un autre effet que de développer une résistance au mouvement : ils diminuent aussi le poids des corps d'une quantité égale au poids du fluide déplacé. Ils agissent donc sur la valeur de g, et la rendent plus faible. Par suite, la durée de l'oscillation se trouve augmentée d'une manière correspondante. Il y a même à tenir compte de ce que la perte de poids est plus grande de moitié, comme l'a démontré l'expérience, pour un corps qui possède un mouvement oscillatoire que pour un corps qui est en repos. Il faut donc, lorsqu'un pendule oscille dans un fluide, diminuer le nombre théorique g, qui correspond au cas du vide, d'une quantité égale à $\frac{3}{2}g\rho$, ρ étant la densité du fluide. En sorte que, si l'observation du pendule avait pour but de déterminer la valeur de la gravité, il faudrait, dans la formule qui contient la durée et le nombre d'oscillations constatées par l'expérience, remplacer g par $g - \frac{3}{2}g\rho$; et la relation deviendrait

$$\tau = n\pi\sqrt{\frac{l}{g(1-\frac{3}{2}\rho)}}, \quad \text{d'où} \quad g = \frac{n^2\pi^2 l}{\tau^2(1-\frac{3}{2}\rho)}.$$

323. — **Pendule composé.** Dans le pendule composé on suppose que le corps oscillant n'est pas réduit à un

simple point matériel, mais qu'il possède, au contraire, des dimensions finies, ainsi que cela a lieu effectivement dans la pratique. En outre, on n'admet plus que la masse de la tige de suspension est mathématiquement nulle, mais on la fait entrer en ligne de compte, comme celle du corps oscillant lui-même. Dès lors le problème à résoudre est celui du mouvement d'un solide, de forme quelconque, tournant autour d'un axe horizontal sous l'influence de la pesanteur. La tige et le corps suspendu ne sont plus que les parties d'un même solide traversé par l'axe de rotation.

Ces pendules étant les seuls dont on puisse disposer réellement, il est très-essentiel d'en faire la théorie.

On sent que le mouvement du pendule composé doit donner lieu à des considérations spéciales. Car, pour ne parler, par exemple, que de l'influence des dimensions finies du corps oscillant, il est bien évident qu'on se trouve en présence d'un système de points matériels dont les mouvements respectifs, par suite des liaisons mutuelles, ne peuvent être les mêmes que s'ils étaient absolument libres et indépendants les uns des autres. Nous savons en effet, d'après l'étude du pendule simple, que la durée de l'oscillation d'un point matériel est proportionnelle à la racine carrée de la longueur de la tige ou à la racine carrée de la distance du point matériel à l'axe de suspension. Si donc les divers points dont l'ensemble constitue le corps solide se mouvaient isolément, les durées de leurs oscillations respectives différeraient entre elles dans le rapport des racines carrées de leurs distances à l'axe commun. La plus grande inégalité serait exprimée par $\sqrt{1+\frac{\delta}{l}}$, en désignant par l la distance du point le plus rapproché, et par $l+\delta$ celle du point le plus éloigné. Mais, comme, en réalité, la durée des oscillations est la même pour tous, puisqu'ils sont invariablement liés entre eux, on en conclut que le mouvement des uns a dû se trouver retardé et le mouvement des autres accéléré ; et qu'un certain point intermédiaire, situé dans l'intérieur du solide, conserve le même mouvement que s'il était absolument libre.

Cette dernière remarque est du plus haut intérêt, car elle fait entrevoir la possibilité immédiate de réaliser un pendule simple, ou, pour parler plus exactement, un pendule composé qui soit équivalent à un pendule simple. Toute la difficulté consiste à trouver la position du point du solide dont le mouvement reste le même que s'il était libre. La distance de ce point à l'axe de suspension représentera la longueur d'un pendule simple, dont la masse, égale à celle du pendule composé que l'on considère, serait exactement condensée en ce point unique.

Tel est le problème que nous allons résoudre.

Quelle que soit la forme du solide total constitué par les diverses parties mobiles de l'appareil, l'équation des forces vives suffit toujours pour déterminer le mouvement, puisque le système est à liaisons complètes. On fera donc usage dans tous les cas de la relation

$$(1) \qquad P\,ds \cos(P, ds) = d\Sigma \tfrac{1}{2} mv^2,$$

P désignant la force totale appliquée au système, — laquelle n'est autre que le poids du système, agissant au centre de gravité, — ds l'arc élémentaire décrit par le centre de gravité, m la masse d'un seul point matériel, et v la vitesse de ce point quelconque.

Nous allons transformer cette équation en y introduisant les notations précédemment adoptées.

Soit donc α l'angle initial pour un certain point du système, θ l'angle formé avec la verticale au bout d'un temps quelconque, et l la distance de ce point à l'axe fixe ; soit en outre M la masse totale du système et l_1 la distance du centre de gravité au même axe.

Si nous remarquons qu'on a : $P = Mg$, $ds = -l_1 d\theta$, cos $(P, ds) = \sin\theta$, $v^2 = l^2 \frac{d\theta^2}{dt^2}$; l'équation ci-dessus deviendra :

$$(2) \qquad -\ Mgl_1\, d\theta \sin\theta = \tfrac{1}{2}\, \Sigma ml^2 . d\frac{d\theta^2}{dt^2}.$$

La quantité Σml^2, qui figure dans le deuxième membre, n'est autre chose que le moment d'inertie du corps, par rapport à l'axe de suspension. Or l'on sait, d'après la proposition du n° 175, que ce moment d'inertie est égal au moment pris par rapport à une droite parallèle à l'axe, menée au centre de gravité, plus le produit de la masse totale par le carré de la distance du centre de gravité à l'axe fixe. On pourra donc remplacer Σml^2 par $MK^2 + Ml_1^2$, en représentant par MK^2 le moment d'inertie relatif au centre. Il viendra ainsi :

$$-\, gl_1 \sin\theta d\theta = \tfrac{1}{2}\, (K^2 + l_1^2) d\frac{d\theta^2}{dt^2}.$$

Intégrons une première fois, nous aurons :

$$C + 2gl_1 \cos\theta = (K^2 + l_1^2)\frac{d\theta^2}{dt^2}.$$

On détermine C par la condition que, pour $\theta = \alpha$, la vitesse est nulle : donc $C = -2gl_1 \cos\alpha$. Finalement l'équation du mouvement devient

$$(3) \qquad \frac{2gl_1}{K^2 + l_1^2}(\cos\theta - \cos\alpha) = \frac{d\theta^2}{dt^2}.$$

Le calcul se continue sans difficulté : on extrait la racine carrée des deux membres, et on intègre une seconde fois, ce qui donne t en fonction de θ. On peut dès lors déterminer l'angle décrit et la vitesse au bout d'un temps quelconque, ainsi que la durée des oscillations.

Sans insister davantage sur ces opérations, en tout semblables à celles que nous avons déjà effectuées pour le pendule simple, nous ferons une remarque capitale : c'est que l'équation (3), obtenue ci-dessus pour exprimer le mouvement du pendule composé, coïncide exactement avec l'équation (3) obtenue au n° 317 pour exprimer le mouvement du pendule simple, à cette seule différence près que le coefficient $\frac{2gl_1}{K^2+l_1^2}$ du premier membre y remplace le coefficient $\frac{2g}{l}$, ou, ce qui revient parfaitement au même, que le facteur $\frac{l_1}{K^2+l_1^2}$ y remplace $\frac{1}{l}$.

Supposons donc qu'on choisisse un pendule simple, dont la longueur de tige l soit telle que $\frac{1}{l}=\frac{l_1}{K^2+l_1^2}$, ($l_1$ étant la distance connue du centre de gravité du pendule composé auquel on a réellement affaire); il s'ensuivra que les oscillations du pendule simple seront identiquement les mêmes que celles du pendule composé. Ainsi le pendule composé se meut comme si toute la masse était condensée en un point unique, dont la distance l à l'axe est déterminée par la condition $\frac{1}{l}=\frac{l_1}{K^2+l_1^2}$, d'où

$$(4) \qquad l=l_1+\frac{K^2}{l_1}.$$

Lors donc qu'on fait osciller un pendule (qui nécessairement est *composé*), il faut lui appliquer la formule connue du pendule simple, en ayant soin d'attribuer à la tige de ce pendule simple la longueur déterminée par la relation (4).

La valeur de l s'approchera d'autant plus de l_1 que $\frac{K^2}{l_1}$ sera moindre, ou que l_1 sera plus grand et K^2 plus petit. La différence en question diminue lorsque le centre de gravité s'éloigne de l'axe de suspension, et que les points matériels sont plus rapprochés de ce centre de gravité.

324. — *Conséquences.* Si l'on mène, dans la masse du pendule composé, une droite parallèle à l'axe, située dans le plan de cet axe et du centre de gravité, et à la distance $l = l_1 + \frac{K^2}{l_1}$, la parallèle en question ne sera ni accélérée ni retardée par sa liaison avec les autres parties du pendule. Entre tous les points de cette parallèle, on nomme spécialement *centre d'oscillation* celui qui est situé sur la même perpendiculaire à l'axe que le centre de gravité. Quant au point déterminé sur l'axe par ladite perpendiculaire, on l'appelle centre de *suspension*. Ces deux points figurent le pendule simple équivalent au pendule composé.

Supposons que, le centre d'oscillation ayant été déterminé comme il vient d'être dit, on le prenne pour centre de suspension du pendule composé; en d'autres termes, supposons que le pendule oscille actuellement autour d'un axe qui n'est autre que la parallèle menée précédemment dans l'intérieur du solide. Le nouveau centre d'oscillation du pendule se déterminera en prenant une longueur égale à $\lambda + \frac{K^2}{\lambda}$, λ désignant la distance du centre de gravité au nouvel axe fixe, et MK^2 le moment d'inertie par rapport au centre de gravité, moment qui n'a pas changé. Mais remarquons que λ n'est autre chose que la différence entre l'ancienne valeur de l et l_1 : puisque les centres d'oscillation, de gravité et de suspension sont en ligne droite.

Ainsi :

$$\lambda = l - l_1 = l_1 + \frac{K^2}{l_1} - l_1 = \frac{K^2}{l_1}.$$

Donc la distance du nouveau centre d'oscillation, représentée par $\lambda + \frac{K^2}{\lambda}$, a pour valeur

$$\frac{K^2}{l_1} + \frac{K^2}{\frac{K^2}{l_1}} = l_1 + \frac{K^2}{l_1},$$

valeur qui est précisément la valeur de l précédemment trouvée. Donc le nouveau centre d'oscillation coïncide avec l'ancien centre de suspension. On énonce cette propriété en disant que les centres d'oscillation et de suspension d'un pendule composé sont réciproques l'un de l'autre.

Remarque. — On comprend l'avantage qu'offre la possibilité d'assimiler toujours un pendule composé quelconque à un pendule simple de longueur convenable et facile à déterminer. On n'a plus à se préoccuper de construire un pendule se rapprochant du pendule théorique : préoccupation qui conduirait d'une part à affaiblir beaucoup la masse de la tige, et par suite à en compromettre la rigidité et l'invariabilité ; et d'autre part à donner au solide suspendu une forme sphérique. Dès l'instant que ces considérations se trouvent sans valeur, on ne songera plus qu'à la bonne construction de l'instrument. On ne craindra pas, par exemple, de grossir la tige et de donner au solide une forme lenticulaire qui soit mieux à l'abri de la résistance du milieu [1]. En un mot, on pourra se placer dans des conditions bien plus favorables pour les expériences.

[1] A la vérité la résistance du milieu n'altère pas la durée des oscillations, mais elle diminue l'amplitude, et par suite arrête le mouvement du pendule ; ce qui est un grand inconvénient pour toutes les expériences qui nécessitent une marche prolongée de l'appareil.

CHAPITRE III.

MOUVEMENTS PLANETAIRES.

Il s'agit, dans ce chapitre, de rechercher le mouvement que prend un corps solide sous l'action d'une force appliquée à son centre de gravité, constamment dirigée vers un point fixe, et inversement proportionnelle à la distance du centre de gravité à ce point fixe.

Cette sorte de mouvement a reçu le nom de planétaire, parce qu'on peut lui assimiler celui que possèdent effectivement les divers astres de notre système.

Cette assimilation, avec l'exposé des faits d'observations sur lesquels elle est basée, sera l'objet de la seconde partie de ce chapitre. Nous nous bornons, en ce moment, à traiter la question théorique, abstraction faite de ses rapports avec les phénomènes réels de la nature.

Recherche du mouvement produit par une force centrale, qui varie en raison inverse du carré de la distance.

325. — Avant de résoudre le problème spécial qui nous occupe, nous pouvons, dès maintenant, remarquer que, la force motrice étant de la catégorie de celles que nous avons

nommées forces centrales (mécanique générale, n° 91) le mouvement qui en résulte doit offrir les propriétés qui correspondent à ces dernières.

Ainsi, le mouvement s'effectue dans un même plan ;

Les aires décrites par le mobile sont proportionnelles au temps ;

Le moment de la vitesse est constant ;

etc., etc.

Mais, outre ces propriétés générales, nous aurons à en constater d'autres qui dérivent de la loi particulière de la force centrale qui est ici en jeu. Tel est l'objet de la théorie qui va suivre.

Soit donc O le centre fixe, OX et OY deux axes rectangulaires, M la position à un instant quelconque du mobile de masse m, et P la force motrice.

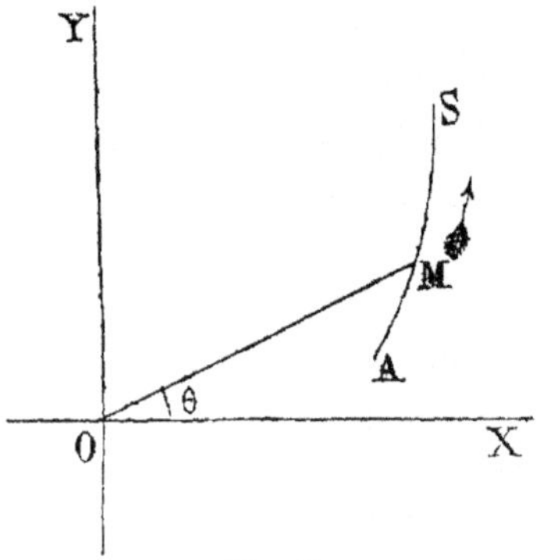

Fig. 91.

Nous devons écrire que, suivant chacun des axes, la composante de la force est égale à la masse multipliée par l'accélération de la composante de la vitesse.

On aura donc, pour déterminer le mouvement, les deux équations :

$$X = m\frac{d^2x}{dt^2}, \qquad Y = m\frac{d^2y}{dt^2}.$$

Il faut remplacer X et Y par leurs valeurs qui sont données. A cet effet, désignons par μ l'intensité connue de la force P, rapportée à l'unité de masse et à l'unité de distance. Le mobile étant en M et sa masse étant égale à m, l'intensité P sera représentée par $\frac{m\mu}{x^2+y^2}$, puisque la force est supposée varier en raison inverse du carré de la distance, et que cette distance OM est égale à $\sqrt{x^2+y^2}$. Pour avoir les composantes X et Y, il suffit de multiplier cette quantité $\frac{m\mu}{x^2+y^2}$ par les cosinus des angles que forme la droite OM avec les axes, c'est-à-dire par $\frac{x}{\sqrt{x^2+y^2}}$ et $\frac{y}{\sqrt{x^2+y^2}}$. Remarquons, d'ailleurs, que ces composantes sont toutes deux négatives; les équations ci-dessus deviendront

$$(1) \quad -\frac{\mu x}{(x^2+y^2)^{\frac{3}{2}}} = \frac{d^2x}{dt^2}; -\frac{\mu y}{(x^2+y^2)^{\frac{3}{2}}} = \frac{d^2y}{dt^2}.$$

Tel est le système qu'il faut résoudre pour obtenir x et y en fonction de t, et finalement pour déterminer toutes les circonstances du mouvement.

On peut donner à ces équations une forme plus simple en choisissant d'autres axes de coordonnées mieux appropriées à la nature du problème. On reconnaît, en effet, avec quelque réflexion, que les éléments qui jouent le plus grand rôle sont : 1° le rayon vecteur OM, puisque l'intensité de la force est inversement proportionnelle au carré de sa longueur; 2 l'angle décrit MOX, puisque cet angle varie proportionnellement au temps. On est ainsi conduit à faire choix de coordonnées polaires, où ces éléments devront figurer d'une manière directe.

Soit donc $OM = r$ le rayon vecteur, et $MOX = \theta$ l'angle formé, au bout d'un temps quelconque, avec une droite fixe OX.

On passera de l'ancien système d'axes au nouveau, en remplaçant, dans les équations (1), x et y, par leurs valeurs en fonction de r et θ, valeurs qui sont :

$$(a) \quad x = r\cos\theta, \quad y = r\sin\theta, \quad x^2+y^2 = r^2.$$

Avant de faire la substitution, nous combinerons entre elles ces équations (1) de façon à rendre ensuite la substitution plus facile.

Si on multiplie la première relation par y et la seconde par x, et qu'on les retranche l'une de l'autre, les premiers membres disparaîtront, et l'on aura simplement

$$x\frac{d^2y}{dt^2} - y\frac{d^2x}{dt^2} = 0,$$

d'où l'on déduit par une première intégration

$$(2) \qquad x\frac{dy}{dt} - y\frac{dx}{dt} = c,$$

c étant une constante qu'on déterminera par la connaissance de la vitesse en un certain point, par exemple à l'origine du mouvement. Remarquons que cette équation (2), qui remplacera une des relations du système (1), est précisément celle qu'on a trouvée au n° 91, en recherchant la *propriété des aires*.

On obtiendra une seconde équation, en multipliant respectivement par dx et dy, et ajoutant : la somme des premiers membres est égale à $-\frac{\mu}{r^2}$, et la somme des seconds membres représente la différentielle du demi-carré de la vitesse, ou $d\,\frac{1}{2}v^2$; il vient donc :

$$-\frac{\mu}{r^2}dr = d\,\tfrac{1}{2}v^2,$$

d'où l'on tire, en intégrant,

$$(3) \qquad \frac{2\mu}{r} - k = v^2;$$

k étant une autre constante qu'on déterminera par la connaissance de la vitesse qui correspond à une certaine distance du centre fixe, par exemple au point de départ. Cette relation (3) n'est autre que celle de la *force vive*.

Actuellement faisons le changement de coordonnées dans les équations (2) et (3), qui remplacent le système (1).

Au moyen des valeurs (a), on trouve aisément $xdy - ydx = r^2 d\theta$, et $v^2 = \frac{dx^2 + dy^2}{dt^2} = \frac{dr^2 + r^2 d\theta^2}{dt^2}$; les équations deviennent donc :

$$(4) \qquad r^2 d\theta = c dt,$$

$$(5) \qquad \frac{dr^2 + r^2 d\theta^2}{dt^2} = \frac{2\mu}{r} - k.$$

En éliminant dt entre ces deux relations, on obtient pour l'équation de la trajectoire :

$$(6) \qquad d\theta = \frac{c dr}{r\sqrt{-r^2 k + 2\mu r - c^2}},$$

Pour effectuer plus aisément cette intégration, posons $q = \frac{1}{r}$, d'où $dq = -\frac{dr}{r^2}$. Si nous substituons dans l'équation (6), elle devient :

$$d\theta = -\frac{c dq}{\sqrt{-k + 2\mu q - c^2 q^2}}$$

qu'on peut écrire :

$$d\theta = -\frac{c^2\, dq}{\sqrt{\mu^2 - kc^2}\sqrt{1 - \frac{(c^2 q - \mu)^2}{\mu^2 - kc^2}}}.$$

Faisons $\frac{c^2 q - \mu}{\sqrt{\mu^2 - kc^2}} = p$, p étant une nouvelle variable, il en résulte $dp = \frac{c^2 dq}{\sqrt{\mu^2 - kc^2}}$, et par suite :

$$d\theta = -\frac{dp}{\sqrt{1-p^2}},$$

d'où en intégrant :

$$\theta = \alpha + \arc\cos\frac{c'q}{\sqrt{\mu^2 - kc^2}};$$

α étant un angle constant qu'on détermine au moyen de la valeur connue de l'angle θ, qui correspond à une certaine longueur du rayon vecteur, par exemple à l'origine du mouvement.

On déduit de là finalement, en rétablissant la variable r,

$$(7) \qquad r = \frac{\frac{c^2}{\mu}}{1 + \sqrt{1 - \frac{kc^2}{\mu^2}}\cos(\theta - \alpha)}.$$

Telle est l'équation de la trajectoire que parcourt le mobile.

Or, l'équation générale des sections coniques, en coordonnées polaires, est

$$(c) \qquad r = \frac{a(1-e^2)}{1 + e\cos(\theta - \alpha)},$$

où a représente le demi-grand axe, e l'excentricité et α l'angle formé par le grand axe avec l'axe polaire. Si nous rapprochons cette relation de celle que nous venons de trouver pour la trajectoire du mobile, nous reconnaîtrons que la forme en est semblable, et qu'on peut rendre les deux équations tout à fait identiques, en disposant des valeurs de a et e de manière à ce qu'on ait :

$$(8) \qquad \frac{c^2}{\mu} = a(1-e^2), \quad \sqrt{1 - \frac{kc^2}{\mu^2}} = e.$$

La trajectoire est donc une section conique dont le grand axe et l'excentricité satisfont aux relations (8).

On sait d'ailleurs que l'équation générale des sections coniques représente indifféremment l'une quelconque d'entre elles, selon les valeurs qu'on attribue à l'excentricité e. Ainsi :

La courbe est une ellipse, si l'on suppose $e < 1$;

Elle est une parabole, si l'on a $e = 1$;

Elle est une hyperbole, si l'on fait $e > 1$.

Dans le cas de la parabole, où $e=1$, on sait que, dans le numérateur $a\,(1-e^2)$, le facteur a reçoit une valeur infinie en même temps que la quantité $1-e^2$ devient nulle ; le produit garde une valeur finie, qui n'est autre que le paramètre de la parabole.

Revenant à l'équation (7) de la trajectoire du mobile, on voit que cette trajectoire sera l'une des trois sections, suivant les valeurs du coefficient $\sqrt{1-\frac{kc^2}{\mu^2}}$, qui exprime l'excentricité e. Or, pour que ce radical soit plus grand ou plus petit que 1, il faut que k soit négatif ou positif, puisque $\frac{c^2}{\mu^2}$ est essentiellement positif. D'un autre côté, nous avons vu, dans l'équation (3) ci-dessus, que k représente la valeur de $\frac{2\mu}{r}-v^2$ à un certain point de la courbe, par exemple à l'origine du mouvement, en sorte que $k=\frac{2\mu}{r_0}-v_0^2$, en affectant de l'indice *zéro* les valeurs initiales de v et de r. L'espèce de la courbe dépendant du signe de k, cette courbe sera :

Une ellipse, si $v_0^2 < \frac{2\mu}{r_0}$, c'est-à-dire si k est positif;

Une parabole, si $v_0^2 = \frac{2\mu}{r_0}$, c'est-à-dire si k est nul ;

Une hyperbole, si $r_0^2 > \frac{2\mu}{r_0}$, c'est-à-dire si k est négatif.

D'où il suit que l'espèce de la courbe ne dépend que de la grandeur de la vitesse initiale et nullement de sa direction. Ainsi divers mobiles, lancés du même point, ou lancés de points à égale distance du centre fixe avec la même vitesse, mais dans des directions tout à fait quelconques, décriraient tous des trajectoires de même espèce.

Il est bon de remarquer en passant que dans tous les cas on doit avoir

$$1 - \frac{kc^2}{\mu^2} > 0,$$

sans quoi la courbe serait imaginaire.

La détermination des éléments géométriques de la section conique s'opère sans difficulté. L'on déduit en effet des relations (8),

$$\text{(8 bis)} \quad a = \frac{\mu}{k}, \quad e = \sqrt{1 - \frac{kc^2}{\mu^2}};$$

le demi-grand axe et l'excentricité sont dès lors connus en fonction de c et de k, c'est-à-dire en fonction de la vitesse et de la position du mobile à un certain moment, par exemple à l'origine du mouvement. On obtient aussi une relation simple pour exprimer la vitesse en un point quelconque de la courbe. On a vu en effet :

$$\frac{2\mu}{r} - k = v^2.$$

Or

$$k = \frac{\mu}{a};$$

Donc

$$\text{(9)} \quad v^2 = \mu\left(\frac{2}{r} - \frac{1}{a}\right).$$

326. — Pour résoudre complétement le problème, il faut

trouver la loi du mouvement sur la trajectoire, c'est-à dire la position et la vitesse du mobile en fonction du temps.

En portant dans l'équation (4 la valeur de $d\theta$ fournie par l'équation (6), il vient :

$$dt = \frac{rdr}{\sqrt{-kr^2 + 2\mu r - c^2}};$$

nous y introduirons les éléments de la section conique, à la place de c et k, en faisant usage des relations (8 *bis*), ce qui donnera :

$$(10) \qquad dt = \frac{rdr}{\sqrt{\frac{\mu}{a}}\sqrt{a^2e^2 - (r-a)^2}}.$$

Pour la commodité de l'intégration, recourons à une inconnue auxiliaire u, telle que

$$(11) \qquad r = a\,(1 - e\cos u).$$

L'équation précédente se changera en celle-ci :

$$dt = a\sqrt{\frac{a}{\mu}}\,(1 - e\cos u)\,du.$$

On pose, pour abréger, $\frac{1}{n} = a\sqrt{\frac{a}{\mu}}$, ce qui lui donne la forme

$$(12) \qquad ndt = (1 - e\cos u)\,du.$$

L'intégration s'effectue dès lors aisément, et fournit :

$$(13) \qquad nt = u - e\sin u + h;$$

h désignant une constante qui dépend de la valeur de r, et par suite de u ou de la position du mobile, à un certain moment, par exemple, à l'origine du mouvement.

Au moyen de la relation (13), on connaît u et, conséquemment, le rayon vecteur r en fonction du temps. On obtiendra sans difficulté, pareillement en fonction du temps, les valeurs de l'angle décrit θ et de la vitesse v. Le problème est complétement résolu.

En résumé, on voit que, sous l'action d'une force centrale variant en raison inverse du carré de la distance, le mobile décrit une section conique dont le foyer est placé au centre fixe. L'espèce de cette trajectoire dépend uniquement de la vitesse du mobile en un point déterminé, par exemple, de la vitesse au point de départ. Quant aux éléments géométriques de la section conique, c'est-à-dire le grand axe et l'excentricité, on les déduit aussi de la connaissance de la vitesse et de la position initiales. Enfin la vitesse en un point quelconque dépend uniquement de la position du mobile sur sa trajectoire, et nullement du temps employé pour y parvenir; de telle sorte que, si la trajectoire est elliptique, et que, par suite, le mobile repasse périodiquement par les mêmes points, les vitesses s'y conserveront indéfiniment sans altération. La vitesse aura un maximum et un minimum qu'on détermine fort simplement; il suffit de se reporter à l'équation qui exprime la vitesse en fonction du rayon vecteur,

$$v^2 = \mu\left(\frac{2}{r} - \frac{1}{a}\right).$$

Le minimum de la vitesse répondra évidemment au maximum de r, et le maximum de la vitesse au minimum de r. La vitesse sera donc la plus grande au point A, où le grand axe rencontre l'ellipse, et elle sera la plus petite à l'extrémité opposée B.

Si l'on suppose que le mouvement a lieu dans le sens de

la flèche, la vitesse diminuera dans toute la moitié supérieure de l'ellipse, et augmentera dans la moitié inférieure. Cela doit être : car, si l'on considère le mobile en un point quelconque M, situé dans la partie supérieure, on sait que la normale MN à la courbe coupe toujours le grand axe à gauche du foyer O. Donc la force motrice, dirigée suivant MO, donne une composante tangentielle dirigée suivant MT, c'est-à-dire en sens contraire du mouvement; et, en conséquence, la vitesse est constamment diminuée le long de la partie AEB. On verrait de même qu'elle est augmentée le long de BFA, parce que la composante tangentielle agit alors dans le sens du mouvement. En général, deux positions M et M', prises symétriquement par rapport au grand axe, correspondent à des vitesses égales.

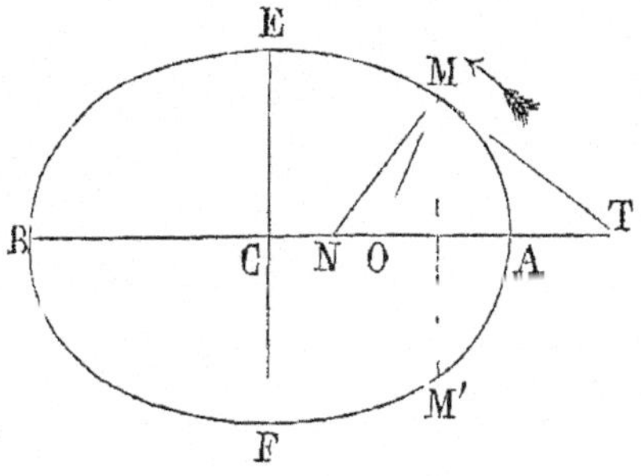

Fig. 92.

Pour avoir la durée d'une révolution du mobile, c'est-à-dire d'un parcours total de l'ellipse, il faut remonter à la formule (13), et y remplacer u successivement par les valeurs qui correspondent aux rayons vecteurs des sommets A et B. On aura ainsi une demi-révolution, et il suffira de doubler le résultat. Or, la relation (11), qui existe entre r et u, montre que les valeurs de u, qui correspondent aux deux rayons vecteurs en question, sont $u = 0$ et $u = \pi$. Il vient ainsi, en appelant T la durée d'une révolution :

$$\frac{1}{2} n T = \pi,$$

car la constante h disparaît dans cette intégrale définie. De là on déduit

$$T = 2a\pi\sqrt{\frac{a}{\mu}}.$$

Si T et a sont connus directement par l'observation, on peut déterminer la force, qui a pour valeur

$$\mu = \frac{4\pi^2 a^3}{T^2}.$$

327. — *Remarque.* L'inconnue auxiliaire u dont nous avons fait usage pour faciliter l'intégration implique, d'après la manière même dont elle figure dans la relation (11), que la trajectoire du mobile est une ellipse, ou que e est moindre que l'unité. Car, si e était plus grand que l'unité, la valeur de r pourrait être négative pour certaines valeurs de u, par exemple, pour $u = 0$; ce qui est tout à fait absurde, puisque la longueur r est essentiellement positive. Dans le cas où la courbe n'est pas une ellipse, la relation (11) ne peut donc plus convenir, et la forme du calcul doit être différente. Si l'on suppose, par exemple, $e = 1$, ce qui correspond à une trajectoire parabolique, l'équation (7) deviendra

$$r = \frac{\frac{c^2}{\mu}}{1 + \cos(\theta - \alpha)}.$$

Le numérateur n'est autre chose que le paramètre de la parabole, que je désignerai abréviativement par p.

Revenons à l'équation (4), qui est indépendante de l'espèce de la section conique, et remplaçons-y r par cette valeur, afin de trouver l'angle θ en fonction de t. Dans cette substitution, nous ferons figurer le paramètre p au lieu de la constante c du second membre, constante qui, d'après la relation $p = \frac{c^2}{\mu}$, est égale à $\sqrt{\mu p}$. On aura ainsi :

$$dt = p\sqrt{\frac{p}{\mu}}\,\frac{d\theta}{\{1+\cos(\theta-\alpha)\}^2}.$$

Prenons une inconnue auxiliaire ω, telle que $2\omega = \theta - \alpha$; il en résulte

$$dt = \tfrac{1}{2}\,p\sqrt{\frac{p}{\mu}}\,d.\operatorname{tang}\omega\,(1+\operatorname{tang}^2\omega),$$

d'où enfin, par une intégration,

$$(14)\quad t = \tfrac{1}{2}\,p\sqrt{\frac{p}{\mu}}\,\left\{\operatorname{tang}\tfrac{1}{2}(\theta-\alpha) + \operatorname{tang}^3\tfrac{1}{2}(\theta-\alpha)\right\} + h;$$

h désignant une constante dont la valeur dépend de l'angle formé par le rayon vecteur avec l'axe polaire, à l'origine du mouvement.

On n'a aucun intérêt à considérer le cas de l'hyperbole, parce que les phénomènes naturels n'offent point de réalisation de cette trajectoire.

La vitesse sur la trajectoire parabolique, qui correspond aux diverses positions du mobile, se détermine sans difficulté. Cette vitesse est, en effet, toujours soumise à la loi

$$v^2 = \frac{2\mu}{r} - k,$$

seulement k n'a plus la même valeur $\frac{\mu}{a}$ que dans l'ellipse.

Les relations analogues aux relations (8) et qui conviennent à la parabole, sont :

$$\frac{c^2}{\mu} = p, \qquad \sqrt{1-\frac{kc^2}{\mu^2}} = 1,$$

d'où l'on déduit immédiatement $k = 0$. La vitesse est donc simplement exprimée par

$$v^2 = \frac{2\mu}{r}.$$

L'on voit d'après cela que cette vitesse aura son maximum au sommet de la parabole, pour lequel r est minimum, et qu'elle décroîtra ensuite indéfiniment, sans qu'on puisse assigner aucune limite à ce décroissement, puisque r n'est pas susceptible de maximum.

Autre Remarque. — Pour que la courbe soit un cercle, il faut que l'excentricité e soit nulle. Il en résulte immédiatement $r = a$, et par suite, $v^2 = \mu\left(\frac{2}{r} - \frac{1}{a}\right) = \frac{\mu}{a}$, ce qui montre que la vitesse est constante. En même temps la force motrice $\frac{\mu}{r^2}$ devient $\frac{\mu}{a^2}$ ou $\frac{v^2}{a}$, quantité également constante. Cette conséquence était du reste évidente *à priori*, et l'on avait déjà eu occasion de la signaler d'une manière générale en parlant des forces centripètes.

Assimilation des mouvements planétaires.

328. — Ainsi que nous l'avons énoncé au commencement de ce chapitre, l'observation directe des phénomènes a conduit à assimiler les mouvements des planètes avec ceux que nous venons d'étudier : en d'autres termes, on a reconnu que chaque planète se meut dans l'espace comme si une force constamment dirigée vers le soleil et variable en raison inverse du carré de la distance était appliquée à son centre de gravité.

Les résultats d'observation sur lesquels cette assimilation est fondée, sont désignés collectivement sous le nom de *Lois de Képler,* en l'honneur du grand homme qui les a découvertes.

Ces Lois sont au nombre de trois. Les deux premières déterminent la force à laquelle le mouvement d'une planète, considérée isolément, peut être attribué. La dernière établit un rapport entre les forces motrices des diverses planètes.

1re Loi. — Le mouvement de chaque planète s'effectue dans un même plan, et l'aire engendrée par le rayon vecteur mené de la planète au soleil augmente proportionnellement au temps.

2e Loi. — La trajectoire est une ellipse dont le soleil occupe l'un des foyers.

3e Loi. — Les carrés des temps employés par les diverses planètes pour accomplir leurs révolutions autour du soleil sont respectivement proportionnels aux cubes des grands axes de leurs ellipses.

Il faut remarquer que ces trois Lois se rapportent au centre de gravité du soleil et à celui de la planète.

Nous ne nous occuperons d'abord que des deux premières, qui suffisent évidemment pour assigner la loi de la force motrice, puisque, la trajectoire étant plane, il ne doit y avoir que deux équations du mouvement.

La première Loi nous permet immédiatement de conclure que la force motrice passe constamment par le soleil; et, comme la trajectoire est elliptique, il s'ensuit que la planète est à chaque instant déviée de sa tangente pour être ramenée vers le soleil : donc la force est dirigée vers cet astre, ou, selon la locution consacrée, est attractive.

Si d'ailleurs on désigne par c le double de l'aire décrite pendant l'unité de temps, cette loi, exprimée avec des coordonnées polaires, fournira une première équation

$$(1) \qquad r^2 d\theta = c\,dt\,.$$

La seconde Loi nous donnera aussi une relation. En effet, l'équation polaire de l'ellipse est

$$(2) \qquad r = \frac{a(1-e^2)}{1+e\cos(\theta-\alpha)},$$

en désignant par a le demi-grand axe, par e l'excentricité, et par α l'angle formé par le grand axe avec l'axe polaire.

Il nous faut exprimer que la force inconnue agit précisément pour déterminer la trajectoire dont nous venons d'écrire l'équation.

A cet effet, remarquons que, dans un mouvement quelconque, l'expression de la vitesse en coordonnées polaires est :

$$v^2 = \frac{dr^2 + r^2 d\theta^2}{dt^2}.$$

Mais, en vertu de ce que la force est centrale, on a, comme nous venons de le voir (éq. 1) $dt^2 = \frac{r^4 d\theta^2}{c^2}$, d'où, après des transformations convenables,

$$(3) \qquad v^2 = c^2 \left\{ \frac{1}{r^2} + \left(\frac{d\frac{1}{r}}{d\theta} \right)^2 \right\}.$$

Mais de l'équation de l'ellipse on déduit aisément :

$$\frac{1}{r} = \frac{1+e\cos(\theta-\alpha)}{a(1-e^2)}, \qquad \frac{d\frac{1}{r}}{d\theta} = \frac{-e\sin(\theta-\alpha)}{a(1-e^2)}.$$

Substituant ces valeurs dans la relation (3), il vient :

$$(4) \qquad v^2 = \frac{c^2}{a(1-e^2)}\left(\frac{2}{r} - \frac{1}{a}\right).$$

Nous allons faire intervenir la force inconnue, et, par suite, en déterminer la loi au moyen des éléments qui figurent dans cette relation. En effet, on sait que l'intensité d'une force centrale quelconque satisfait à l'équation

$$\pm \mathrm{R}\,dr = d\,\tfrac{1}{2}v^2,$$

en désignant par R cette force rapportée à l'unité de masse. Il faut prendre le signe *plus* ou le signe *moins*, selon que le mobile se rapproche ou s'éloigne du centre fixe. Supposons, par exemple, qu'il s'en éloigne ; on écrira donc :

$$-\,2\mathrm{R}\,dr = dv^2.$$

Or, de l'équation (4) on tire par différentiation :

$$dv^2 = \frac{2c^2}{a(1-e^2)}\frac{dr}{r^2}.$$

Il en résulte, en égalant ces deux valeurs de dv^2,

$$(5) \qquad \mathrm{R} = \frac{c^2}{a(1-e^2)}\cdot\frac{1}{r^2},$$

$$\text{ou bien} \qquad \mathrm{R} = \frac{\mu}{r^2},$$

en posant pour abréger $\mu = \dfrac{c^2}{a(1-e^2)}$.

La relation (5) nous montre ainsi que la loi de la force consiste à varier en raison inverse du carré de la distance, et que son intensité, à une distance égale à l'unité, est représentée par le coefficient constant $\dfrac{c^2}{a(1-e^2)}$, qui n'est autre chose que ce que nous avions appelé μ dans le paragraphe précédent.

Les deux premières Lois de Képler déterminent donc complétement la force motrice en grandeur et en direction.

On retrouve d'ailleurs, au moyen des équations (1) et (2), les expressions connues du rayon vecteur et de l'angle décrit en fonction du temps Quant à la valeur de la vitesse, fournie par l'équation (4), elle est identique à celle qu'on avait déjà trouvée, puisque le coefficient du binôme $\frac{2}{r} - \frac{1}{a}$ est precisément égal à μ.

La troisième Loi de Képler établit, comme nous avons dit, une relation entre les forces motrices des différentes planètes. En effet, cette loi est la suivante :

$$\frac{T^2}{a^3} = \frac{T'^2}{a'^3} = \frac{T''^2}{a''^3} = \ldots\ldots$$

en désignant par T, T', T''..... les durées des révolutions des planètes, et par a, a' a'',..... les demi-grands axes de leurs orbites.

Cette Loi signifie, en d'autres termes, que le rapport $\frac{T^2}{a^3}$ est constant pour toutes les planètes.

Or, si l'on cherche le temps employé par le mobile pour parcourir la courbe entière, on trouve que, c désignant le double de l'aire décrite dans l'unité de temps, la demi-durée cherchée multipliée par c doit être égale à la surface de l'ellipse. On a donc

$$\tfrac{1}{2} c \mathrm{T} = \pi a b ,$$

en appelant T la durée en question et b le petit axe de l'ellipse, qui est égal à $a\sqrt{1-e^2}$. On déduit de là :

$$c^2 \mathrm{T}^2 = 4\pi^2 a^4 (1 - e^2) ,$$

et par suite, à cause de $\mu = \frac{c^2}{a(1-e^2)}$,

$$\mu = 4\pi^2 . \frac{a^3}{\mathrm{T}^2} .$$

Mais, puisque le rapport $\frac{a^3}{T^2}$ est le même pour toutes les planètes, il en résulte que μ est aussi le même.

Donc la force rapportée à l'unité de masse et à l'unité de distance a la même valeur dans tous les mouvements planétaires.

On en conclut que la force motrice totale qui sollicite les diverses planètes est proportionnelle à leurs masses respectives. C'est ce résultat qu'on énonce, conjointement avec les précédents, en disant que le soleil attire les astres du système proportionnellement à la masse de chacun d'eux et en raison inverse du carré de la distance.

Considérations sur l'attraction universelle.

329. — La dernière conséquence à laquelle nous sommes parvenus relativement à la proportionnalité de la force de gravitation aux masses des planètes qui circulent autour du soleil, a dû mettre sur la voie d'une généralisation plus grande encore. En présence de cette loi qui montre les forces invariablement liées aux masses sur lesquelles elles se développent, on a été conduit à penser que la gravitation est une propriété générale de la matière, s'exerçant entre toutes les molécules de l'univers accessible. Comme on ne voyait pas en effet de motifs d'attribuer, sous ce rapport, une vertu particulière au soleil, et de supposer qu'il ne ressentait pas lui-même en présence des planètes les effets que ces dernières ressentent en présence du soleil, on a conclu que la force de gravitation, dont chaque planète est le siége, a une réciproque dans l'astre central. Telle est l'origine de cette grande *loi de la réaction,* que nous avons développée au commencement de cet ouvrage, et qui était destinée à changer la face de la dynamique. On y était conduit par une

sorte de conception métaphysique que nous avons dû repousser dans une exposition dogmatique faite après coup, mais qui n'en est pas moins remarquable en ce qu'elle nous apprend la marche que suit le plus souvent l'esprit humain pour arriver à ses plus hautes découvertes. Aujourd'hui que l'expérience directe des phénomènes a définitivement établi la réalité de cette loi, il serait évidemment puéril d'en rechercher la démonstration dans un ordre d'idées *à priori* : et il faut lui restituer sa véritable signification, d'être l'expression pure et simple des faits, sans aucun commentaire. Mais ce qui est vain pour *prouver* peut être suffisant pour *induire*, et ce fut en effet une induction sublime que celle qui fit deviner à Newton une des plus grandes lois de la nature.

Pour en revenir à l'objet spécial de ces considérations, on a donc supposé, je le répète, que le soleil était soumis à une action égale et directement opposée à celle de la planète. Mais alors, de même qu'on avait vu la force motrice d'une planète proportionnelle à sa masse, de même on devait, cette induction admise, penser que la force correspondante du soleil était aussi proportionnelle à la masse de ce dernier. L'intensité commune des actions réciproques développées entre le soleil et la planète se trouve ainsi proportionnelle à la fois à la masse de la planète et à la masse du soleil ; en sorte que, m et M étant respectivement les masses de ces deux astres, la force en question, à l'unité de distance, a pour expression

$$fmM,$$

f étant dès lors une sorte de *coefficient* d'attraction, c'est-à-dire la valeur de la force qui se développe, à l'unité de distance, entre deux unités de masse en présence. La force motrice d'une planète se trouve ainsi représentée, pour une distance quelconque, par

$$\frac{fmM}{r^2},$$

et cette force est en même temps celle qui agit, en sens contraire, sur le soleil.

Cette première généralisation opérée, il était naturel d'aller jusqu'aux extrêmes limites de cet ordre de considérations. On a donc admis que la force de gravitation est non-seulement inhérente à chaque astre, pris en bloc, de notre système, sans en excepter le soleil lui-même; mais qu'elle doit régir jusqu'aux derniers atomes de la matière; et que deux particules quelconques, de masses ε et ε', à la distance r, développent toujours entre elles une force réciproque, d'une intensité commune exprimée par

$$\frac{f\varepsilon\varepsilon'}{r^2},$$

f étant toujours le coefficient de la force de gravitation.

Telle est la conception la plus générale à laquelle on s'est arrêté sur la matière : conception saisissante par sa simplicité et sa grandeur, et qui, jusqu'ici, a été complétement vérifiée par les conséquences qu'on en a déduites.

En se plaçant à un pareil point de vue, on doit penser que la pesanteur à la surface du globe n'est qu'un cas particulier de cette gravitation universelle, et qu'à mesure qu'un corps s'éloigne de la terre, son poids diminue en raison inverse du carré de la distance. C'est ce dont on peut trouver une vérification immédiate dans l'examen du mouvement de la lune autour de la terre. A cause de la proximité de ce satellite, relativement à sa distance du soleil, on est fondé à admettre que l'action de ce dernier sur la lune est négligeable par rapport à la nôtre. D'après cela, la force qui pousse la lune vers nous, ou son *poids* rapporté à l'unité de masse doit être égal à g (qui est le poids de l'unité de masse à la surface du globe), diminué dans le rapport inverse des carrés des distances; c'est-à-dire que, φ étant la force en question, R le rayon de la terre et l la distance de son centre à la lune, on doit avoir

$$\varphi : g :: R^2 : l^2,$$

ou

$$\varphi = \frac{gR^2}{l^2}.$$

Regardons l'orbite lunaire comme circulaire, ce qui est peu éloigné de la vérité. Les observations astronomiques ont montré que l est égal environ à 60 R; il faut donc qu'on ait

$$\varphi = \frac{g}{60^2}.$$

Mais, l'orbite lunaire étant un cercle, la force centripète rapportée à l'unité de masse, force qui n'est autre que φ, est constante et égale à $\frac{v^2}{l}$, en appelant v la vitesse uniforme de la lune. Or, T étant la durée d'une révolution, la circonférence $2\pi l$ divisée par T représente la vitesse; on a donc :

$$\varphi \text{ ou } \frac{v^2}{l} = \frac{4\pi^2 l}{T^2} = \frac{4\pi^2.60\,R}{T^2}.$$

La relation à vérifier est celle-ci :

$$\frac{4\pi^2.60\,R}{T^2} = \frac{g}{60^2}.$$

Si l'on substitue à R et à T les valeurs fournies par l'observation, on retrouve pour g la valeur connue $g = 9,808$.

330. — Si la conception générale émise sur la gravitation est exacte, c'est-à-dire si des forces réciproques se développent entre toutes les parties matérielles du système plané-

taire, il en résulte nécessairement une altération dans le mouvement défini par les Lois de Képler.

Car le soleil, étant sollicité par une force égale et contraire à celle qui agit sur la planète, ne demeure pas immobile dans l'espace, et ne réalise pas, par conséquent, ce centre fixe dont il s'agissait précédemment. Le mouvement de la planète autour du soleil n'est donc pas un mouvement absolu, mais un mouvement relatif, tel que l'apercevrait un observateur placé sur le soleil et entraîné avec lui du même mouvement. Si l'on veut déterminer avec exactitude ce mouvement relatif, il est nécessaire d'adjoindre à la force motrice de la planète une force égale et directement opposée à la force d'entraînement du soleil. On obtiendra ainsi le mouvement de la planète rapporté à un système d'axes placés sur le soleil et transportés avec lui parallèlement à eux-mêmes. Or, m et M désignant les masses respectives de la planète et du soleil, $\frac{fmM}{r^2}$ représente l'intensité commune de la force totale qui agit sur la planète ou sur le soleil ; par suite, $\frac{fM}{r^2}$ représente la force qui agit sur l'unité de masse de la planète, et $-\frac{fm}{r^2}$ celle qui agit, en sens contraire, sur l'unité de masse du soleil. La force égale et contraire à la force d'entraînement est donc $\frac{fm}{r^2}$. L'unité de masse de la planète se trouve, par conséquent, sollicitée, dans le mouvement relatif, par une force égale à $\frac{f(m+M)}{r^2}$. Les équations de son mouvement devront être établies en y faisant figurer cette quantité, au lieu de $\frac{\mu}{r^2}$ qui s'y trouvait lorsqu'on avait conçu le soleil comme absolument fixe. Si l'on se reporte à la signification de μ, dans les calculs précités, on voit que cette quantité représente exactement fM. En effet, μ désigne la force, émanée du soleil, qui agit sur l'unité de masse de la planète, à l'unité de distance; et fM n'a pas d'autre signification. La correction qu'il faut faire dans les formules, pour passer du mouvement considéré comme absolu autour du soleil fixe au mouvement relatif autour du soleil mobile, consiste donc à remplacer partout μ ou fM par $f(M+m)$, ou par $fM\left(1+\frac{m}{M}\right)$; ce qui veut dire qu'il faut modifier le coefficient μ, dans le rapport de la masse de la planète à la masse du soleil. Mais, comme cette correction ne porte aucune atteinte à la forme des équations du mouvement, les conséquences ne seront pas changées en ce qui concerne la nature de la trajectoire. Seulement, je le répète, il faudra se rappeler que la masse qui figure implicitement dans les formules n'est pas exactement celle qu'on suppose, mais en diffère d'une fraction représentée par le rapport de la planète au soleil, fraction qui, dans tous les cas, est fort petite.

En ce qui concerne la troisième Loi, elle doit subir aussi une certaine altération. On a trouvé en effet

$$\mu = 4\pi^2 \frac{a^3}{T^2};$$

et, comme l'observation avait montré que $\frac{a^3}{T^2}$ était constant pour toutes les planètes, on avait conclu que le coefficient μ était lui-même constant. Or, nous voyons maintenant que μ doit représenter en réalité, non pas la quantité fM, qui effectivement ne change pas, mais bien la quantité $f(M+m)$, laquelle contient, outre la masse du soleil, celle de la planète, et qui, par conséquent, doit changer quand on passe d'une planète à l'autre. Il est donc impossible, si la conception générale sur la force de gravitation ou sur la constance de f, est tout à fait exacte, que le rapport $\frac{a^3}{T^2}$ ne change pas. Mais, comme des observations ultérieures ont prouvé que les masses planétaires sont fort petites relativement à celles du soleil (toutes les planètes avec leurs satellites réunis ne formeraient pas la cinq centième partie de l'astre central), la variation de μ et, par suite, de $\frac{a^3}{T^2}$ est peu sensible ; et on ne doit pas s'étonner que le grand astronome qui signala cette loi n'eût pas remarqué les altérations qu'elle présente.

L'universalité de l'attraction apporte d'autres causes de perturbation. En premier lieu la force réciproque qui s'exerce entre le soleil et une planète n'est pas exactement dirigée d'un centre de gravité à l'autre ; mais cette force totale provient d'une infinité de forces élémentaires dirigées de molécule à molécule entre les deux astres ; et rien ne prouve que la résultante générale de toutes ces forces doive joindre exactement les deux centres de gravité. Pour qu'il en fût ainsi, il faudrait que, dans chaque astre, les parties matérielles fussent symétriquement groupées autour du centre, ou que ces astres fussent composés de couches sphériques concentriques et homogènes ; la densité pouvant d'ailleurs varier d'une couche à l'autre. Bien qu'il n'y ait *à priori* aucun motif de l'affirmer, et qu'au contraire l'observation immédiate du globe que nous habitons nous révèle une grande variété de densité dans son écorce superficielle, néanmoins on doit penser qu'en envisageant les choses dans leur ensemble, ces inégalités s'effacent, et que la densité moyenne de chaque couche du globe dépend de causes bien autrement générales et puissantes. On est ainsi conduit à regarder les astres comme formés de couches cencentriques et homogènes ; ce qui ramène la direction de la résultante générale des forces à se confondre avec la ligne des centres de gravité. D'ailleurs même, ces couches fussent-elles très-hétérogènes, l'erreur commise sur la direction de la résultante serait à peu près insensible. Car les dimensions des astres sont insignifiantes par rapport à leurs distances : les droites qui joignent les diverses particules de l'un avec celles d'un autre ne s'écartent guère d'un rigoureux parallélisme. La cause de perturbation que nous venons d'examiner n'influence donc pas en réalité la manifestation des Lois de Képler.

Une dernière cause, plus sérieuse, consiste dans les actions réciproques qui se développent entre les diverses planètes aussi bien qu'entre chacune d'elles et le soleil. Chaque planète est soumise réellement à plusieurs forces dont les directions ne se confondent pas avec celle qui émane du soleil. Par suite, la forme de la trajectoire est altérée et ne demeure exactement ni plane ni elliptique. C'est surtout aux périodes de plus grands rapprochements que les actions deviennent sensibles. Mais ces perturbations ne sont jamais considérables, à cause de la faible masse des planètes, qui en rend l'action mutuelle tout à fait secondaire devant celle de l'astre central. Des observations astronomiques, même délicates, ne les révèlent pas, et il a fallu toute la perfection de la science moderne pour les manifester. Leur étude forme, du reste, un chapitre important de l'astronomie.

331. — **Masse des planètes.** A première vue, la détermination des masses des planètes semble tout à fait impossible ; car ces astres sont sollicités par des forces qui sont précisément proportionnelles à leurs masses, et qui, par chaque unité de la planète, ne dépendent absolument que du soleil. On a trouvé, en effet, que la force qui sollicite l'unité de masse d'une planète est représentée par μ ou par $f.M$, f étant le coefficient constant d'attraction et M la masse du soleil. Ce résultat ne peut servir à rien pour déterminer la masse de la planète, qui en est tout à fait indépendante. — A la vérité, on a bien vu que μ désigne, non pas

exactement fM, mais bien $f(M+m)$, expression où la masse de la planète figure; mais la petitesse de m, par rapport à M en masque complétement l'influence, et c'est justement pour ce motif que la troisième Loi de Képler se trouve d'accord avec l'observation. — Ainsi la connaissance du mouvement des planètes n'apprend rien sur leurs masses respectives. Nous achèverons, du reste, d'éclaircir ce point par le rapprochement suivant. Les planètes sont à l'égard du soleil ce que sont les corps terrestres par rapport à notre globe. Elles *pèsent* vers le centre du soleil et leurs poids sont proportionnels à leurs masses. C'est ce que prouve l'observation de leurs mouvements; de même que pour les corps terrestres une semblable conclusion a été déduite de l'identité de leur chute verticale. Cette chute commune ne nous permettrait de rien conclure sur les rapports qui existent entre leurs masses, et nous ne pouvons arriver à un résultat que par la mesure directe de l'intensité de la force qui les sollicite vers le centre de la terre. C'est alors que, cette force étant évaluée en unités de poids, nous déduisons le nombre d'unités de masse du nombre de kilogrammes. Pour en revenir aux planètes, il est donc bien évident qu'en se bornant à les regarder *tomber*[1] vers le soleil, on n'apprendrait rien sur leurs masses; il faudrait les *peser* directement, c'est-à-dire mesurer en kilogrammes la grandeur de la force dirigée de la planète au soleil : ce qui est absolument impossible.

Toutefois, nous allons montrer qu'il y a un moyen d'arriver aux masses par l'observation du mouvement. Remarquons, en effet, que ce qui s'oppose à la détermination des

[1] Je dis *tomber* à dessein, car leur mouvement est une véritable chute vers le soleil, dissimulée par la vitesse initiale : de même que, sur notre globe, un corps projeté dans une direction quelconque tombe en décrivant une parabole.

masses c'est, comme nous l'avons déjà dit, leur extrême petitesse par rapport à celle du soleil. Car, si elles étaient du même ordre de grandeur, le coefficient μ ou $f(M+m)$ ne serait plus constant, et sa valeur porterait pour chaque planète l'empreinte de la masse de celle-ci. En d'autres termes, pour une planète quelconque m, μ ou $fM\left(1+\frac{m}{M}\right)$ serait égal à une quantité connue, et, une fois fM déterminé, au moyen d'une planète à masse négligeable, on trouverait le rapport $\frac{m}{M}$ pour toutes celles qui seraient de grandeur suffisante.

L'obstacle, on le voit, vient de ce que, dans la réalité, le rapport $\frac{m}{M}$ disparaît devant l'unité, qui figure de la même manière dans la formule. Mais cet obstacle est tourné en recourant à l'observation du mouvement de ces autres astres, dits satellites, qui sont aux planètes ce que celles-ci sont au soleil. Si l'on désigne par m la masse d'une planète et par m' la masse d'un satellite, m' étant très-petit devant m, on aura les deux relations semblables :

$$\frac{4\pi^2 a^3}{T^2} = fM\left(1+\frac{m}{M}\right), \text{ pour la planète ;}$$

et

$$\frac{4\pi^2 a'^3}{T'^2} = fm\left(1+\frac{m'}{m}\right), \text{ pour le satellite.}$$

Mais pour la même raison qu'on peut, dans la première équation, négliger le terme $\frac{m}{M}$ et regarder le premier membre comme sensiblement égal à fM, de même, dans la seconde équation, on peut regarder le premier membre comme sensiblement égal à fm, parce que le rapport $\frac{m'}{m}$ est très-petit devant l'unité. Les relations ci-dessus se réduisent donc à :

$$\frac{4\pi^2 a^3}{T^2} = fM,$$

$$\frac{4\pi^2 a'^3}{T'^2} = fm,$$

d'où l'on tire, par la division membre à membre,

$$\frac{m}{M} = \frac{a'^3}{a^3} \cdot \frac{T^2}{T'^2};$$

formule dans laquelle m n'est plus à négliger, puisque l'équation est établie entre des quantités de même ordre, qui sont deux rapports également petits. On peut ainsi trouver, avec une grande exactitude, la fraction qui représente la mesure de la masse d'une planète quelconque rapportée à la masse du soleil comme unité.

Ce procédé ne peut évidemment s'appliquer qu'aux planètes qui satisfont à cette double condition : 1° d'être pourvues de quelque satellite ; 2° d'avoir une masse extrêmement grande par rapport à celle de ce satellite. Or, cette deuxième condition n'est pas remplie par la terre, dont le satellite (la lune) a une masse qui, bien que très-inférieure à celle de notre globe, n'est cependant pas négligeable. Heureusement on dispose dans ce cas d'un autre moyen, puisqu'on peut évaluer directement la force développée par la terre sur un corps placé à sa surface, c'est-à-dire le poids de ce corps. On trouve, en effet, en tenant compte de l'aplatissement du globe et de sa rotation, que l'action constante qu'il exercerait sur l'unité de masse, s'il était parfaitement sphérique, et que le corps ne participât pas à sa rotation, serait égale à 9, 816, nombre différent de la valeur g, et que nous désignerons par γ. Cette quantité γ représente donc le terme $\frac{fm}{r^2}$, en appelant m la masse de la terre et r son rayon : on a ainsi une relation

$$\gamma = \frac{fm}{r^2},$$

obtenue en dehors des faits astronomiques, et qui résulte de mesures directes effectuées à la surface du globe. D'un autre côté, le mouvement astronomique de la terre autour du soleil fournit la relation connue

$$\frac{4\pi^2 a^3}{T^2} = f(M + m);$$

en désignant toujours par a le demi-grand axe de l'orbite terrestre, par T la durée en secondes de sa révolution annuelle, et par M la masse du soleil.

Nous n'avons qu'à diviser, membre à membre, ces deux équations l'une par l'autre, et il vient, en négligeant, dans le dénominateur, m devant M,

$$\frac{m}{M} = \frac{\gamma r^2 T^2}{4\pi^2 a^3},$$

ce qui fournit la mesure de la masse de la terre, rapportée à celle du soleil comme unité.

Pour les planètes dépourvues de satellites, on a recouru à des artifices particuliers, plus ou moins approximatifs, dont nous n'avons pas à nous occuper ici.

332. — *Remarque.* Il résulte de ce qui précède que les masses des astres de notre système sont obtenues en fonction de celle de l'un quelconque d'entre eux. Je dis *quelconque,* car il n'y a aucune difficulté à changer d'unité et à substituer, par exemple, la masse de la terre à celle du soleil, comme terme constant de comparaison. Mais, quoi qu'on

fasse, les masses ainsi déterminées sont essentiellement relatives : je veux dire par là qu'elles ne sont connues que par leurs rapports mutuels et ne sont point exprimées en fonction de l'unité que nous avons adoptée antérieurement (nº 19) pour les corps qui nous sont directement accessibles. Il y a donc comme un manque de soudure entre deux catégories de corps, d'une part, ceux qui nous entourent immédiatement et que nous pouvons manier, et, d'autre part, ceux que leur éloignement ou leur grandeur dérobe à notre usage.

La méthode exposée plus haut pour l'évaluation des masses de ces derniers accuse nettement l'impuissance où l'on se trouve de les rapporter à l'unité usuelle. Mais, bien qu'à ce point de vue il n'y ait aucun doute sur le caractère essentiellement relatif des résultats qu'on devait obtenir, il n'en reste pas moins dans l'esprit une sorte d'obscurité sur la raison de fond qui s'oppose à ce rapprochement entre les deux ordres de masses considérées. Y a-t-il insuffisance des procédés décrits ou impossibilité radicale à déduire de l'observation des mouvements la mesure d'une de ces masses planétaires en fonction de notre unité usuelle?

La réflexion ne tarde pas à faire disparaître cette indécision.

Car, si l'on se rapporte à l'évaluation des masses, telle qu'elle a été établie pour les corps qui nous sont soumis, on reconnaît que, pour les astres, cette évaluation manque d'une de ses bases essentielles. La comparaison des masses implique en effet qu'on sache mesurer directement l'énergie des forces qui font prendre aux corps la même vitesse (nº 16). C'est de la mesure seule de ces forces qu'on déduit le rapport des masses, ou plutôt c'est cette mesure qui est l'expression même de ce rapport. Il ne servirait de rien de savoir que divers corps tombent vers la terre de la même manière, si l'on ne savait pas aussi quelles sont les valeurs des forces motrices qui les sollicitent, c'est-à-dire quels sont leurs poids, puisque les poids sont en ce cas les forces motrices. En un mot, il faut pouvoir peser ces corps, ou évaluer directement l'intensité de l'effort auquel ils obéissent. Or, les planètes vis-à-vis du soleil, ou leurs satellites vis-à-vis d'elles-mêmes, se comportent comme les corps terrestres vis-à-vis de notre globe. L'observation de leur mouvement nous apprend seulement que les forces motrices sont proportionnelles à leurs masses ; mais elle ne nous apprend pas ce que sont ces forces, à *combien de kilogrammes* elles équivalent. Et cette évaluation, il est bien évident que nous n'avons aucun moyen de la faire, et que nous ne pouvons pas mesurer l'effort qui pousse une planète vers le soleil, comme nous mesurons l'effort qui pousse un corps vers la terre.

Mais la manière même dont nous sommes parvenus à trouver les rapports qui existent entre les masses des divers astres, nous montre la voie indirecte par laquelle on peut établir une transition entre ces masses et celles des corps terrestres. En effet, c'est en comparant la force de gravitation qui émane du soleil sur la planète, avec celle qui émane de la planète sur le satellite, qu'on a déterminé le rapport des masses du soleil et de la planète, dont ces deux forces sont la mesure. Si l'on veut passer de là à notre unité usuelle, c'est-à-dire rapporter la masse de la terre, par exemple, à celle de cette unité, il faut prendre un troisième terme de comparaison qui joue vis-à-vis de l'unité de masse le rôle du satellite vis-à-vis de la planète, tandis que cette unité elle-même jouera vis-à-vis de la terre le rôle de la planète vis-à-vis du soleil. Il sera d'ailleurs loisible de remplacer l'unité de masse par tout autre corps, pourvu qu'on connaisse la valeur numérique de la force qui représente l'action de la terre sur lui. Or, cette force, c'est précisément le propre poids du corps qu'on peut toujours évaluer d'une manière directe. Quant au troisième terme de comparaison, qui remplace le satellite, il faut le soustraire d'abord à l'action du globe terrestre, comme le satellite lui-même est censé soustrait à l'action du soleil. On y parvient sans peine en le suspendant, par exemple, par son centre de gravité. Il ne reste plus qu'à mesurer l'action que le premier corps exerce sur le second, dont la masse est beaucoup moindre. Plusieurs appareils ont été imaginés à ce point de vue. Le plus ingénieux, connu sous le nom de *balance de tension*, est dû à Coulomb : il consiste, comme on sait, en un-levier horizontal très-mince, suspendu par son milieu, et portant à ses extrémités deux petites sphères. On approche de ces sphères deux corps d'un poids connu, placés symétriquement, et l'on observe les oscillations horizontales qu'effectue le levier autour de son centre sous l'influence de ces deux sphères, à droite et à gauche d'une position d'équilibre qui correspond à une déviation telle que la torsion du fil soit exactement égale à l'attraction des deux corps. Ce mouvement pendulaire permet de trouver la valeur de la force motrice qui le détermine, et, par suite, de comparer cette force avec l'action de la terre sur les deux corps attirants, c'est-à-dire avec leurs poids. On est parvenu ainsi à assigner un chiffre assez approximatif à la masse du globe, évaluée cette fois en unités ordinaires, et l'on a trouvé que cette masse correspond sensiblement à une densité moyenne un peu supérieure à cinq fois celle de l'eau.

CHAPITRE IV.

THÉORIE DE L'EQUILIBRE DES SYSTÈMES FUNICULAIRES.

333. — **Définitions.** On nomme système *funiculaire* (du mot latin *funus,* corde) un lien parfaitement flexible et doué d'une résistance indéfinie, aux divers points duquel sont appliquées des forces quelconques.

Le problème général consiste à trouver les relations qui doivent exister entre les forces, pour que l'équilibre ait lieu, et la figure géométrique qu'affecte alors le système.

On distingue trois cas principaux :

1° Les points d'application des forces occupent sur le lien des positions déterminées ;

2° Ces points peuvent au contraire glisser librement le long du lien, comme feraient des anneaux ;

3° Les forces sont distribuées, d'une maniere continue, sur toute l'étendue du lien, au lieu d'être appliquées en un certain nombre de points distincts.

Dans les deux premiers cas, le système en équilibre affecte évidemment la figure d'un polygone. Les points d'application des forces en sont les sommets, et les portions invariables du lien, comprises entre ces points, en sont les côtés. Chacun de ces côtés est nécessairement rectiligne, puisque les forces totales des deux sommets contigus se détruisent mutuellement par l'intermédiaire du lien. Le système reçoit spécialement le nom de *polygone funiculaire*.

Dans le dernier cas, les sommets disparaissent par suite de la répartition continue des forces le long du lien. La forme affectée par le système devient curviligne : c'est pourquoi on l'appelle *courbe funiculaire*.

Dans la nature, les cordes ou liens quelconques, employés à la réalisation de semblables appareils, offrent toujours des résistances plus ou moins grandes à la flexion et au glissement. Ils sont, en outre, sujets à varier de longueur sous l'action des forces extérieures. Mais toutes ces circonstances sont négligées dans l'étude théorique à laquelle nous nous livrons ici.

Remarque. — Dans la mécanique générale, on traite les questions d'équilibre au point de vue des conditions auxquelles les forces doivent satisfaire pour être sans influence sur l'état de repos ou de mouvement d'un système donné. En sorte que la forme du système doit être la même, après comme avant l'introduction des forces. Le nombre des conditions que doivent vérifier les forces extérieures est alors égal, comme on sait, au nombre des coordonnées des points matériels diminué du nombre d'équations de liaisons (n° 147, première conséquence).

Dans l'étude des systèmes funiculaires, on n'assigne pas *à priori* les positions des divers sommets du polygone ou la forme géométrique de la courbe. On reste maître de disposer de ces éléments pour faciliter l'établissement de l'équilibre. Les équations de conditions entre les forces doivent être naturellement beaucoup moins nombreuses, puisqu'on peut faire varier à volonté les coordonnées de tous les points; ce qui représente autant de quantités arbitraires qu'il y a de ces coordonnées, moins le nombre d'équations de liaisons qu'on suppose exister entre elles *à priori*.

Polygone funiculaire à sommets fixes.

334. — Soit M M′ M″..... $M^{(n)}$ le polygone considéré. A chaque sommet M, M′,...... $M^{(n)}$ sont appliquées des forces quelconques.

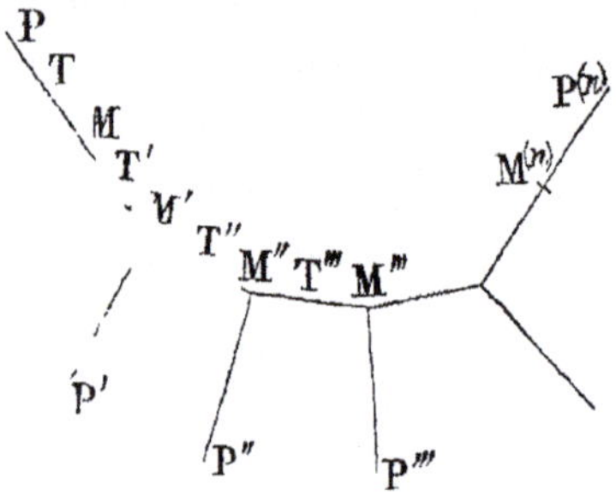

Fig. 93.

On ne diminuera pas la généralité de la question en supposant qu'il n'y ait qu'une force en chaque sommet : car toutes celles qu'on y pourrait mettre seraient réductibles à une seule, comme concourant au même point.

Soit donc P, P′, P″,.... $P^{(n)}$, les forces qui agissent respectivement aux divers sommets; et α, β, γ, α', β', γ',..... les angles qu'elles forment avec trois axes de coordonnées rectangulaires. Désignons par T′, T″,..... $T^{(n)}$ les tensions qui s'établissent dans le lien, entre les points M et M′, M′ et M″,.... $M^{(n-1)}$ et $M^{(n)}$; et par x, y, z, x', y', z',...... les coordonnées des divers sommets. Les longueurs connues des côtés successifs du polygone seront représentées par l', l'',... . $l^{(n)}$.

La méthode générale pour établir les conditions d'équilibre consiste, comme on sait, à exprimer qu'en chacun des points M, M′, M″,..... la somme des composantes des forces extérieures et intérieures est sans aucun effet sur le mouvement de ce point (n° 147). On aura donc, pour le premier sommet M, où agissent seulement les forces P et T', les trois équations suivantes :

$$(\mathrm{M})\quad \begin{cases} \mathrm{P}\cos\alpha + \mathrm{T}'\dfrac{x'-x}{l'} = 0, \\[2ex] \mathrm{P}\cos\beta + \mathrm{T}'\dfrac{y'-y}{l'} = 0, \\[2ex] \mathrm{P}\cos\gamma + \mathrm{T}'\dfrac{z'-z}{l'} = 0. \end{cases}$$

Pour le point M', on aura trois équations analogues entre les forces P', T' et T''. Il faudra prendre T' avec le signe *moins*, parce que l'action du lien en M' est inverse de ce qu'elle est en M. Les relations seront donc celles-ci :

$$(\mathrm{M}')\quad \begin{cases} \mathrm{P}'\cos\alpha' - \mathrm{T}'\dfrac{x'-x}{l'} + \mathrm{T}''\dfrac{x''-x'}{l''} = 0, \\[2ex] \mathrm{P}'\cos\beta' - \mathrm{T}'\dfrac{y'-y}{l'} + \mathrm{T}''\dfrac{y''-y'}{l''} = 0, \\[2ex] \mathrm{P}'\cos\gamma' - \mathrm{T}'\dfrac{z'-z}{l'} + \mathrm{T}'\dfrac{z''-z'}{l''} = 0. \end{cases}$$

Les autres sommets donneront lieu à des groupes semblables. Nous nous contenterons d'écrire les deux derniers, afin de mettre bien en évidence la symétrie des formules :

$$\mathrm{M}^{(n-1)}\begin{cases} \mathrm{P}^{(n-1)}\cos\alpha^{(n-1)} - \mathrm{T}^{(n-1)}\dfrac{x^{(n-1)}-x^{(n-2)}}{l^{(n-1)}} + \mathrm{T}^{(n)}\dfrac{x^{(n)}-x^{(n-1)}}{l^{(n)}} = 0, \\[2ex] \mathrm{P}^{(n-1)}\cos\beta^{(n-1)} - \mathrm{T}^{(n-1)}\dfrac{y^{(n-1)}-y^{(n-2)}}{l^{(n-1)}} + \mathrm{T}^{(n)}\dfrac{y^{(n)}-y^{(n-1)}}{l^{(n)}} = 0, \\[2ex] \mathrm{P}^{(n-1)}\cos\gamma^{(n-1)} - \mathrm{T}^{(n-1)}\dfrac{z^{(n-1)}-z^{(n-2)}}{l^{(n-1)}} + \mathrm{T}^{(n)}\dfrac{z^{(n)}-z^{(n-1)}}{l^{(n)}} = 0; \end{cases}$$

$$M^{(n)}\begin{cases} P^{(n)}\cos\alpha^{(n)} - T^{(n)}\dfrac{x^{(n)} - x^{(n-1)}}{l^{(n)}} = 0, \\ P^{(n)}\cos\beta^{(n)} - T^{(n)}\dfrac{y^{(n)} - y^{(n-1)}}{l^{(n)}} = 0, \\ P^{(n)}\cos\gamma^{(n)} - T^{(n)}\dfrac{z^{(n)} - z^{(n-1)}}{l^{(n)}} = 0. \end{cases}$$

Dans toutes ces équations, les quantités connues sont les longueurs des côtés, ainsi que les forces extérieures assignées d'avance en grandeur et en direction; les quantités inconnues sont les coordonnées des sommets et les tensions qui s'établissent dans les liens.

Il s'agit de savoir si, au moyen d'une configuration convenable du polygone, l'équilibre peut toujours être obtenu avec les forces données; et, — dans le cas où la réalisation de cet équilibre serait sujette à restrictions, — de trouver les conditions particulières que doivent remplir les forces données pour que l'équilibre ait lieu effectivement.

Nous avons à satisfaire aux $3(n+1)$ équations écrites ci-dessus, lesquelles répondent aux $n+1$ sommets supposés. Nous avons à satisfaire aussi aux n équations de liaisons, qui expriment que la distance de chaque sommet au sommet voisin est égale à une longueur donnée. En regard de ce nombre total de relations nous pouvons disposer : 1° des n tensions qui, dans les diverses parties du lien, s'établissent en conséquence des forces appliquées au système; 2° des coordonnées des $n+1$ sommets.

Au premier abord, il semble que le nombre des quantités à notre disposition soit précisément égal à celui des équations, et que, par suite, on soit toujours assuré de réaliser l'équilibre avec des forces absolument quelconques. Une telle conclusion serait manifestement absurde; car on voit bien, par exemple, que si toutes les forces extérieures, y compris celles des deux sommets extrêmes, tiraient dans le même sens, l'équilibre n'existerait pas, mais qu'au contraire le système entier prendrait un mouvement suivant la direction commune. Cette apparente contradiction disparaît devant un examen plus attentif des formules. En effet, ce ne sont pas les coordonnées elles-mêmes qui figurent directement dans les équations, mais bien leurs différences. On le voit d'abord pour les relations écrites ci-dessus, et on le voit également pour les équations de conditions, qui sont toutes de la forme

$$l'^2 = (x'-x)^2 + (y'-y)^2 + (z'-z)^2 .$$

Ce sont donc les quantités $x'-x$, $y'-y$, $z'-z$, $x''-x'$,.... qui constituent les véritables inconnues dont on peut disposer pour satisfaire aux diverses relations. Or, ces quantités sont au nombre de $3n$ et non de $3(n+1)$. On n'a ainsi, en réalité, en y comprenant les tensions, que $4n$ inconnues pour vérifier les $4n+3$ équations. Par conséquent, trois de ces dernières doivent être satisfaites indépendamment des tensions et des positions des sommets : ce sont les équations de conditions qui doivent exister, *à priori*, entre les forces du système. Pour les obtenir, il suffit d'éliminer toutes les tensions et toutes les coordonnées entre les $4n+3$ relations.

Or, cette élimination s'effectue très-simplement, en ajoutant ensemble : 1° les premières équations des groupes (M), (M').... $M^{(n)}$; 2° les deuxièmes équations des mêmes groupes ; 3° les troisièmes équations. Tous les termes affectés des tensions et des coordonnées se détruisent deux à deux et il reste :

$$(a) \quad \begin{cases} P\cos\alpha + P'\cos\alpha' + \ldots + P^{(n)}\cos\alpha^{(n)} = 0 , \\ P\cos6 + P'\cos6' + \ldots + P^{(n)}\cos6^{(n)} = 0 , \\ P\cos\gamma + P'\cos\gamma' + \ldots + P^{(n)}\cos\gamma^{(n)} = 0 . \end{cases}$$

Ces équations expriment que les sommes des projections des forces extérieures, suivant trois axes rectangulaires, sont identiquement nulles.

Moyennant cette triple condition, on peut être certain qu'en assignant des positions convenables aux divers sommets du polygone, il en résultera, dans les côtés, des tensions telles que chaque point demeure parfaitement en équilibre.

Nous pourrons dès lors déterminer les valeurs de ces tensions et la configuration du polygone.

En effet le groupe des équations (M) nous montre d'abord que la première force P et la première tension T′ donnent, suivant chaque axe, des composantes égales et de signes contraires. Donc cette force et cette tension sont égales et directement opposées.

On voit de même, par l'inspection du groupe des équations (M′), que la force P′ est égale et directement opposée à la résultante des deux tensions —T′ et T″. Or, la tension —T′, qui s'exerce en M′, est réciproque de celle qui s'exerce en M, et, par suite, est de même grandeur et de même sens que la force P. Si donc on remplace la tension — T′ par sa valeur + P, la force P′ sera la résultante de P et de T″, ou, ce qui revient au même, la résultante de la force P′ et de la force P, transportée en M′, sera égale et directement opposée à la tension T″.

De même encore la force P″ est égale et directement opposée à la résultante des tensions —T″ et T‴; et, si l'on remplace —T″ par la résultante des deux forces P et P′, qui lui est égale, il s'ensuivra que la résultante des trois forces P, P′ et P″, transportées parallèlement à elles-mêmes en M″, sera égale et directement opposée à la tension T‴. Ainsi de suite jusqu'au sommet $M^{(n)}$, où la force $P^{(n)}$ est égale et directement opposée à la tension $T^{(n)}$; ou, ce qui revient au même, égale et directement opposée à la résultante de toutes les forces du système, transportées au point $M^{(n)}$.

Ces conséquences permettent à la fois d'assigner la valeur de la tension en chaque point, et de construire géométriquement le polygone d'équilibre. Car le premier côté M M′ étant placé dans la direction de la force P, le point M′, qui est à une distance connue l' du pont M, est dès lors parfaitement déterminé. En construisant sur les deux droites M M′ et M′P′ le parallélogramme de ces deux forces, la diagonale fournira la direction de M M″, et, par suite, la position exacte de M″. En construisant sur M′M″ et M″P″ le parallélogramme de la force T″ (égale à la résultante de P et de P′) et de la force P″, on obtiendra la direction de M″M‴, et la grandeur de la tension T″. On continuera de même jusqu'au dernier sommet, où la diagonale du parallélogramme coïncidera exactement avec la direction de la force $P^{(n)}$ et représentera une force égale et contraire à cette dernière. Cette coincidence et cette égalité finales sont assurées, par suite même des équations (1) qu'on suppose satisfaites *a priori*.

La méthode qui précède nous dispense de recourir à l'élimination algébrique pour trouver les valeurs des coordonnées des sommets. Le calcul serait fort laborieux et ne nous apprendrait rien de plus.

On peut arriver aux mêmes conclusions sans passer par les équations (M), (M′)... Remarquons, en effet, que l'équilibre existant dans l'ensemble du système doit exister séparément en chaque partie. Si donc on envisage d'abord le premier sommet M, on voit sur-le-champ que les deux forces P et T qui le sollicitent sont nécessairement égales et opposées. Au sommet M′ les forces en équilibre sont au nombre de trois, savoir P″, T′ et T″. Donc chacune d'elles est égale et opposée à la résultante des deux autres. Mais la tension T′, qui agit de M′ en M, c'est-à-dire en sens contraire de celle qui agit de M en M′, au sommet M, est égale à la force P, et dirigée dans le même sens. Il en résulte que la tension T' est égale et opposée à la résultante des deux forces P et P', appliquées au même point M'. En continuant de la sorte, et s'appuyant toujours sur ce que l'équilibre a lieu séparément autour de chaque sommet, on arrive à conclure que la résultante de toutes les forces extérieures $P, P' \ldots . P^{(n-1)}$, supposées appliquées au point $M^{(n-1)}$, doit tomber sur la direction de la dernière force $P^{(n)}$, et lui est en même temps égale et contraire. Or, pour que cette condition, manifestement suffisante pour l'équilibre général, soit remplie, il faut que les sommes des projections de toutes les forces $P, P', \ldots . P^{(n-1)}$ suivant trois axes rectangulaires aient des valeurs égales et de signes contraires aux valeurs des projections de la force $P^{(n)}$. On tombe ainsi immédiatement sur les trois équations (a) déjà trouvées.

Conséquences.

335. — 1° Si l'une des extrémités du polygone, le point M, par exemple, est absolument fixe, l'équilibre pourra toujours avoir lieu, quelles que soient les forces appliquées au système. En effet, cela revient à supposer, dans les formules (1), que la première force P est remplacée par une force, de grandeur et de direction indéterminées, qui représente la résistance du point fixe. Or, en assignant à $P \cos \alpha$, $P \cos \beta$ et $P \cos \gamma$ des valeurs convenables, on peut toujours satisfaire aux trois équations (1), et, par suite, assurer l'équilibre.

2° Si l'autre extrémité $M^{(n)}$ est également fixe, on introduit dans les mêmes formules trois nouvelles indéterminées : $P^{(n)} \cos \alpha^{(n)}$, $P^{(n)} \cos \beta^{(n)}$, $P^{(n)} \cos \gamma^{(n)}$. Mais cela ne signifie point qu'on peut réaliser l'équilibre d'une infinité de manières, en donnant diverses valeurs arbitraires à ces trois quantités. Car, en même temps que ces indéterminées sont introduites dans les équations, on introduit trois nouvelles conditions consistant en ce que les coordonnées du point $M^{(n)}$, calculées comme étant celles du dernier sommet du polygone en équilibre, doivent être égales aux valeurs assignées d'avance pour la position du point fixe. Il n'y aura donc, en réalité, qu'une seule position d'équilibre.

3° Lorsque toutes les forces P, P',..... $P^{(n)}$ sont contenues dans le même plan, il est évident que le polygone est aussi contenu dans ce plan.

4° La même conséquence a lieu, quand les forces, sans être *a priori* dans un seul plan, sont toutes parallèles entre elles ; car les trois droites M'M, M'M'' et M'P' sont situées dans un même plan, puisque ce sont les directions de trois forces concourantes en équilibre. Donc le point M'' est aussi contenu dans ce plan. Mais la droite M''P' étant parallele à M'P', le plan de M'M'' et de M'P contient M P''. Les trois droites qui concourent au point M' doivent, pour la même raison que tout à l'heure, appartenir à un plan qui ne peut être que celui de M'M'' et de M''P''. Donc ce plan est le même que le précédent. En raisonnant ainsi pour tous les autres côtés, on arrive à la conclusion énoncée.

5° Supposons toutes les forces parallèles et les deux extrémités du polygone absolument fixes. Les forces P et $P^{(n)}$ représentent les résistances de ces points, ou, si l'on veut, les tensions T' et $T^{(n)}$ des côtés qui y aboutissent. Le polygone étant contenu dans un même plan, prenons ce plan pour celui des xy, la direction commune des forces pour axe des y, et une perpendiculaire à cette direction pour axe des x. Les trois équations (1) trouvées précédemment se simplifient beaucoup. La dernière disparaît, la première se réduit à :

$$P \cos \alpha = - P' \cos \alpha'' ,$$

la troisième à :

$$P \sin \alpha + P^{n} \sin \alpha^{n} = -(P' + P'' + \dots + P^{n-1}).$$

Cela nous montre que les projections des résistances des points d'appui, sur une direction perpendiculaire aux forces, sont égales et opposées, et que la somme de leurs projections sur la direction des forces est égale et contraire à la somme algébrique de toutes ces forces. Quand il s'agit, par exemple, de forces dues à la pesanteur, les composantes verticales des résistances des points d'appui sont égales et opposées au poids total appliqué au polygone. On peut voir aussi que deux tensions contiguës à un même sommet ont des composantes horizontales égales et contraires, et que la somme algébrique de leurs composantes verticales est égale et opposée au poids qui charge directement ce sommet. D'une manière générale, la composante horizontale d'une tension quelconque a la même valeur sur tout le périmètre du polygone. Si deux côtés sont également inclinés à l'horizon, les tensions qui y règnent ont les mêmes valeurs, et chacune d'elles est égale à $-\dfrac{\pi}{2 \sin i}$, en désignant par π le poids que supporte le sommet et par i l'angle du côté avec l'horizon. Cette tension devient très-grande à mesure que i diminue, et croît au delà de toutes limites.

336. — *Remarque I.* Dans tout ce qui précède, nous avons constamment supposé que les forces appliquées au système agissaient, en chaque point, de manière à tendre le lien. Il est évident que, si elles agissaient en sens contraire, de façon à le *comprimer*, l'équilibre ne pourrait exister, parce que le lien ne résiste pas à ce genre d'efforts. Pour que l'équilibre eût lieu, il faudrait que chaque côté, soumis à de semblables forces, fût remplacé par une tige parfaitement rigide qui résisterait à la compression, comme le lien lui-même résiste à l'extension.

Remarque II. — Si la forme du polygone était assignée *a*

priori, les forces extérieures devraient naturellement satisfaire à un bien plus grand nombre de conditions pour pouvoir se maintenir en équilibre sans altérer la figure géométrique du système. On sait que, dans ce cas, le nombre d'équations de conditions est égal au triple du nombre des points matériels, diminué du nombre des équations de liaisons. Le nombre des points est ici de $n+1$, celui des liaisons est de n : il y aura donc $3(n+1)-n$, ou $2n+3$ équations de conditions entre les forces. C'est, du reste, ce qui ressort de l'inspection des équations (M), (M')... ($M^{(n)}$), établies ci-dessus. Pour satisfaire à ces $3(n+1)$ relations, nous ne disposons que de n tensions T', T''..... $T^{(n)}$: ce qui laisse subsister $2n+3$ conditions. On peut en voir aisément la signification. En effet, prenons le groupe (M) et éliminons l'inconnue T' : il vient

$$\frac{\cos\alpha}{x'-x}=\frac{\cos 6}{y'-y}=\frac{\cos\gamma}{z'-z}.$$

Ces deux équations expriment que la première force P peut avoir une grandeur quelconque, mais que sa direction se confond avec celle du côté MM', laquelle est assignée d'avance. Pareillement, en éliminant T' et T'' dans le groupe (M') on obtient :

$$\frac{P\cos\alpha+P'\cos\alpha'}{x''-x'}=\frac{P\cos 6+P'\cos 6'}{y''-y'}=\frac{P\cos\gamma+P'\cos\gamma'}{z''-z'};$$

ce qui nous montre que la résultante des deux forces P et P', appliquées en M', doit avoir la direction fixée M'M''. Si donc on a pris arbitrairement la grandeur de P et de P', la direction de P' s'ensuit, puisque celle de P est déjà déterminée. En raisonnant ainsi pour les autres sommets, on reconnaît que la grandeur de chaque force peut être choisie arbitrairement, mais qu'alors toutes leurs directions se trouvent fixées. Il y a une exception à faire pour le dernier sommet, où la force $P^{(n)}$ est non-seulement déterminée en direction, mais aussi en grandeur; car elle est égale et opposée à la tension $T^{(n)}$, laquelle résulte de toutes les autres forces, supposées transportées au point $M^{(n)}$. Ainsi la force $P^{(n)}$ satisfait à trois conditions, qui ne sont autres que les relations (a) déjà trouvées pour le cas où les sommets sont arbitraires. Quant aux autres forces, au nombre de n, elles satisfont chacune à deux conditions : ce qui donne en tout $2n+3$ équations que doivent vérifier les forces pour rester en équilibre, sans altérer la figure du polygone.

Polygone funiculaire à sommets variables.

337. — Nous supposons que le point d'application de chaque force peut glisser librement le long du lien.

On a démontré au n° 107, à l'occasion de l'équilibre du point matériel, que la force extérieure divise en deux parties égales l'angle formé par les deux portions du lien, et que la tension est la même dans toute la longueur. Chaque force est alors liée à la valeur constante de la *tension* par une *équation* très-simple, qui exprime que sa grandeur numérique est égale à celle de la tension multipliée par le double cosinus du demi-angle des deux côtés contigus.

Les deux forces extrêmes étant respectivement égales et opposées aux tensions des côtés qui y aboutissent, il en résulte, puisque la tension est la même partout, que ces deux forces devront avoir la même valeur numérique. Outre cette condition fondamentale il faudra, pour l'équilibre, que les trois équations (a) trouvées précédemment soient encore satisfaites; c'est-à-dire que les sommes des composantes de toutes les forces, suivant trois axes rectangulaires, devront être identiquement nulles. On obtient ces trois relations de la même manière, en ajoutant les premières équations des groupes (M), (M'),...... puis les secondes et enfin les troisièmes. On réaliserait un exemple de ce genre d'équilibre en passant un fil dans une série d'anneaux fixés dans l'espace. Les deux forces appliquées aux deux bords du fil devraient être égales, et la résistance développée par chaque anneau diviserait en deux parties égales l'angle des parties adjacentes du fil.

Si, les points d'application des forces étant mobiles, une des extrémités du lien est fixée, les trois équations (a) de condition pourront toujours être satisfaites par une grandeur et une direction convenables de la résistance du point fixe. Il ne restera plus qu'une seule condition consistant en ce que la dernière force placée à l'autre extrémité devra avoir la même intensité que cette résistance.

Courbes funiculaires.

338.— Les forces sont réparties, d'une manière continue, sur toute l'étendue du lien. Nous supposerons, pour plus de simplicité, qu'elles sont parallèles, et nous examinerons deux cas : selon que la répartition est uniforme, ou qu'elle est proportionnelle à la projection du lien sur une droite perpendiculaire à la direction commune des forces.

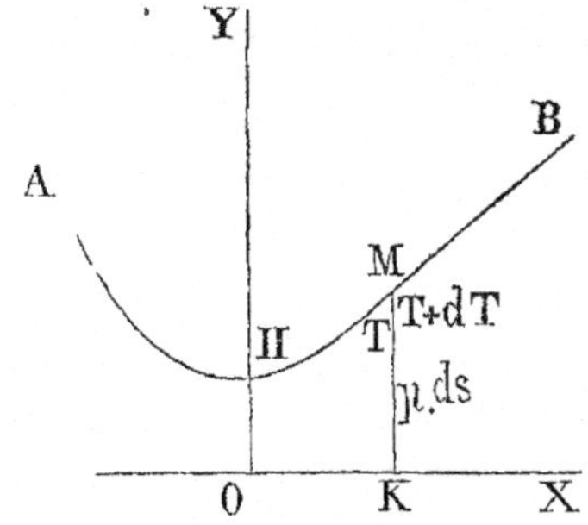

Fig. 94.

Le premier cas correspond aux courbes dites *chaînettes*, et le second aux *courbes des ponts suspendus.*

Chaînette. — Soit A B un fil flexible, suspendu par ses deux extrémités, et sollicité sur toute sa longueur par des forces parallèles uniformément réparties, agissant de haut en bas, en vertu desquelles il prend dans l'état d'équilibre, une certaine forme curviligne.

Nous pouvons considérer cette courbe comme un polygone formé d'une infinité de côtés infiniment petits, et imaginer que les forces réparties sur les divers éléments sont appliquees aux extrémités de chacun d'eux. Nous aurons ainsi un polygone funiculaire infinitésimal, auquel nous serons en droit de rapporter toutes les conclusions précédemment développées, puisqu'elles sont indépendantes évidemment du nombre des côtés.

D'après cela nous voyons sur-le champ que la courbe du fil est contenue dans un même plan, et, si l'on prend deux axes, dont l'un soit parallèle à la direction commune des forces, et l'autre perpendiculaire, nous voyons également que la composante de la tension, suivant l'axe perpendiculaire, a partout la même valeur; et que la somme algébrique des composantes, suivant l'axe parallèle, de deux tensions contiguës à un même point, est égale et contraire à la force qui est directement appliquée en ce point.

Cela posé, soit M un point quelconque de la courbe, x et y ses coordonnées; soit T la valeur de la tension qui règne en ce point dans la partie du fil située à gauche. Si p désigne la somme des forces parallèles qui agissent sur l'unité de longueur, pds représentera la somme de celles qui agissent sur l'élément ds : ce sera par conséquent la force que nous supposons appliquée au sommet M du polygone infinitésimal. En vertu de cette force, la tension du fil, à droite du point M, se trouve augmentée et devient $T + dT$. Nous devons d'abord exprimer que la composante de la tension suivant l'axe des x est constante. On aura

$$(1) \qquad T\frac{dx}{ds} = c \;,$$

c désignant une quantité qui ne varie pas avec le point considéré.

Il faut exprimer ensuite que la somme algébrique des composantes, suivant l'axe des y, de la tension T et de la tension $T + dT$, est égale et contraire à la force pds La composante de la première tension est égale à $-T\frac{dy}{ds}$: elle est affectée du signe *moins*, puisqu'elle agit de haut en bas ou dans le sens des coordonnées négatives. La composante de la deuxième tension est representée par $(T + dT)\left(\frac{dy}{ds} + d\frac{dy}{ds}\right)$, ou plus simplement par $T\frac{dy}{ds} + d\left(T\frac{dy}{ds}\right)$, en negligeant l'infiniment petit du second ordre $dT.\, d\frac{dy}{ds}$. Cette valeur est affectée du signe *plus*, puisqu'elle agit de bas en haut. La somme algébrique des deux composantes se reduit donc à $d\left(T\frac{dy}{ds}\right)$, quantité qui, avons-nous dit, doit être égale à pds. On aura ainsi pour seconde équation :

$$(2) \qquad d\left(T\frac{dy}{ds}\right) = pds\,.$$

Si nous remplaçons T par sa valeur, tirée de la première équation, il vient

$$(3) \qquad c\,d\frac{dy}{dx} = pds\;;$$

mais $ds = dx\sqrt{1 + \frac{dy^2}{dx^2}}$; cette équation peut donc être écrite

$$(4) \qquad \frac{\dfrac{d^2y}{dx^2}}{\sqrt{1+\dfrac{dy^2}{dy^2}}}=\frac{p}{c}.$$

Une première intégration donne, d'après les règles communes de l'analyse :

$$(5) \qquad \text{log. nép.}\left(\frac{dy}{dx}+\sqrt{1+\frac{dy^2}{dx^2}}\right)=\frac{p}{c}x+\text{const}$$

La constante sera nulle si nous faisons passer l'axe des y par le point le plus bas de la courbe. Effectivement en ce point la tangente est horizontale, ce qui annule $\frac{dy}{dx}$ et par suite le logarithme du premier membre : comme en même temps $x=0$, il s'ensuit : const$=0$. L'équation (5) devient donc :

$$\frac{dy}{dx}+\sqrt{1+\frac{dy^2}{dx^2}}=e^{\frac{p}{c}x}.$$

Pour la résoudre, on emploie un artifice consistant à multiplier les deux membres par $\left(-\frac{dy}{dx}+\sqrt{1+\frac{dy^2}{dx^2}}\right)e^{\frac{p}{c}x}$: on obtient alors une nouvelle équation auxiliaire :

$$-\frac{dy}{dx}+\sqrt{1+\frac{dy^2}{dx^2}}=e^{-\frac{p}{c}x}.$$

Il n'est pas difficile d'en déduire, par voie d'addition, et ensuite par une intégration :

$$(6) \qquad y=\frac{c}{2p}\left(e^{\frac{p}{c}x}+e^{-\frac{p}{c}x}\right).$$

Telle est l'équation de la courbe cherchée. La constante

provenant de cette seconde intégration est évidemment nulle, si l'on a soin de placer l'axe des x à une distance $\frac{c}{p}$ au-dessous du point le plus bas de la courbe : car alors pour $x=0$, le second membre, qui fournit la valeur de l'ordonnée correspondante, se réduit à $y=\frac{c}{p}$.

On obtient sans peine la longueur de l'arc s, comptée à partir de l'origine des coordonnées, pour une valeur quelconque de x : cette valeur a pour expression

$$(7) \qquad s=\frac{c}{2p}\left(e^{\frac{p}{c}x}-e^{-\frac{p}{c}x}\right).$$

De là on déduit $\frac{ds}{dx}=\frac{p}{c}y$; et par suite la valeur de T, fournie par l'équation (1), peut s'écrire :

$$\mathrm{T} = py.$$

Ce qui nous montre que la valeur de la tension augmente proportionnellement à l'ordonnée, et que sa valeur minima correspond au point le plus bas de la courbe. L'ordonnée de ce point étant, par hypothèse, égale à $\frac{c}{p}$, la tension y est égale à c, ce qui doit être, puisque la composante horizontale de la tension est constante et par suite égale à la tension elle-même, lorsqu'on considère une partie horizontale du fil.

L'équation (6) nous apprend que la courbe est symétrique, à droite et à gauche de son point le plus bas : car les valeurs de y sont les mêmes quand on remplace x par $-x$.

On démontre également par l'analyse que la chaînette est la courbe qui a son centre de gravité le plus bas parmi toutes les lignes de même longueur qui pourraient être tracées entre ses deux extrémités.

La nature nous offre de fréquents exemples de chaînette. Il suffit pour réaliser cette figure d'attacher un fil quelconque par ses deux bouts et de l'abandonner à l'influence de son propre poids. Si ce fil est homogène et bien flexible, il se trouvera placé dans les conditions précédentes : car la pesanteur agit d'une manière uniforme sur toute sa longueur. Le point le plus rapproché de l'axe des x est alors le point le plus bas par rapport au plan horizontal.

339. — **Courbe des ponts suspendus.** Cette courbe est ainsi nommée par analogie de ce qui a lieu dans les ponts suspendus, où l'on sait que le tablier, sensiblement horizontal et uniformément chargé, est supporté par un cable métallique dont les deux extrémités sont fixées. C'est une réalisation assez approchée du cas théorique que nous voulons examiner ici.

Pour la commodité du langage, nous appellerons *vertical* l'axe des y, parallèle à la direction commune des forces; et *horizontal* l'axe des x qui lui est perpendiculaire. Mais il est bien évident que ces dénominations n'impliquent rien sur la nature des forces, et qu'on pourrait, sans modifier le raisonnement, leur attribuer une valeur et une direction tout autres que celles de la pesanteur.

Nous supposerons donc un lien, parfaitement flexible, chargé sur toute sa longueur de forces verticales, dont la répartition est uniforme par rapport à la projection horizontale du lien.

Nous aurons, comme précédemment, à exprimer que la composante horizontale de la tension en un point quelconque garde une valeur constante, et que la somme algébrique des composantes verticales de deux tensions contiguës à un même point est égale et contraire à la force directement appliquée en ce point. La seule différence à signaler, c'est que la force dont nous parlons, au lieu d'être représentée par pds, aura pour valeur pdx. On aura donc les deux équations

$$(1) \qquad T\frac{dx}{ds} = c,$$

$$(2) \qquad d\left(T\frac{dy}{ds}\right) = pdx.$$

Remplaçons, dans la seconde, T par sa valeur tirée de la première, il vient :

$$d\left(c\frac{dy}{dx}\right) = pdx,$$

d'où
$$c\frac{dy}{dx} = px.$$

La constante de cette première intégration est nulle, si l'on fait passer l'axe des y par le point le plus bas de la courbe, parce qu'alors, pour $x = 0$, on doit avoir $\frac{dy}{dx} = 0$.

Intégrons une seconde fois, nous obtiendrons.

$$(3) \qquad x^2 = \frac{2c}{p}y,$$

ce qui est l'équation d'une parabole. La constante de cette nouvelle intégration est encore nulle, si l'on place l'origine des coordonnées au point le plus bas de la courbe, car x et y deviennent nuls simultanément. Avec un pareil choix d'axes de coordonnées, la parabole se trouve rapportée à son grand axe, lequel n'est autre que l'axe vertical des y : et le sommet de la parabole est précisément le point le plus bas.

On calculera aisément l'expression $\frac{dx}{ds}$; et, par suite, la valeur de la tension en un point quelconque sera donnée par la formule suivante :

$$(4) \qquad T = p\sqrt{\frac{c^2}{p^2} + x^2}.$$

Au point le plus bas de la courbe, pour lequel $x = o$, la valeur de T se réduit à c ; ce qui doit être, à cause de l'horizontalité de l'élément de fil considéré.

Dans les ponts suspendus, le poids du tablier n'est pas réparti sur le lien d'une manière continue : car la suspension est effectuée au moyen d'un certain nombre de tiges verticales, qui viennent se fixer en un certain nombre de points du câble, distants les uns des autres de longueurs appréciables. La figure géométrique dessinée par le câble n'est plus une courbe, ni conséquemment une parabole, mais on a un véritable polygone funiculaire, rentrant dans la catégorie de ceux que nous avons d'abord examinés. On prouve facilement que les sommets de ces polygones appartiennent à la parabole ci-dessus. On peut donc, eu égard au faible espacement des sommets, par rapport à la longueur totale du câble, envisager le polygone d'équilibre comme se confondant sensiblement avec une parabole dont le grand axe est vertical et le sommet situé au point le plus bas.

CHAPITRE V.

MACHINES THÉORIQUES.

Considérations générales.

340. — On nomme *machines* des systèmes géométriques, *à liaisons complètes,* dont la destination industrielle est de *transformer le travail,* c'est-à-dire de substituer au travail que *devraient* produire certaines forces, appliquées en certains points du système, le travail que *produisent* d'autres forces, appliquées en d'autres points. On dit aussi que les machines *transmettent* le travail, ce qui a évidemment la même signification.

Accordant pour un moment la possibilité de cette transformation, on voit sur-le-champ qu'elle doit être d'une haute utilité. Il n'est besoin, pour s'en convaincre, que de jeter un regard sur les faits qui s'accomplissent chaque jour autour de nous. Prenons un exemple vulgaire, celui d'un homme qui aurait à soulever un fardeau considérable, de 1,000 kilogrammes, je suppose, et qui devrait l'amener à une hauteur d'*un décimètre.* Si cet homme est abandonné à ses moyens naturels, ses efforts les plus énergiques seront impuissants pour venir à bout de cette tâche. Il ne réussira pas à soulever le fardeau, ne fût-ce que d'un millimetre. Mais qu'on place entre ses mains une machine bien simple et bien connue, un levier, et aussitôt l'obstacle est vaincu : ce travail, tout à l'heure impossible, s'accomplit en peu d'instants et presque sans fatigue. Or, quel a été le rôle du levier, si ce n'est de transformer le travail, de décupler l'effort aux dépens de l'espace parcouru? Le travail n'a pas diminué, mais il est *composé autrement*. Au lieu d'être formé d'une force de 1,000 kilogrammes et d'une longueur parcourue d'un décimètre, il l'est maintenant d'une force de 100 kilogrammes, par exemple, et d'une longueur d'un mètre. Le produit des deux termes n'a pas changé, mais les facteurs ont varié individuellement, en sens inverse l'un de l'autre. Ce qui rendait le travail impossible, ce n'était pas sa *quantité*, mais sa *composition*. Le même homme qui ne pouvait surmonter une certaine action de la gravité, le long d'un certain espace, est très-capable de surmonter une action dix fois moindre, le long d'un espace dix fois plus grand.

Dans d'autres circonstances, ce n'est pas l'intensité de l'effort qui fait l'obstacle, mais l'étendue du chemin à parcourir ou la rapidité du mouvement à imprimer. Prenons un second exemple, non moins familier que le premier : celui d'un homme qui travaille au tour et y façonne des poteries. L'effort que doit produire son pied pour déterminer la rotation de l'objet qu'il manipule est bien inférieur à celui dont il est capable, et, de ce côté, nulle gêne pour le travail. Mais il faut aussi imprimer une grande vitesse, et c'est là une véritable difficulté. On en vient à bout par une disposition convenable du tour, en décuplant l'effort du pied et en diminuant d'autant le chemin qu'il doit parcourir. On se propose donc, comme précédemment, de transformer le travail, mais à un point de vue précisément inverse.

Enfin, il arrive qu'on ne cherche à diminuer ni l'effort ni

l'espace parcouru, mais qu'on veut uniquement changer le point d'application de la force, afin de rendre le travail plus commode. Qui ne sait, par exemple, que, pour puiser de l'eau dans un puits, on est dans l'usage d'enrouler la corde sur une poulie placée au-dessus? De la sorte, le travail effectué par l'homme qui tire la corde garde la même forme, mais le point d'application de la force a changé. Au lieu d'agir verticalement de bas en haut, en se penchant sur le puits, pour remonter le seau directement, il est préférable de tirer de haut en bas sur la poulie, en se tenant tout à fait hors de l'embrasure du puits.

341. — Nous avons cité à dessein des faits très-simples; mais il est facile de se rendre compte qu'au fond les choses se passent de même dans les cas les plus compliqués. D'une manière générale, les opérations de l'industrie reviennent toujours à exécuter du travail, c'est-à-dire à faire parcourir une certaine longueur à une certaine force. C'est là une vérité dont nous avons déjà dit quelques mots dans la première partie de cet ouvrage (n° 76), et qui est trop familière à l'esprit du lecteur pour que nous ayons besoin d'insister davantage.

Les travaux que l'industrie réalise sont à la fois très-nombreux et très-variés. Elle y emploie des agents de différente nature: l'homme, les animaux, l'air, l'eau, la vapeur, l'électricité, etc. Chacun de ces agents n'est susceptible que d'un effort limité, les premiers d'une manière absolue, les autres eu égard aux conditions de la pratique. Le chemin que doit parcourir cet effort est lui-même limité, soit quant à l'étendue, soit quant à la vitesse. Au contraire, les effets que nous devons obtenir n'ont pas de *limites*, ou plutôt ils n'en ont pas d'identiques à celles de l'agent. Il faut que nous soyons, pour ainsi dire, prêts à faire face à toutes les éventualités; il faut que nous sachions augmenter ou diminuer de mille manières les efforts et les vitesses dont nous disposons, afin de les mettre constamment en harmonie avec le but à atteindre. De là cette utilité, cette nécessité de la transformation du travail. C'est tellement vrai qu'on peut dire que l'art des machines a accompagné les premiers développements de l'humanité. Il est difficile d'assigner une époque où les hommes se soient absolument passés de ces appareils ; et il est permis de croire que les machines, au moins les plus simples d'entre elles, ont été devinées et employées instinctivement dès le début. Plus tard, on a pu en trouver les lois, mais l'usage en avait depuis longtemps devancé l'étude.

342. — Il nous reste maintenant à montrer que la transformation du travail peut toujours être obtenue, du moins en théorie, au moyen des systèmes géométriques à liaisons complètes. C'est ce qui résulte des deux considérations suivantes :

1° Les machines, n'étant que des systèmes géométriques particuliers, obéissent aux lois qui régissent les systèmes géométriques généraux, où le nombre et la nature des liaisons sont absolument quelconques. Le principe des forces vives doit donc y être vérifié. Ainsi nous voyons déjà que la force vive reçue par une machine sera absolument la même, quelles que soient les forces qui la sollicitent et quels qu'en soient les points d'application, pourvu que la somme des travaux de ces forces ait la même valeur ;

2° Les systèmes spéciaux dont nous nous occupons ici, étant à liaisons complètes, ne sont susceptibles que d'un seul mouvement dans les deux sens. Les positions de tous les points et par suite leurs vitesses sont donc déterminées par celles de l'un quelconque d'entre eux, et elles ne dépendent en aucune sorte des forces qui peuvent individuellement les solliciter.

Cela posé, appliquons au système à liaisons complètes, c'est-à-dire à la machine, une force P qui agit directement sur un certain point A ; et soit Pdp le travail de cette force pendant un déplacement élémentaire ds du point A. Le système entier reçoit une variation de force vive $d\Sigma\frac{1}{2}mV^2$ qui est égale à Pdp ; et les divers points A′, A″...... subissent des déplacements correspondants ds', ds'',..... ; mais si, au lieu d'agir sur le point A, on eût agi sur tout autre point, sur A′, par exemple, et qu'on lui eût appliqué une force P′, telle que son travail élémentaire P′dp', correspondant au parcours ds' qu'elle subissait précédemment, fût égal à Pdp, le système entier recevrait la même variation de force vive, en vertu du premier principe invoqué. Mais, en vertu du second principe, les positions et les variations de vitesse de tous les points dépendent de celles de l'un d'entre eux ; donc tous les points auront le même mouvement, lorsque c'est la force P qui agira sur le point A pendant le parcours ds, ou lorsque c'est la force P′ qui agira sur le point P′ pendant le parcours correspondant ds'.

Ce que nous disons ici d'une seule force et d'un parcours élémentaire peut s'étendre évidemment à autant de forces qu'on voudra et à un parcours fini. Il est donc démontré que le système entier se meut de la même manière, quels que soient les points où les forces sont appliquées et quelles que soient ces forces, pourvu que les sommes des travaux correspondant aux déplacements simultanés de ces points aient des valeurs numériques égales. C'est là précisément la *transformation du travail.*

343. — On voit bien pourquoi il est nécessaire que les systèmes destinés à atteindre ce résultat soient à liaisons complètes. Car, s'il n'en était pas ainsi, la même somme de forces vives ne correspondrait pas au même mouvement. Les points matériels prendraient des mouvements divers, suivant la disposition relative de ceux auxquels les forces seraient directement appliquées ; et, par conséquent, il ne reviendrait pas au même d'agir en telle partie ou telle autre

du système. En général, les points les plus voisins des forces se mouvraient davantage, et leurs parcours diminueraient à mesure que les forces en seraient plus éloignées. La force vive gagnée, bien que gardant la même valeur totale, se distribuerait diversement sur les différentes parties du système. S'il en est autrement dans les machines, et si le mouvement demeure le même, quels que soient les points d'application, cela tient à ce que les liaisons sont complètes, c'est-à-dire assez multipliées pour ne permettre qu'un déplacement unique. dans tous les cas.

344. — Le rôle des machines doit être désormais facile à saisir. Tout travail consiste, avons-nous dit, à vaincre une certaine force le long d'un certain chemin. De même que nous ne nous rendons compte de l'équilibre de deux forces qu'en les imaginant appliquées au même point et directement opposées, — cas simple auquel finalement nous ramenons tous les autres, — de même aussi nous ne concevons la réalisation d'un travail quelconque qu'au moyen d'une force égale et contraire à la résistance à vaincre, et avançant le long du même chemin où celle-ci recule. La transformation du travail, par une machine, doit donc aboutir à ce phénomène élémentaire. Et, en effet, supposons qu'avec une force P, agissant au point A d'une machine, on veuille effectuer un travail qui consiste à faire reculer une résistance Q agissant au point B. Pour que ce résultat soit obtenu il faut, en définitive, en arriver à ce qu'une force égale et contraire à la force Q agisse au même point B. — Quand je dis égale, je devrais dire un peu supérieure : car elle doit d'abord tenir en échec la résistance Q, et ensuite fournir à toutes les parties du système les vitesses qu'elles prennent dans leur mouvement effectif. — Le rôle de la machine est donc de faire que les choses se passent, au moyen de la force P appliquée en A, comme si une force directement contraire à la force Q était appliquée en B. Ce résultat découle précisément de

ce qu'on a démontré plus haut; car, puisque le mouvement du système est le même, quelle que soit la force dont on dispose et son point d'application, pourvu que le travail reste le même, il s'ensuit que la force P, en A, équivaudra à la réciproque de la force Q, en B, et que par suite le travail proposé sera obtenu, pourvu que le produit élémentaire Pdp soit numériquement égal à Qdq.

Négligeant pour le moment le petit excès que doit présenter le travail de P sur celui de Q, afin que le système reçoive effectivement la force vive qui correspond à son mouvement, on voit que la question fondamentale des machines se réduit à réaliser l'égalité des produits Pdp et Qdq ; ce qui signifie qu'on se propose d'y transformer un travail donné de manière à produire l'effet qu'on a en vue, ce qui est bien le problème capital de toutes les machines possibles.

Avant de poursuivre, nous ferons connaître quelques définitions qui sont d'un fréquent usage.

On nomme *travail moteur* le travail dont on dispose ou qu'on applique à la machine en vue du résultat désiré. On nomme *effet utile* ce résultat lui-même. Le travail moteur est nécessairement supérieur, en valeur numérique, à l'effet utile, puisqu'il doit communiquer en outre au système un certain mouvement. Il est bien clair que, si tout restait immobile, il n'y aurait pas d'effet produit, et que cet effet ne commence qu'au moment même où le système s'ébranle et où les points d'application se déplacent. Le travail moteur se décompose donc en deux parties, l'une égale et contraire à l'effet utile, qu'on appelle *travail utile*, l'autre qui reste en dehors de ce résultat et qu'on appelle *travail perdu*. On peut dire que le travail moteur est égal au travail utile, plus le travail perdu, ou au travail utile, plus la variation de force vive de l'ensemble des corps en mouvement.

Dans la réalité le travail perdu surpasse sensiblement la variation de force vive, parce que, entre les parties du système, se développent spontanément des forces qui s'opposent au mouvement, ou qui, à chaque instant, diminuent la force vive que les actions extérieures tendent à communiquer au système. Ainsi les frottements, les chocs, etc. sont autant d'incidents inévitables, en vertu desquels une portion du travail moteur est toujours détruite en pure perte. Mais, dans l'étude théorique à laquelle nous nous livrons ici, nous laisserons de côté l'appréciation de toutes ces circonstances, réservée pour la mécanique appliquée, et nous supposerons qu'entre le travail moteur et le travail utile il n'y a d'autre différence que celle qui correspond à la variation de force vive.

Pour compléter ces définitions, nous ajouterons qu'on appelle *puissance* la force qui produit le travail moteur, et *résistance* celle qu'on veut vaincre ou qui donne lieu à l'effet utile. Ce dernier se nomme aussi *travail résistant*, en sorte que nous nous servirons indifféremment de ces deux désignations. Enfin on est dans l'usage de regarder le travail moteur comme positif, et par suite on l'affecte du signe *plus*, tandis que le travail résistant est toujours affecté du signe *moins*. Il est clair que la convention inverse pourrait également être faite : mais, quelle que soit celle qu'on adopte, il est naturel de mettre les signes contraires en évidence, puisque ces deux travaux sont nécessairement de sens opposés. D'après cela le travail utile, étant égal et contraire à l'effet utile ou travail résistant, l'équation qui l'exprime a ses deux membres positifs, puisque le second devrait être affecté du double signe *moins*.

Les définitions qui précèdent ne sont pas restreintes au cas d'une seule force motrice et d'une seule force résistante : mais on les étend à l'ensemble de toutes les forces motrices et à l'ensemble de toutes les forces résistantes. Il en résulte que l'équation relative à la transformation du travail, au point de vue le plus général, s'écrit de la manière suivante :

$$(1) \qquad \Sigma P dp = \Sigma Q dq + d \Sigma \tfrac{1}{2} m V^2 ,$$

en désignant par P et par Q une puissance et une résistance quelconques du système.

345. — Cette équation, qui n'est autre que l'équation générale des forces vives des systèmes géométriques (n° 141) où l'on a mis en évidence les termes de signes contraires, suffit, comme on sait, pour résoudre le problème du mouvement des machines, en adjoignant, bien entendu, les équations de liaisons qui existent entre tous les points matériels du système. Mais ce problème mécanique, envisagé dans sa plénitude, n'est pas celui qu'on se propose sur les machines. On a en vue uniquement de transformer le travail, c'est-à-dire de rechercher les relations qui doivent exister entre les diverses forces et les déplacements de leurs points d'application pour que l'équation ci-dessus se trouve satisfaite.

Le dernier terme de cette relation, qui représente la variation de force vive ou l'excès du travail moteur sur le travail résistant, est évidemment susceptible d'être diminué à volonté et au-dessous de toutes limites, en laissant d'ailleurs aux puissances et aux résistances leurs mêmes valeurs. C'est à quoi l'on peut en effet parvenir de deux manières : soit en supposant que le mouvement du système est extrêmement lent, soit en envisageant ce système lorsqu'il est déjà animé d'une certaine vitesse, qui demeure uniforme ou à peu près pendant toute la suite des opérations qu'on effectue. Dans la pratique, l'un ou l'autre de ces deux cas se présente ordinairement : ou bien la vitesse est négligeable par rapport aux travaux en présence, ou bien cette vitesse, d'abord nulle et croissant ensuite rapidement, atteint bientôt une uniformité presque complète. Ce dernier résultat est dû à ce que les résistances telles que les frottements, les chocs, etc. augmentent avec la vitesse; en sorte que la résistance totale devient promptement égale à la puissance, et ne varie plus, dès lors, que d'une manière insensible. On néglige donc le dernier terme de l'équation précédente, au moins dans l'étude théorique des machines. La transformation du travail est simplement exprimée de la manière suivante :

$$(2) \qquad \Sigma P dp = \Sigma Q dq \, .$$

Cette équation, qui correspond, avons-nous dit, à l'hypothèse de l'uniformité du mouvement, n'est autre que l'équation de l'*équilibre* des machines (n° 147, 3e conséquence), puisque les conditions de l'équilibre sont les mêmes, soit que le système demeure immobile, soit que tous les points gardent des vitesses constantes.

346. — Le problème de la transformation du travail peut être envisagé à deux points de vue que nous allons indiquer. Pour nous faire mieux comprendre, nous supposerons qu'on n'a qu'une seule puissance et qu'une seule résistance. La généralité des considérations n'en sera nullement altérée.

La relation ci-dessus devient, dans cette hypothèse :

$$(3) \qquad P dp = Q dq \, .$$

Cette équation renfermant quatre quantités, on peut se proposer de déterminer l'une quelconque d'entre elles en fonction des trois autres. Mais il n'en résulte pas quatre questions distinctes, parce que ces quantités sont de même nature, deux à deux, et qu'il revient parfaitement au même de rechercher la valeur de la puissance ou la valeur de la résistance. Dans les deux cas, c'est toujours une force qu'on veut déterminer; en sorte que le caractère philosophique de la question ne change pas. Il reste donc seulement deux points de vue, suivant qu'il s'agit de la recherche de la force ou de la recherche de l'espace parcouru. Examinons-les successivement.

1° Si c'est une des quantités dp ou dq, la première, par exemple, qui est inconnue, le problème à résoudre est celui-ci. Étant donnée une résistance à vaincre et le chemin que parcourt son point d'application, déterminer le chemin que devra parcourir une puissance connue, pour que l'égalité des travaux élémentaires soit à chaque instant vérifiée. En d'autres termes, il faut que les points d'application de la puissance et de la résistance appartiennent à une machine dont la conformation soit telle que le mouvement qui en résulte satisfasse à la condition que nous venons d'énoncer. C'est là, comme on voit, un problème de pure géométrie, puisque tout se réduit à établir un certain rapport entre les déplacements correspondants de deux points. Ce problème pourra, en bien des cas, devenir fort difficile, et souvent même insurmontable, par suite des variations qui ont lieu dans les grandeurs ou les directions des forces données; de façon que telle disposition de machine qui conviendrait, à un certain instant, pour vérifier l'égalité du travail élémentaire, ne convient plus à l'instant suivant, à cause des changements survenus dans les termes du rapport. Cette impossibilité où l'on est en général de construire une machine qui s'adapte parfaitement au travail qu'on a en vue, enlève tout intérêt à la solution qu'on en voudrait obtenir *a posteriori*. Je veux dire par là qu'on ne se pose jamais la question en ces termes : Construire une machine qui satisfasse à l'égalité du travail pour une valeur particulière des forces. On serait ainsi conduit à multiplier indéfiniment le nombre des machines, qui varieraient d'un cas à l'autre, sans aucun profit pour l'exactitude théorique. Mais on se place au point de vue opposé, et l'on construit à l'avance les machines, d'après les conditions ordinaires de la pratique. On forme plusieurs types de ces appareils selon les principales catégories de travaux à exécuter en industrie. Dans chaque type, on a des grandeurs différentes plus ou moins bien appropriées aux quantités de travail qu'on veut produire dans une même catégorie d'opérations. La construction des machines forme donc un art en dehors de la mécanique rationnelle. Les transformations de mouvement qu'on y étudie, et qui sont, nous le répétons, des questions de pure géométrie, constituent une science assez étendue, dont les résultats restent étrangers à l'objet de ce cours et seront plus logiquement présentés dans la mécanique appliquée. Il est entendu que nous laisserons de côté la première nature de questions que nous avions indiquées, et que nous regarderons toujours les mouvements des points d'application des forces comme assurés, par la disposition même de la machine, indépendamment de ces forces elles-mêmes.

2° L'unique problème qu'il nous reste à considérer consiste donc à déterminer une des forces, toutes les autres quantités étant connues. Il s'agit de disposer de P et de Q de manière à satisfaire à l'égalité des deux rapports :

$$\frac{P}{Q} = \frac{dq}{dp}. \tag{4}$$

Cette question, si simple en apparence, peut être très-compliquée en réalité. Remarquons en effet que dp et dq représentent, non pas les longueurs parcourues elles-mêmes, mais les projections de ces longueurs élémentaires sur les directions des forces. En sorte que la relation à satisfaire est celle-ci

$$\frac{P}{Q} = \frac{ds' \cos(Q, ds')}{ds \cos(P, ds)}; \tag{5}$$

en désignant respectivement par ds et ds' les espaces parcourus par les points d'application de P et de Q.

Or, le mouvement de ces points n'ayant pas lieu généralement en ligne droite, il s'ensuit que, si les forces gardent des directions constantes, les cosinus des angles qu'elles forment avec les arcs décrits varient perpétuellement. Les termes des rapports ne conservent donc pas les mêmes valeurs, ce qui nécessite une variation perpétuelle correspondante dans la grandeur de la force à déterminer. La loi de ces variations, c'est-à-dire la fonction de l'espace parcouru qui exprime la valeur de la force à tout instant, pourra être très-complexe. Théoriquement, cette fonction sera fournie par la connaissance des positions simultanées que doivent occuper les deux points d'application. Mais les relations de grandeur et de directions, qui, d'après la conformation de la machine, existent à chaque instant entre les arcs élémentaires, seront dans beaucoup de cas fort difficiles à exprimer analytiquement avec une parfaite exactitude. Le rapport de la puissance à la résistance sera donc lui-même malaisé à établir, et on en sera réduit fort souvent à des approximations plus ou moins grossières.

Ces difficultés redoubleront naturellement lorsque les forces du système ne se réduiront pas à deux seulement, et que leurs directions varieront en même temps que leurs intensités, aux diverses positions occupées par leurs points d'application. Que si l'on passe à la pratique, et qu'on veuille tenir compte des forces étrangères, telles que les frottements, les chocs, les résistances des milieux, etc., ainsi que des variations de vitesse subies par les diverses parties du système, on se trouvera en présence de tels obstacles, que la solution rigoureuse doit être regardée comme absolument impossible. Mais l'équation des forces vives n'en reste pas moins l'expression de la loi de la transformation du travail dans les machines.

Remarques.

347. — Au point de vue mathématique, une machine en équilibre ou douée d'un mouvement uniforme se trouve dans les mêmes conditions : je veux dire par là que les forces qui

la sollicitent satisfont aux mêmes relations. Mais, au point de vue industriel, il existe une très-grande différence : car, au repos, il n'y a pas de travail produit, tandis qu'avec le mouvement il y a toujours un certain travail; et ce travail est d'autant plus grand, au bout du même temps, que le mouvement du système est plus rapide. Il ne faudrait pas conclure néanmoins de cette dernière considération qu'il y a un intérêt d'économie à employer une machine dans son état de plus grande vitesse possible : car, si l'effet utile augmente en raison de cette vitesse, le travail dépensé augmente de même, en sorte que finalement le rapport, constant en théorie, ne diminue pas dans la pratique; loin de là, il augmente au contraire considérablement, parce que les résistances nuisibles développées dans la machine croissent en raison de la rapidité du mouvement. Ce qui fait qu'on donne à la machine une certaine vitesse, souvent très-grande, ce n'est pas dans le but chimérique de diminuer le rapport de la dépense au produit, mais parce que les considérations qui ont déterminé à accomplir le travail qu'on a en vue militent aussi pour que ce résultat soit obtenu le plus tôt possible. On se résigne ainsi à ce que le rapport de la dépense au produit soit réellement augmenté. Sans de tels motifs, étrangers à la question théorique, on serait conduit à faire travailler les machines sous la vitesse la plus lente possible.

Nous avons vu précédemment que la transformation du travail est surtout étudiée dans l'hypothèse de l'uniformité du mouvement, et que la détermination des variations de la vitesse constitue un problème de mécanique générale, sans intérêt pour les machines proprement dites.

Mais, s'il est vrai qu'on s'arrange généralement pour faire fonctionner les machines avec un mouvement uniforme, cela ne tient point à ce que les variations de vitesse correspondent directement à une perte de travail moteur. Car, bien que cette perte ait lieu pour une période restreinte, pendant laquelle la force vive augmente, il n'en est pas de même pour une période suffisamment longue, où la vitesse repasse par la même valeur qu'en commençant. La force vive, qui aura augmenté d'abord et diminué ensuite, restituera en dernier lieu tout le travail primitivement absorbé; et, en somme, cette circonstance n'aura aucune influence sur l'effet utile. Or, le jeu d'une machine est presque toujours assez prolongé pour que la vitesse puisse repasser plusieurs fois par des valeurs égales. Ce sont d'autres considérations qui conduisent à éviter ces variations, : elles sont tirées, soit de la convenance du travail à effectuer, lequel exige souvent un mouvement uniforme, soit de la machine elle-même, dont la conservation est mieux assurée avec des mouvements réguliers. Il n'en reste pas moins certains cas où, de toute nécessité, il faut accepter les variations de vitesse et même les rechercher volontairement : tels sont tous les travaux de percussion. On incorpore alors dans la masse de la machine une certaine quantité de travail, sous forme de force vive, qu'on utilise ensuite à un moment donné. En pareil cas, c'est l'équation (1) et non l'équation (2), qui exprime la loi du travail.

Dans toutes les circonstances où l'on désire que le mouvement soit uniforme, on a à surmonter certaines difficultés pour y parvenir. En effet, en admettant, — ce qui paraît être un cas favorable, — que la puissance et la résistance soient constantes en grandeurs et en directions, il faut tenir compte de ce que les points d'application se déplacent, et de ce que les éléments décrits dans ces déplacements ne sont pas généralement en ligne droite. Les cosinus des angles de ces éléments avec les directions des forces ne conservent donc pas le même rapport, et il s'ensuit que la relation (5) est altérée, tantôt dans le sens de la puissance, tantôt dans le sens de la résistance. Des augmentations ou des diminutions de force vive du système en sont la conséquence nécessaire,

Pour resserrer les variations de la vitesse elle-même entre des limites convenablement rapprochées, on comprend qu'il suffit d'accroître, dans une certaine mesure, la masse des corps en mouvement. C'est dans ce but que la machine est liée à certains objets additionnels, qui se meuvent avec elle, et qui ont pour unique destination d'ajouter à la masse totale. Ces objets, désignés sous le titre générique de *volants*, seront mentionnés avec plus de détails dans la mécanique appliquée.

Étude spéciale de quelques machines théoriques.

348. — Nous considérerons ici les machines qu'on appelle communément machines *simples*. Nous les supposerons dans des conditions absolument théoriques, c'est-à-dire ne donnant lieu à aucune résistance nuisible et fonctionnant sous un mouvement uniforme. Nous leur appliquerons la loi de la transformation du travail, c'est-à-dire que nous rechercherons le rapport qui doit exister entre les diverses forces qui sollicitent la machine, pour que le travail moteur soit égal et contraire à chaque instant au travail résistant. Les conséquences conviendront d'ailleurs exactement au cas de l'équilibre, ainsi que nous l'avons déjà remarqué. Enfin nous ne nous occuperons que des machines dont la constitution géométrique est assez simple pour qu'on puisse voir et exprimer sans difficulté la loi qui existe entre les déplacements simultanés des divers points d'application, loi d'où dépend, comme on sait, celle qui régit les forces elles-mêmes.

349. — *Levier*. On nomme *levier* une tige rigide et inextensible assujettie à tourner dans un même plan autour d'un axe inébranlable.

On applique à ce levier une *puissance* et une *résistance* agissant en des points déterminés, et l'on demande les relations qui doivent exister entre ces deux forces pour que le mouvement de l'appareil soit uniforme, ou, ce qui revient au même, pour que le système demeure en équilibre.

Soit AB la tige, et O l'axe fixe, que nous supposerons perpendiculaire au plan de la figure, en sorte que ce dernier plan sera précisément celui de la rotation. Soit P et Q la puissance et la résistance, appliquées aux points A et B, et que nous supposerons, pour plus de simplicité, perpendiculaires à la direction du levier. Soit enfin l la longueur du levier, a la distance OA, et $b = l - a$ la distance OB.

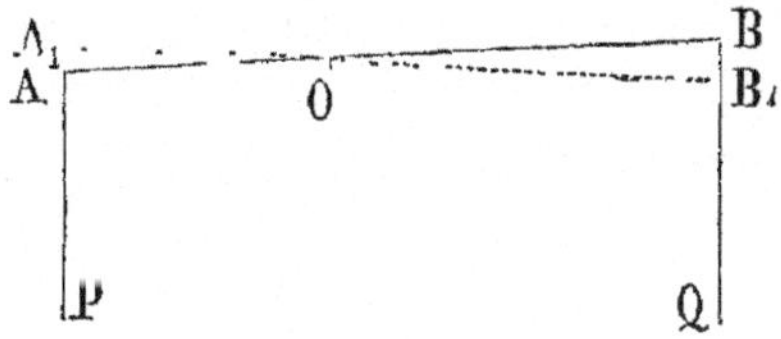

Fig. 95.

La relation générale à satisfaire pour l'équilibre est, comme nous avons vu, la relation (5) du n° 346,

$$\frac{P}{Q} = \frac{ds' \cos(Q, ds')}{ds \cos(P, ds)}.$$

Les différentielles ds et ds' désignent les arcs élémentaires AA_1, BB_1, décrits par les points d'application, lorsque le levier AB vient occuper une position infiniment voisine A_1B_1, en tournant autour de l'axe fixe O. Si $d\theta$ désigne l'angle infiniment petit AOA_1 ou BOB_1, les arcs seront respectivement représentés par $ad\theta$ et $bd\theta$. Quant aux cosinus des angles formés par les directions de ces arcs avec les directions des forces, ils sont tous deux égaux à 1, puisqu'on a supposé les forces perpendiculaires au levier, et que dans cette rotation infiniment petite la perpendicularité n'est pas altérée. L'équation générale ci-dessus se réduit donc à

$$\frac{P}{Q} = \frac{bd\theta}{ad\theta},$$

ou, en effaçant le facteur commun $d\theta$, à

$$(1) \qquad \frac{P}{Q} = \frac{a}{b}, \qquad \text{ou encore} \quad P : Q :: b : a;$$

ce qui signifie que les forces doivent être en raison inverse des distances de leurs points d'application à l'axe fixe.

Ces distances ont reçu le nom de *bras de levier,* en sorte que cette proposition s'énonce en disant que, dans l'équilibre, les forces sont en raison inverse de leurs bras de levier.

On peut dire aussi que les moments des forces sont égaux.

Ce résultat fort simple avait déjà été formulé d'une manière générale au n° 222, à l'occasion de l'équilibre d'un solide quelconque assujetti à tourner autour d'un axe fixe.

La relation que nous venons de trouver entre les deux forces du levier est précisément celle qui existe entre les distances des points d'application de deux forces parallèles et du point d'application de leur résultante. On sait, en effet (n° 214), que les longueurs comprises entre la résultante et chacune de ses deux composantes sont en raison inverse des intensités de ces dernières. C'est à quoi l'on devait s'attendre : car, le levier étant en équilibre, il est bien évident que la résistance de l'axe fixe intervient comme une troisième force parallèle, égale et opposée à la résultante des deux forces P et Q. Cette remarque fournit immédiatement le moyen d'évaluer la résistance de l'axe ou ce qu'on nomme la *charge* de cet axe. La force qui représente la charge n'est autre que la somme de la puissance et de la résistance supposées appliquées au point O, agissant dans le même sens, et suivant une parallèle à la direction commune. Une force égale et contraire à la charge représente la réaction que doit développer l'axe fixe pour équilibrer l'influence des forces extérieures, c'est-à-dire la résistance de cet axe.

Si les forces P et Q n'étaient pas perpendiculaires au levier, mais avaient des directions obliques quelconques, la relation (1) d'équilibre à laquelle nous venons de parvenir devrait s'entendre, non plus des intensités P et Q elles-mêmes, mais de leurs composantes suivant les perpendiculaires AH et Bk : de telle sorte que, α et β représentant les angles PAH, QBK, et par suite $P\cos\alpha$ et $Q\cos\beta$ représentant les composantes en question, la relation d'équilibre serait

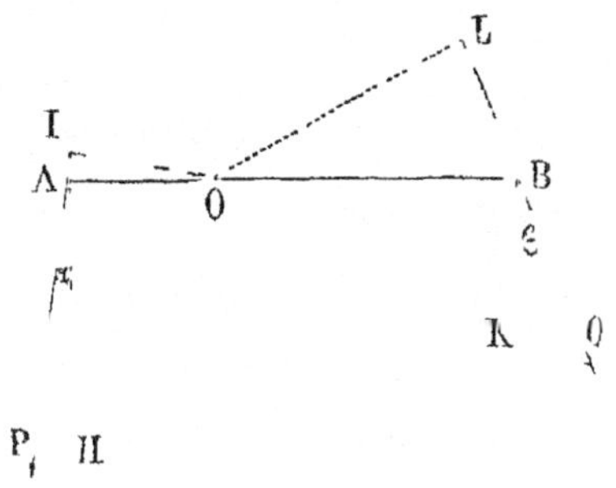

Fig. 96.

$$(2) \qquad \frac{P\cos\alpha}{Q\cos\beta} = \frac{a}{b}, \quad \text{ou } P\cos\alpha : P\cos\beta :: b : a;$$

a et b continuant à désigner les longueurs OA et OB. En effet, la relation générale d'équilibre est, comme nous l'avons vu,

$$\frac{P}{Q} = \frac{ds'\cos(Q, ds')}{ds\cos(P, ds)}.$$

Or, ds et ds' sont toujours égaux respectivement à $ad\theta$ et $bd\theta$. L'angle de P avec ds n'est autre que l'angle PAH, puisque l'arc élémentaire parcouru est sur le prolongement de la perpendiculaire AH ; de même l'angle de Q avec ds' n'est autre que l'angle QBK. On retombe donc sur la relation (2).

Au lieu de dire que les composantes normales des forces sont en raison des longueurs AO et BO, on peut dire aussi que ces forces elles-mêmes sont en raison inverse des perpendiculaires OI et OL abaissées de l'axe fixe sur leurs directions. En effet, si les longueurs AP et BQ représentent les intensités des forces P et Q, et qu'on mène les perpendiculaires PH et QK, les longueurs AH et BK représenteront les intensités des composantes $P\cos\alpha$ et $Q\cos\beta$. Or, les deux triangles APH et AOI étant semblables, on a

$$AP \times OI = AH \times AO.$$

Les deux triangles BQK et BOL étant aussi semblables, on a

$$BQ \times OL = BK \times BO;$$

mais puisqu'on sait, d'après ce qui précède, que $AH \times AO$ égale $BK \times BO$, il en résulte :

$$AP \times OI = BQ \times OL, \quad \text{ou} \quad P : Q :: q : p,$$

en désignant par p et q les perpendiculaires OI et OL, lesquelles sont les vrais bras de levier des forces.

Ainsi la relation consistant en ce que les intensités des deux forces sont en raison inverse de leurs bras de levier est toujours vraie, pourvu que, suivant la définition déjà donnée au n° 69, on continue à désigner dans tous les cas par ce terme, *bras de levier*, la perpendiculaire abaissée du point fixe sur la direction de la force.

Si la tige AB, au lieu d'être rectiligne, comme nous l'avons supposé, avait une forme tout à fait quelconque, la conséquence précédente subsisterait intégralement, et le bras de levier devrait toujours s'entendre de la perpendiculaire abaissée de l'axe fixe sur la direction de la force. Soit, en effet, une tige curviligne AmOnB, dont O est l'axe fixe. Par ce point, menons une droite quelconque A′OB′, et supposons-la invariablement liée a la tige donnée. On peut concevoir les forces comme appliquées respectivement aux poids A′ et B′ de leurs directions, lesquels sont les extrémi-

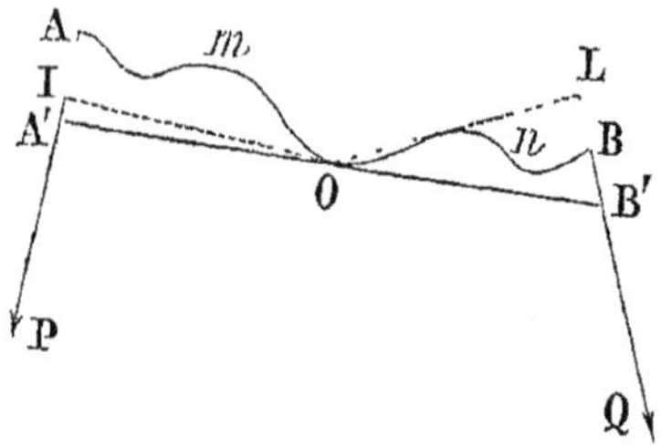

Fig. 97.

tés du levier rectiligne A′O B′. On retombe ainsi sur le cas précédent, et, par suite, la relation entre les forces et les perpendiculaires O I et O L subsiste de la même manière.

Remarques.

1° Lorsque les forces sont obliques à la direction du levier, elles donnent, outre leurs composantes normales $P \cos \alpha$, $Q \cos \beta$, des composantes $P \sin \alpha$, $Q \sin \beta$ qui agissent suivant la droite même du levier. Ces dernières forces sont détruites par la résistance de l'axe fixe, et s'exercent conséquemment en pure perte pour le travail. Le seul résultat est de fatiguer l'axe fixe en raison de la différence $P \sin \alpha - Q \sin \beta$, et de fatiguer la tige du levier proportionnellement à la plus grande de ces deux forces. Il y a donc tout intérêt à éviter ces composantes autant que possible, et à faire travailler les forces motrices normalement à la direction du levier.

2° Nous avons supposé que les forces étaient situées dans le plan même de la rotation du levier. S'il en était autrement, on décomposerait chacune d'elles en deux autres, l'une située dans ce plan, et l'autre perpendiculaire. Cette dernière n'aurait d'autre effet que de tendre à entraîner le levier hors de son plan de rotation, et, par suite, de disloquer l'appareil.

3° En général le point fixe n'est pas constitué par un axe, mais par un simple appui placé du côté où les forces agissent, et contre lequel le levier se trouve pressé. La rotation du levier étant assez petite, cet appui est suffisant pour tenir lieu de l'axe, et le levier ne l'abandonne pas pendant son mouvement. Mais, dans ces conditions, il devient plus essentiel encore d'éviter les composantes le long du levier, qui le feraient glisser sur son appui, ainsi que les composantes normales au plan de la rotation, qui lui feraient abandonner cet appui, puisqu'il ne pourrait y avoir aucune résistance transversale.

4° Lorsqu'au lieu d'une seule puissance et d'une seule résistance, il y a plusieurs forces en jeu, la théorie de l'appareil demeure aussi simple. Il suffit d'appliquer les conséquences qui précèdent à la résultante de toutes les puissances, d'une part, et à la résultante de toutes les résistances, d'autre part. D'après cela, il n'y a aucune difficulté à tenir compte du poids du levier, quand on ne le trouve pas négligeable. C'est une force de plus, qui est une puissance ou une résistance, selon le sens de son action.

350. — *Autre remarque.* Nous nous sommes étendu avec quelques détails sur la théorie du levier, quoiqu'elle soit fort simple en elle-même. Nous avions un double motif pour en agir ainsi. Cette machine est en effet d'un usage très-répandu dans les arts, où elle revêt les formes les plus diverses ; il importe donc d'en avoir les résultats sans cesse présents à l'esprit, et abstraction faite de l'étude des systèmes généraux dont elle est un cas particulier. D'un autre côté, il n'était pas permis de traiter accessoirement un appareil qui a joué un si grand rôle dans l'histoire de la mécanique. Avant que cette science eût été constituée dans sa plénitude, et à un véritable point de vue d'ensemble, les géomètres, fortement préoccupés de l'importance du levier, l'avaient pris, et avec raison, pour point de départ de presque toutes leurs déductions. Il est certain qu'un grand nombre de machines ne sont au fond que des leviers plus ou moins complexes, où il est possible, sous des formes variées, de mettre en évidence le principe de cet appareil. Jusqu'à ces derniers temps, les machines industrielles n'avaient point eu les complications ingénieuses que nous leur connaissons aujourd'hui, grâce auxquelles on a réalisé des travaux perfectionnés dont les siècles antérieurs ne s'étaient pas doutés. Le génie des inventeurs s'était presque exclusivement exercé dans un même cercle. L'idée-mère du levier dominait toutes les innovations. Il ne faut pas s'étonner que la science, qui

est toujours en harmonie avec l'état des sociétés, se fût constituée à ce point de vue, et que la théorie de cette machine simple en formât la base essentielle. Mais les progrès du siècle passé et surtout du siècle actuel ont profondement modifié une telle situation. Les lois générales du mouvement et de l'équilibre ont été établies avec toute la largeur qu'on pouvait désirer, et l'étude du levier, comme celle d'une machine quelconque, n'a plus été qu'un point imperceptible de l'ensemble. On reconnaît en effet sans difficulté que les déductions précédentes ne sont que l'application, à un cas très-simple, de la théorie générale du mouvement d'un solide assujetti à tourner autour d'un axe fixe, et que cette théorie elle-même n'est qu'une particularité scientifique du mouvement des systèmes à liaisons quelconques. Aujourd'hui donc, il serait oiseux et même puéril de composer des traités de mécanique au point de vue d'une machine aussi accessoire. C'est un peu le tort dans lequel tombent, ce nous semble, les auteurs, qui, trop exclusivement préoccupés de l'équilibre, exposent les théories statiques indépendamment de celles du mouvement, et en forment un corps de doctrine spécial où l'étude du levier et de quelques autres appareils similaires occupe en définitive la plus grande place. Une telle méthode peut être avantageuse, il est vrai, pour les esprits qui recherchent une étude sommaire et qui l'entreprennent surtout comme préparation à l'art de la construction des machines. Mais elle est peu appropriée à un enseignement élevé, qui se propose de dépasser les avenues de la science et de suivre la mécanique jusque dans ses derniers développements.

351. — *Balance, romaine, peson.* Ces appareils sont tous trois destinés à évaluer les poids des corps. Ils sont basés sur le principe du levier, et la théorie en est fort simple, comme on pourra en juger.

La *balance* consiste essentiellement en un levier ou *fléau*, dont le milieu O repose sur un support et dont les deux parties sont formées par des tiges O A, O B assemblées sous un angle A O B très-voisin de 180°.

Aux extrémités A et B sont suspendus des plateaux sur lesquels on place, d'un côté le corps qu'on veut peser, et de

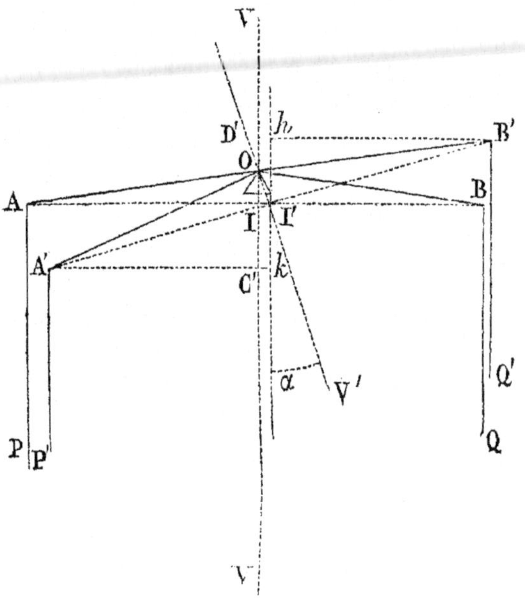

Fig. 98.

l'autre côté les poids connus qui sont destinés à fournir l'évaluation cherchée.

La balance, dans son état d'équilibre, occupe la position A O B, telle que la ligne A B, qui joint les deux extrémités du fléau, est parfaitement horizontale.

Il est évident que la balance étant ainsi disposée lorsque les plateaux ne supportent aucune charge, elle ne subira pas de changement si l'on introduit des charges égales de part et d'autre ; et que, réciproquement, si cette situation initiale de la balance n'est pas altérée par l'introduction de nouveaux corps, on sera assuré que ceux-ci ont des poids égaux. Cela résulte immédiatement de ce que les forces qui représentent les deux charges ont des bras de levier égaux AI et BI. Dès lors pour peser un corps placé sur l'un des plateaux, il suffit de mettre sur l'autre plateau des poids qui laissent subsister la position initiale de la balance. Ces poids représentent exactement le poids du corps.

Remarque I. — Si l'on vient à introduire sur l'un des plateaux une charge additionnelle, de telle sorte que la charge totale de ce plateau que nous représenterons par P soit plus grande que la charge Q de l'autre, l'équilibre sera détruit : la balance s'inclinera du côté le plus chargé, et le fléau prendra la position A′OB′. Cette position sera déterminée par la condition que le moment de la force P, par rapport au point fixe, se trouve alors égal au moment de la force Q. Une telle égalité s'établira nécessairement pour une inclinaison convenable du plateau le plus chargé. Car, à mesure que le point A descend, le point I, milieu de AB, s'écarte à droite de la verticale et occupe une position I′ telle que OI′ soit la perpendiculaire abaissée du point O sur la droite A′B′. Or, le moment de la force P est actuellement représenté par P. A′C′ et le moment de la force Q est représenté par Q. B′D′. Il est clair que le bras de levier B′D′ est plus grand que le bras A′C′. Car, si nous concevons menée par I′ une verticale qui rencontre ces deux bras en h et k, on voit que B′D′ surpasse B′h d'une quantité D′h égale à celle dont A′C′ est surpassée par A′k qui est égal à B′h : en sorte que la différence entre les deux bras de levier est égale au double de C′k, ou au double de OI multiplié par le sinus de l'angle IOI′. Désignons cet angle par α, et remarquons que OI est égal à la longueur AO que j'appellerai l, multipliée par le cosinus de l'angle AOI que j'appellerai V. La différence en question a donc pour valeur

$2l \cos V \sin \alpha$. Pour que les moments des forces P et Q soient égaux, dans la position actuelle de la balance, il faut que l'on ait :

$$(1) \qquad P.A'C' = Q\,(A'C + 2l \cos V \sin \alpha)\,;$$

Or, $A'C' = A'O. \sin A'OC = l \sin (V - \alpha)$. La relation ci-dessus se réduit à

$$(P - Q) \sin (V - \alpha) = 2\,Q \cos V \sin \alpha\,,$$

d'où l'on tire :

$$(P - Q)(\sin V \cos \alpha - \cos V \sin \alpha) = 2\,Q \cos V \sin \alpha\,;$$

En divisant par $\cos V \cos \alpha$, et faisant des réductions évidentes, il vient :

$$(2) \qquad (P + Q) \operatorname{tang} \alpha = (P - Q) \operatorname{tang} V\,.$$

Comme α peut avoir toutes les valeurs possibles, depuis o jusqu'à V, il est bien évident qu'il se produira toujours une inclinaison convenable du fléau, pour laquelle la relation ci-dessus sera vérifiée, et pour laquelle, par conséquent, il y aura équilibre des forces inégales P et Q. On peut même remarquer, en passant, que l'observation directe de l'angle α permettrait de conclure le rapport des poids, et, par suite, de peser les corps, malgré l'inclinaison du fléau. Mais tel n'est pas l'objet du calcul qui précède, puisqu'on se propose essentiellement avec cet appareil de mesurer des poids égaux sur les deux plateaux. La conséquence à laquelle nous voulons arriver, c'est que l'inégalité des poids se trahira, dans l'opération de la pesée, par l'inclinaison du fléau ; et que, réciproquement, l'inclinaison du fléau correspondra à une inégalité de poids. Cette circonstance est tout à fait essentielle, et on en comprendra mieux le prix en examinant ce qui aurait lieu avec une balance dont le fléau, au lieu d'avoir la forme brisée AOB, que nous lui avons supposée, avait une forme parfaitement rectiligne *aob*. On voit sur-le-champ que deux poids égaux P et Q se feraient équilibre, non-seulement dans la position *aob* du fléau, mais aussi dans toute autre position *a'ob'* : car, pour cette seconde position comme pour la première, les bras de levier *a'c'* et *b'd'* seraient encore égaux. La balance aurait alors le défaut d'être ce qu'on appelle *folle,* c'est-à-dire de n'avoir aucune position spéciale d'équilibre. Lorsqu'au contraire les poids P et Q ne seraient pas parfaitement égaux, le fléau ne pourrait avoir aucune position d'équilibre et devrait se redresser jusqu'à la complète verticalité. La pesée, avec un pareil instrument, deviendrait à peu près impossible, puisqu'on ne connaît pas *a priori* le poids qui doit équilibrer le corps, et qu'on n'y arrive que par tâtonnement. C'est là ce qui montre l'utilité essentielle de la forme de fléau réellement adoptée : la grandeur même de l'inclinaison éclaire sur la quotité de la différence des poids, et permet d'en ajouter ou d'en retrancher par fractions convenables, jusqu'à ce qu'on arrive à cet équilibre horizontal qui correspond à l'égalité des deux charges.

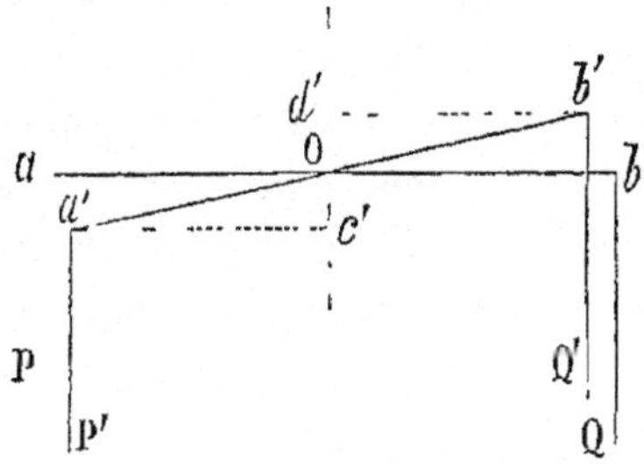

Fig. 99.

Remarque II. — Afin de pouvoir négliger le poids du fléau, des plateaux et des liens ou tiges de suspension, on fait en sorte que le centre de gravité de la balance se trouve exactement sur la verticale menée par le point d'appui. Il est d'ailleurs visible que, dans la première figure, ce centre de gravité est au-dessous du point d'appui. Si l'on avait donné au fléau une forme *αoϐ*, symétrique de celle que nous avons supposée, le centre de gravité, tout en restant dans la verticale, se trouverait au-dessus du point d'appui. Mais alors l'équilibre serait éminemment instable : car, dès qu'un plateau commencerait à s'abaisser très-peu, il tendrait à s'abaisser de plus en plus et à chavirer tout à fait, parce que l'excès de son bras de levier sur celui de l'autre plateau augmenterait en proportion même de l'abaissement déjà produit. C'est ce dont on se convaincrait aisément en refaisant, pour cette nouvelle forme de fléau, la construction géométrique que nous avons déjà faite pour la première. Il est bien visible aussi que cet inconvénient ne se produit pas avec la forme adoptée. Car, à mesure qu'un plateau tend à s'abaisser, son bras de levier tend simultanément à diminuer par rapport à l'autre. Par conséquent, si les poids sont égaux, l'horizontalité doit se rétablir d'elle-même, et, s'ils sont inégaux, l'inclinaison doit être limitée.

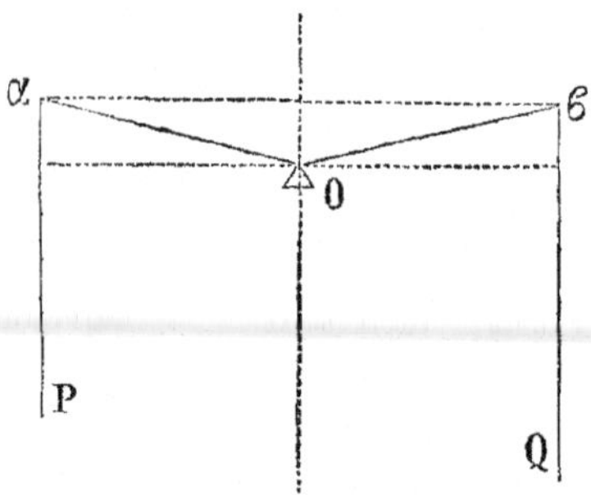

Fig. 100.

Cette conséquence n'est du reste qu'un cas particulier de la propriété générale démontrée au n° 149, relativement à la stabilité de l'équilibre. On a vu que pour tout système de corps pesants la stabilité de l'équilibre n'est obtenue qu'en plaçant le centre de gravité le plus bas possible. Le point d'appui de la balance étant donc choisi en O, il faut abaisser, autant qu'on le peut, le centre de gravité, et, par suite, placer le fléau dans la situation AOB au lieu de la situation $\alpha o \beta$.

Remarque III. — Il peut arriver que les deux parties du fléau de la balance ne soient pas parfaitement égales et symétriques, et que l'expérimentateur ne connaisse pas le rapport exact des deux bras de levier, ou ignore même qu'il y a entre eux une différence. Afin de se mettre à l'abri des erreurs qui en résulteraient nécessairement, il faut toujours avoir soin de vérifier les balances dont on se sert pour la première fois. Cette vérification est fort simple et connue sous le nom de *double pesée*. Elle a l'avantage, non-seulement de mettre en évidence le défaut de l'appareil, mais de remédier à l'erreur. Il suffit, après avoir pesé le corps, c'est-à-dire après l'avoir équilibré par un poids placé sur l'autre plateau, de remplacer le corps par le poids et *vice versa*. Il est clair que, si l'un des bras de levier est plus petit que l'autre, la force qui agit sur ce bras doit être plus grande. Donc, après la transposition, l'équilibre sera nécessairement rompu, puisque la plus grande force se trouvera dès lors appliquée au plus grand bras. Mais on pourra obtenir le poids exact du corps en augmentant ou diminuant, selon le cas, le poids étalon, de façon à équilibrer encore le corps dans cette seconde pesée. Soit Q le poids du corps, P et P′ les poids qui lui font successivement équilibre, x et y les bras inconnus du levier. La première pesée fournit :

$$Px = Qy.$$

Dans la deuxième pesée, on échange les bras de levier : on a donc

$$P'y = Qx,$$

d'où, en multipliant membre à membre,

$$Q = \sqrt{PP'}; \tag{3}$$

c'est-à-dire que le poids inconnu du corps est une moyenne proportionnelle entre les deux poids qui lui font successivement équilibre dans les deux plateaux.

La balance romaine appelée simplement *romaine* consiste en un levier dont le point de suspension n'est pas placé au milieu, mais beaucoup plus près d'une extrémité que de l'autre. En faisant agir les poids étalons sur le bras le plus court, on réduit la quotité de ces poids, relativement au corps que l'on veut peser.

Le *peson* consiste essentiellement en un levier dont les deux branches sont à angle droit, ainsi que le représente la figure ci-contre. Il est clair que l'équilibre s'établit lorsque les poids P et Q sont en raison inverse de leurs bras de levier Ak et Bh, c'est-à-dire en raison inverse de L sin φ et de l cos φ; en désignant par φ l'angle AOK et par L et l les longueurs OA et OB. On a donc

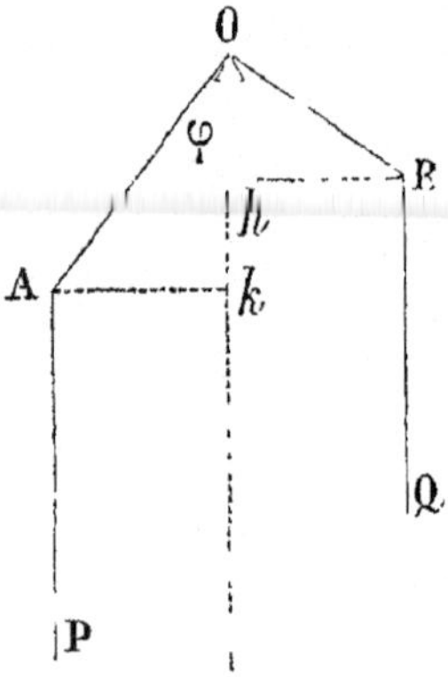

Fig. 101.

$$P.L\sin\varphi = Q.\,l\cos\varphi,$$

d'où (4) $P.L\,\text{tang}\,\varphi = Q.\,l$;

en sorte que l'observation de l'angle φ permet de déduire le rapport du poids inconnu Q au poids P qui est connu *a priori*. Ce principe est du reste le même que celui qui régit l'équilibre de la balance ordinaire ; seulement l'angle des deux parties du fléau, que nous représentions précédemment par V, est ici égal à 45°, et l'angle α remplacé par 45° — φ. Si l'on introduit, en effet, ces nouvelles notations dans la formule (4), on retombe identiquement sur la formule (7), où l'on supposerait d'ailleurs $L = l$.

352. — *Poulie, Moufle, Tour, Coin.* Les conditions d'équilibre s'obtiennent toujours de la même manière. Il suffit de les indiquer en quelques mots.

Dans la *poulie* on voit sur-le-champ que la puissance doit être égale à la résistance ; car ces deux forces agissent le long d'un même lien qui s'enroule sur la même circonférence. Elles sont donc tangentes à cette même circonférence et ont l'une et l'autre des bras de levier égaux au rayon.

Quant à la charge supportée par l'axe fixe, elle a évidemment pour expression $\frac{P}{\cos V}$, en appelant V le demi-angle que forment les directions de la puissance et de la résistance.

La *moufle* est un système de poulies autour desquelles s'enroule le même fil. On reconnaît sans peine que, lorsque les diverses parties du fil sont parallèles, la puissance est égale à la résistance divisée par le nombre des poulies. Cela résulte de ce qu'on peut considérer la résistance comme soutenue par autant de forces égales et parallèles qu'il y a de cordons qui vont directement d'une poulie à l'autre.

Dans le *tour* ou *treuil*, les forces doivent être en raison inverse des rayons à l'extrémité desquels elles agissent pour faire tourner l'appareil autour de son axe. Car les éléments parcourus par les points d'application sont précisément proportionnels à ces rayons. C'est aussi ce qui résulte de la condition d'équilibre trouvée au n° 222 pour la rotation d'un solide quelconque autour d'un axe fixe, condition qui consiste, comme on sait, en ce que les moments des forces doivent être égaux et de sens contraires.

Dans le *coin*, les résistances sont au nombre de deux, agissant normalement aux côtés du coin. La puissance qui agit sur la tête est dans un rapport très-simple avec chacune des résistances. Ce rapport est le même que celui de la surface de la tête avec la surface des côtés.

353. — *Vis, Presse hydraulique.* Dans la *vis*, la puissance agit à l'extrémité d'un bras de levier perpendiculaire à l'axe, et suivant la tangente à la circonférence décrite par le point d'application. La résistance agit au contraire dans le sens de l'axe.

Pour l'une et l'autre de ces deux forces, le chemin parcouru se confond avec la direction même de la force, en sorte que les cosinus des angles sont égaux à l'unité, et que la relation générale d'équilibre se réduit à

$$\frac{P}{Q} = \frac{ds'}{ds}.$$

Ainsi la puissance est à la résistance dans le rapport inverse des éléments décrits par les points d'application.

Si les forces sont constantes, leur rapport sera aussi bien égal à celui des longueurs parcourues pendant un temps quelconque, qu'au rapport des longueurs parcourues pendant un temps infiniment petit. On peut donc considérer les arcs décrits pendant un tour entier de la puissance. La comparaison devient ainsi plus nette pour l'esprit ; car, pendant un tour entier, la puissance décrit une longueur égale à celle d'une circonférence ayant pour rayon son bras de levier, c'est-à-dire $2\pi R$, en désignant par R ce bras. Quant au chemin parcouru par la résistance, il est évidemment égal à l'enfoncement de la vis qui correspond à un tour de spire du filet, ou à ce qu'on nomme le *pas* de la vis. Si nous le représentons par h, on aura pour la relation d'équilibre :

$$(1) \qquad \frac{P}{Q} = \frac{h}{2\pi R}.$$

Ordinairement le pas de la vis est donné par l'inclinaison du filet sur l'axe. En sorte que, i désignant cette inclinaison et r le rayon de la vis, l'on a $h = 2\pi r.\,\text{tang}\,i$. Cette équation résulte immédiatement de la construction d'un triangle dans lequel la longueur rectifiée d'une spire entière représente un des côtés, et le pas de la vis l'autre côté ; l'angle i est précisément celui qui est opposé à ce dernier côté. Si donc nous remplaçons, dans l'équation (1), la quantité h par sa valeur $2\pi r.\,\text{tang}\,i$, nous obtiendrons pour la relation d'équilibre :

$$\frac{P}{Q} = \frac{r\,\text{tang}\,i}{R}, \quad \text{ou} \quad P = Q \cdot \frac{r}{R} \cdot \text{tang}\,i;$$

ce qui nous prouve qu'on pourra vaincre une résistance Q

avec une puissance P aussi petite qu'on le voudra, pourvu qu'on diminue convenablement l'inclinaison du filet de la vis sur son axe, ou qu'on augmente le bras de levier de la puissance.

Ordinairement ce dernier bras de levier est limité par les exigences de la pratique, qui ne permettent pas de solliciter la vis au moyen de tiges trop longues. Alors il suffira de réduire i, c'est-à-dire le pas de la vis, dans certaines limites, et on sera toujours assuré de venir à bout de la résistance.

La *presse hydraulique* se compose essentiellement de deux vases communiquants, remplis de liquides, et fermés à leur surface supérieure par deux pistons mobiles, en contact avec le liquide, et parfaitement étanches. Dans ce cas encore, les cosinus formés par les directions des forces avec les chemins parcourus sont égaux à l'unité, parce que les points d'application se meuvent précisément le long des directions des forces. La relation d'équilibre se réduit donc, comme plus haut, à

$$\frac{P}{Q} = \frac{ds'}{ds};$$

ce qui signifie que la puissance est à la résistance en raison inverse des longueurs que parcourent les pistons sur lesquels elles agissent. Or, en vertu de l'incompressibilité du fluide, le volume engendré par l'un des pistons est exactement égal au volume engendré par l'autre. Par conséquent, si l'on désigne par A l'aire du piston sollicité par la puissance P, et par B l'aire du piston sollicité par la résistance Q, on doit avoir

$$A\,ds = B\,ds', \quad \text{d'où} \quad \frac{ds'}{ds} = \frac{A}{B}.$$

De là, on déduit ;

$$\frac{P}{Q} = \frac{A}{B},$$

ce qui nous montre que la puissance et la résistance sont entre elles dans le même rapport que les surfaces des pistons respectifs.

Ainsi, en diminuant convenablement la surface du piston ou la section du vase où agit la puissance, on peut venir à bout d'une résistance aussi grande qu'on le voudra.

354. — *Remarque générale sur les machines précédentes.* Si l'on jette un coup d'œil sur les divers appareils que nous venons d'examiner, on reconnaîtra que, conformément à ce qui a été énoncé au n° 346, la relation d'équilibre est toujours exprimée algébriquement par l'équation

$$\frac{P}{Q} = \frac{ds' \cos(Q, ds')}{ds \cos(P, ds)},$$

ou bien

$$\frac{P}{Q} = \frac{dq}{dp},$$

en représentant par dp et dq les projections, sur les directions mêmes des forces, des longueurs parcourues par les points d'application.

Or, si nous concevons un levier dont les deux bras soient représentés par a et b, et que nous appliquions normalement à ces bras les forces P et Q, la relation d'équilibre de ce levier sera

$$\frac{P}{Q} = \frac{b}{a}.$$

Pour que cette équation devienne identique à la précédente, il suffit qu'on ait

$$\frac{b}{a} = \frac{dq}{dp},$$

ou que le rapport de ces deux bras de levier soit égal à celui des espaces élémentaires parcourus.

Si donc on construit un levier dont les bras satisfassent à cette condition, la relation d'équilibre de ce levier sera la même que celle de la machine.

De là on tire cette conséquence remarquable : que tout système à liaisons complètes, sollicité par une puissance et par une résistance, est équivalent à un levier rectangulaire dont les bras sont établis dans le même rapport que les projections des espaces élémentaires parcourus par les points d'application des forces du système.

On voit en même temps que si, pendant tout le cours du mouvement, les projections dont il s'agit conservent un rapport constant, le levier représentera le système à toute époque du mouvement, et que si au contraire ce rapport vient à varier, le levier cessera de représenter le système.

Pour que l'assimilation pût être continuée, il faudrait que le rapport des bras du levier variât, d'une manière continue, comme le rapport des projections des espaces parcourus dans la machine. Mais au lieu de faire varier le rapport de ces bras, il revient au même de faire varier les inclinaisons des forces qui les sollicitent. De la sorte, on pourra toujours faire que l'équation du levier soit identique à celle de la machine.

D'où suit ce théorème tout à fait général : Qu'une machine quelconque, sollicitée par une puissance et par une résistance, est équivalente à un levier déterminé, dont la puissance et la résistance s'inclineraient convenablement sur leurs bras respectifs.

Cette remarque met en évidence le motif qui a dû porter

les géomètres, dans les questions de machines simples, à se placer toujours au point de vue du levier lui-même, et par suite à édifier la science en se renfermant dans cet ordre d'idées.

FIN DE LA MÉCANIQUE SPÉCIALE.

APERÇU GÉNÉRAL

SUR LA

MÉCANIQUE RATIONNELLE.

355. — Peu de sciences offrent à un degré aussi éminent que la mécanique rationnelle ce caractère d'unité, et, si je puis ainsi parler, de *cohésion* qui plaît à l'esprit. Les vérités diverses qu'on y expose sont tellement liées aux lois fondamentales, qu'il n'est pas difficile d'en saisir la filiation directe, et souvent même de reconnaître qu'elles ne sont que l'expression, sous une forme peu différente, de ces lois fondamentales elles-mêmes.

C'est ainsi que les théorèmes sur la conservation de la

quantité de mouvement et sur la translation uniforme du centre de gravité, dans les systèmes sollicités seulement par leurs forces intérieures, ne se distinguent pas de la loi naturelle de réaction, combinée avec la loi d'inertie. En effet, la présence de forces intérieures réciproques revient à n'avoir, suivant une direction quelconque, que des composantes motrices égales deux à deux et de sens opposés; par suite les quantités de mouvement qu'elles peuvent imprimer sont aussi égales deux à deux et de signes contraires, ce qui ne doit pas en altérer la somme algébrique. Quant au centre de gravité, il est bien visible, d'après la définition qu'on en a donnée, qu'il est le centre du moyen mouvement envisagé suivant trois directions; car l'on n'a qu'à différentier deux fois par rapport au temps les coordonnées qui représentent sa distance à trois plans rectangulaires, et l'on exprime ainsi que la masse totale du système possède un mouvement moyen entre les mouvements de tous les points matériels. Or, les forces réciproques laissent nécessairement subsister la valeur moyenne dont il s'agit, puisque leurs effets se neutralisent deux à deux dans la somme algébrique qu'on en peut former.

De même, encore, la conservation des aires se rattache tout aussi directement aux lois générales; car, ces aires n'étant que l'expression des moments des forces instantanées, capables de communiquer au système le mouvement qu'il possède effectivement, on reconnaît aussitôt que les forces réciproques ne doivent pas modifier les aires décrites dans le même temps, puisque les moments que donnent ces forces deux à deux se détruisent exactement, comme ayant même valeur numérique et des actions de sens contraires.

Sans insister davantage sur ce genre de rapprochements, on se rend compte, par les exemples qui précèdent, de l'étroite dépendance des principaux théorèmes de la mécanique avec les bases premières de cette science. En sorte que les intermédiaires par lesquels on passe pour arriver à l'établissement des vérités secondaires deviennent bientôt inutiles et n'ajoutent plus rien à la connaissance des principes eux-mêmes.

En ce qui concerne la méthode de déductions, ou, pour parler plus algébriquement, la *mise en équations* des problèmes, les procédés adoptés présentent la plus grande uniformité. La théorie du point matériel et des systèmes généraux est édifiée au moyen d'une seule proposition, toujours la même, qui consiste en ce que la force est égale à la masse multipliée par l'accélération. Cette relation entre les divers éléments du phénomène mécanique a lieu, comme on sait, non-seulement pour le mouvement rectiligne, mais aussi pour la projection, suivant toute direction, d'un mouvement quelconque. Ainsi, c'est en exprimant que suivant chacun des trois axes rectangulaires la force, dans le mouvement projeté, est égale au produit de la masse par l'accélération, qu'on établit toute la mécanique du point matériel unique, et qu'on arrive ensuite aux grandes propriétés des systèmes généraux. La marche demeure encore la même lorsqu'on traite des solides, abstraction faite de la conception des couples, et lorsqu'on pose les équations fondamentales de l'équilibre et du mouvement des fluides.

On ne doit donc éprouver aucune difficulté analytique à aborder une question quelconque de mécanique, et la mise en équations est toute tracée d'avance. S'il s'agit d'un seul point matériel ou d'un corps qu'on veut traiter comme tel, il suffit, avons-nous dit, d'exprimer que suivant chaque axe de coordonnées la relation fondamentale se vérifie entre la masse, l'accélération et la force qui sollicite le mobile. S'il s'agit d'un corps solide, on ne remonte plus jusqu'à cette proposition primitive : on emprunte immédiatement les six équations connues qui concernent ce genre de systèmes, et qui ne sont que la conséquence algébrique des équations qu'on établirait pour chaque point individuel, traité comme un point matériel unique.

Lorsqu'on a affaire à un système à liaisons complètes, on ne remonte pas davantage aux relations premières, et l'on se sert directement de l'équation des forces vives, qui suffit, dans ce cas, à résoudre le problème.

Quant aux fluides, il est assez rare qu'on se propose à leur sujet des questions rationnelles pures, autres que celles qui figurent dans l'exposition générale elle-même. La théorie est trop imparfaite pour qu'on ne doive pas préférer presque toujours de les traiter par voie d'expériences directes.

La véritable difficulté d'un problème de mécanique réside dans l'évaluation exacte des éléments dont il faut tenir compte dans le calcul, ou, comme nous l'avons dit au commencement de cet ouvrage, *dans le passage du concret à l'abstrait*. Mais ce genre d'obstacles aux solutions effectives ne peut pas être imputé à la mécanique rationnelle proprement dite, qui a pour unique but d'exposer l'ensemble des procédés à l'aide desquels les éléments d'une question quelconque sont traités mathématiquement. C'est justement là ce qui fait la complète rigueur de cette partie de la science : car elle n'a jamais à se préoccuper de la valeur plus ou moins exacte attribuée aux forces, aux masses et aux vitesses qu'elle considère. La responsabilité des erreurs revient tout entière à cette autre partie qui s'occupe de l'évaluation préliminaire dont nous parlons. C'est donc dans la mécanique appliquée qu'il convient de se façonner l'esprit à ce genre de recherches, sans lesquelles la mécanique rationnelle demeurerait sans résultat utile.

Mais ce que nous tenons à faire ressortir, c'est que la mécanique rationnelle constitue un ensemble logique des plus satisfaisants, au double point de vue de sa méthode et de ses résultats. Ce caractere disparaît naturellement dans la mécanique appliquée qui n'est, en réalité, qu'un vaste répertoire de faits, sans liaison nécessaire les uns avec les autres. Si l'on y retrouve encore des théories mathématiques, c'est uniquement parce qu'on les a distraits de leur véritable place et qu'on les a empruntés à la mécanique rationnelle pour les rapprocher des faits spéciaux qui en devaient être le sujet.

FIN DE LA MÉCANIQUE RATIONNELLE.

Printed in Dunstable, United Kingdom

91220087R00258